21 世纪高等学校计算机公共课程"十二五"规划教材·案例教程系列

办公软件高级应用与案例精选
（Office 2010）

贾小军　童小素　主编

中国铁道出版社有限公司
CHINA RAILWAY PUBLISHING HOUSE CO., LTD.

内 容 简 介

本书是根据高等院校传统的"大学计算机基础"课程，结合教育部考试中心最新颁布的《全国计算机等级考试二级 MS Office 高级应用考试大纲（2013 版）》，以 Office 2010 为操作平台编写而成的。本书分为两篇：第 1 篇"办公软件高级应用"，主要包括 Word 2010 高级应用、Excel 2010 高级应用、PowerPoint 2010 高级应用、Outlook 2010 高级应用、宏与 VBA 高级应用及 Visio 2010 高级应用等内容；第 2 篇"办公软件高级应用案例精选"，精选了 16 个不同应用领域的典型案例，其中 Word 案例 4 个、Excel 案例 4 个、PowerPoint 案例 2 个、Outlook 案例 1 个、宏与 VBA 案例 3 个、Visio 案例 2 个，内容新颖、图文并茂、直观生动、案例典型、注重操作、重点突出。

本书适合作为高等院校各专业"办公软件高级应用"课程的教材，也可作为参加国家计算机等级考试（二级 MS Office 高级应用）的辅导用书、企事业单位办公软件高级应用技术的培训教材，以及计算机爱好者的自学参考书。

图书在版编目（CIP）数据

办公软件高级应用与案例精选：Office 2010/贾小军，
童小素主编. —北京：中国铁道出版社，2013.12（2019.7 重印）
21 世纪高等学校计算机公共课程"十二五"规划教材·案例教程系列
ISBN 978-7-113-17715-7

Ⅰ.①办…　Ⅱ.①贾…　②童…　Ⅲ.①办公自动化—
应用软件—高等学校—教材　Ⅳ.①TP317.1

中国版本图书馆 CIP 数据核字（2013）第 280666 号

书　　名：**办公软件高级应用与案例精选（Office 2010）**
作　　者：贾小军　童小素　主编

策　　划：侯　伟　　　　　　　　　　读者热线：（010）63550836
责任编辑：杜　鹃　冯彩茹
封面设计：刘　颖
责任印制：郭向伟

出版发行：中国铁道出版社有限公司（100054，北京市西城区右安门西街 8 号）
网　　址：http:// www.tdpress.com/51eds/
印　　刷：三河市兴达印务有限公司
版　　次：2013 年 12 月第 1 版　　　2019 年 7 月第 11 次印刷
开　　本：787 mm×1 092 mm　1/16　印张：21.5　字数：524 千
书　　号：ISBN 978-7-113-17715-7
定　　价：43.00 元

本书是根据高等院校传统的"大学计算机基础"课程，结合教育部考试中心最新颁布的《全国计算机等级考试二级 MS Office 高级应用考试大纲（2013 版）》对 MS Office 高级应用的要求编写而成的。本书根据高级办公软件实际应用的要求，以 Windows 7+Office 2010 为操作平台，结合各个领域中的实际应用需求，深入分析和详尽讲解了办公软件高级应用知识及操作技能。

全书共分两篇：第 1 篇为办公软件高级应用，主要包括 Word 2010 高级应用、Excel 2010 高级应用、PowerPoint 2010 高级应用、Outlook 2010 高级应用、宏与 VBA 高级应用及 Visio 2010 高级应用等内容。这些内容在总结基本操作的基础上，着重介绍一些常用、具有较强操作技巧的理论知识，并以例题的形式进行操作导引，以便读者能够有的放矢地进行学习并掌握相关理论知识及操作技巧；第 2 篇为办公软件高级应用案例精选，共精选了 16 个不同应用领域的案例，其中 Word 案例 4 个，Excel 案例 4 个，PowerPoint 案例 2 个，Outlook 案例 1 个，宏与 VBA 案例 3 个，Visio 案例 2 个，这些案例均来自学习和工作中有一定代表性和难度的日常事务操作，每个案例均从"问题描述"、"知识要点"、"操作步骤"和"练习提高"4 个方面进行详细论述，从不同侧面反映了 Office 2010 在日常办公事务处理中的重要作用以及使用 Office 的操作技巧。

本书内容新颖、图文并茂、直观生动、案例典型、注重操作、重点突出，既注重 Office 2010 知识的提升和扩展，又以案例及实际应用为主线，把计算机基础知识和办公软件高级应用有机地融入到实际应用中，从而加深对该课程的认识和理解，以帮助读者熟练掌握办公软件的应用技巧。本书结合 Office 日常办公软件应用的典型案例进行讲解，举一反三，有助于学生学习"大学计算机基础"后进一步提高和扩展计算机知识和应用能力，也有助于读者发挥创意，灵活有效地处理工作中遇到的问题。书中详尽的实例和细致的描述不仅为读者使用 Office 办公软件提供了捷径，也能有效地帮助读者提高办公软件高级应用操作水平，从而提升工作效率。

本书适合作为高等院校各专业"办公软件高级应用"课程的教材，也可作为参加国家计算机等级考试（二级 MS Office 高级应用）的辅导用书，或作为企事业单位办公软件高级应用技术的培训教材，以及作为计算机爱好者的自学参考书。为方便教师组织教学，本书还配备了相应的教学课件及素材。

本书由贾小军、童小素任主编，其中第 1 章和第 7 章由贾小军编写，第 2 章和第 8 章由陈宝明编写，第 3 章和第 9 章由骆红波编写，第 4 章和第 10 章由刘锦萍编写，第 5 章和第 11 章由顾国松编写，第 6 章和第 12 章由童小素编写。全书由贾小军博士统稿。

本书是我校公共计算机教学部多位老师在多年"大学计算机基础"及"办公软件高级应用"课程教学的基础上，结合多次编写相关讲义和教材的经验总结而成，同时在编写过程中也参考了大量书籍，得到了许多同行的帮助与支持，在此向他们表示衷心的感谢。

　　由于办公软件高级应用技术范围广、内容更新快，本书在编写过程中对内容的选取及知识点的阐述上，难免存在不足与疏漏之处，敬请广大读者给予批评指正。

编　者

2013 年 8 月

目 录

CONTENTS

第 1 篇　办公软件高级应用

第1篇　办公软件高级应用

- ➢ 第 1 章　Word 2010 高级应用
- ➢ 第 2 章　Excel 2010 高级应用
- ➢ 第 3 章　PowerPoint 2010 高级应用
- ➢ 第 4 章　Outlook 2010 高级应用
- ➢ 第 5 章　宏与 VBA 高级应用
- ➢ 第 6 章　Visio 2010 高级应用

　　本篇为办公软件高级应用，主要包括 Word 2010 高级应用、Excel 2010 高级应用、PowerPoint 2010 高级应用、Outlook 2010 高级应用、宏与 VBA 高级应用及 Visio 2010 高级应用等内容，在总结基本操作的基础上，着重介绍一些常用、具有较强操作技巧的理论知识，并以例题的形式进行操作导引，以便读者能够有的放矢地进行学习并掌握相关理论知识及操作技巧。

第1章 Word 2010 高级应用

利用 Word 提供的基本操作命令，可以实现简单格式的设置，这些格式设置主要用于短文档的排版。本章着重介绍 Word 2010 的高级应用，主要涉及样式设置、页面设计、图文混排与表格应用、域操作、文档批注与修订、主控文档与邮件合并等方面的高级操作方法和技巧，以实现长文档的排版。

1.1 样 式 设 置

样式是 Word 中最强有力的格式设置工具之一，使用样式不仅能够准确、迅速地实现文档格式设置，而且可以方便快捷地调整格式。例如，要修改某级标题的格式，只要简单地修改样式，则所有该样式的标题格式将被自动改变。本节将详细介绍样式的操作及应用方法，以及与格式设置相关的模板、脚注和尾注、题注和交叉引用等操作的设置方法。

1.1.1 样式

样式是被命名并保存的一系列格式的集合，它规定了文档中字符和段落等对象的格式，包括字符样式和段落样式。字符样式只包含字符格式，如字体、字号、字形、颜色、效果等，可以应用到任何文字。段落样式既可包含字符格式，也可包含段落格式，如字体、行间距、对齐方式、缩进格式、制表位、边框和编号等，可以应用于段落或整个文档。

在 Word 中，样式可分为内置样式和自定义样式。

1. 内置样式

在 Word 2010 中，系统内置了丰富的样式。选择"开始"选项卡，在"样式"组的"快速样式库"中显示了多种内置样式，其中"正文"、"无间隔"、"标题 1"、"标题 2"等都是样式名称。单击列表框右侧的"其他"按钮，会展开一个样式列表，可以选择更多的内置样式，如图 1-1（a）所示。

单击"开始"选项卡"样式"组右下角的对话框启动器按钮，打开"样式"任务窗格，如图 1-1（b）所示。将鼠标指针停留在列表框中的样式名称上时，会显示该样式包含的格式信息。样式名称后带 **a** 符号的表示此样式为字符样式，带 ↵ 符号的表示此样式是段落样式。

下面举例说明应用内置样式进行文档段落格式的设置。对图 1-2（a）所示的原始文档进行格式设置，要求：对章标题应用"标题 1"样式，对节标题应用"标题 2"样式，对正文各段实现首行缩进 2 个字符。操作步骤如下：

① 将光标定位在章标题文本中任意位置，或选中章标题文本。

② 单击"开始"选项卡"样式"组"快速样式"库右侧的"其他"按钮，打开"样式"下拉列表，选择"标题 1"样式。

（a）样式列表　　　　　　　　　　（b）"样式"任务窗格

图 1-1　样式列表和"样式"任务窗格

③ 将光标定位在节标题文本中任意位置，或选中节标题文本。

④ 在"样式"下拉列表中选择"标题 2"样式。

⑤ 选中正文文本，然后在"样式"下拉列表中单击"列出段落"样式。最终效果图如图 1-2（b）所示。

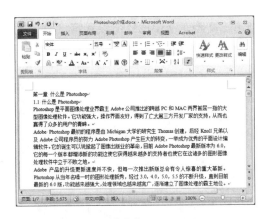
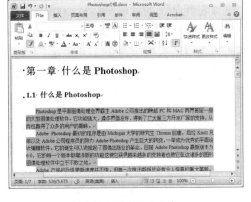

（a）原始文档　　　　　　　　　　（b）应用样式后的文档

图 1-2　应用系统内置样式

默认情况下，可以使用快捷键（用户也可以自定义）来应用其相应的样式名：按【Ctrl+Alt+1】组合键，应用"标题 1"样式；按【Ctrl+Alt+2】组合键，应用"标题 2"样式；按【Ctrl+Alt+3】组合键，应用"标题 3"样式等。此处的数字"1"、"2"、"3"只能按主键盘区上的数字键才有效，不能使用辅助键区中的数字键。

2．自定义样式

Word 2010 为用户提供的内置样式能够满足一般文档格式设置的需要。但用户在实际应用中常常会遇到一些特殊格式的设置，这时就需要创建自定义的样式进行应用。

（1）创建与应用新样式

若需要创建一个新样式，如创建一个段落样式，名称为"样式 0001"，要求：黑体，小四号字，1.5 倍行距，段前距和段后距均为 0.5 行。具体操作步骤如下：

① 单击"开始"选项卡"样式"组右下角的对话框启动器按钮，打开"样式"任务窗格，如图 1-1（b）所示。

② 单击"样式"任务窗格左下角的"新建样式"按钮，弹出"根据格式设置创建新样式"对话框，如图 1-3 所示。

③ 在"名称"文本框中输入新样式的名称，为"样式 0001"。

④ 单击"样式类型"右侧的下拉列表按钮，选择"段落"、"字符"、"表格"或"列表"样式，默认为"段落"样式。在"样式基准"下拉列表中选择一个可作为创建基准的样式，一般应选择"正文"。在"后续段落样式"下拉列表中为应用该样式段落后面的段落设置一个默认样式，一般应取默认值。

⑤ 普通格式可在"根据格式设置创建新样式"对话框中进行设置，也可以单击对话框左下角的"格式"按钮，在弹出的列表框中选择"字体"，会弹出"字体"对话框，可进行字符格式设置。设置好字符格式后，单击"确定"按钮返回。

⑥ 在弹出的列表框中选择"段落"，会弹出"段落"对话框，可进行段落格式设置。设置好段落格式后，单击"确定"按钮返回。

⑦ 在"格式"列表框中还可以选择其他项目，并弹出对应的对话框，可进行相应设置。在"根据格式设置创建新样式"对话框中单击"确定"按钮，"样式"任务窗格中会显示出新创建的"样式 0001"样式。

下面将新创建的样式"样式 0001"应用于图 1-2 文档正文中的第一段和第二段。选定文档正文中的第一段和第二段内容，单击"样式"列表中的"样式 0001"样式，即可将该样式应用于所选段落，效果如图 1-4 所示。

图 1-3 "根据格式设置创建新样式"对话框

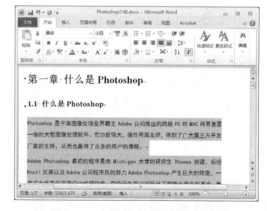

图 1-4 应用样式"样式 0001"

（2）修改样式

如果预设或创建的样式不能满足要求，可以在此样式的基础上略加修改。下面通过修改刚创建的"样式 0001"样式为例进行介绍，要求增加首行缩进 2 个字符的段落格式。操作步骤如下：

① 单击"样式"任务窗格中"样式 0001"右侧的下拉三角按钮，在展开的列表中选择"修改"命令。

② 弹出"修改样式"对话框，单击对话框左下角的"格式"按钮，选择"段落"，将弹

出"段落"对话框。

③ 在"段落"对话框的"特殊格式"下拉列表中选择"首行缩进",并设置为 2 个字符,单击"确定"按钮,返回"修改样式"对话框;单击"确定"按钮,关闭对话框。

④ "样式 0001"样式被修改后,应用此样式的 2 个段落将自动更新。

（3）删除样式

若要删除创建的自定义样式,其操作步骤如下:单击"样式"任务窗格中"样式 0001"右侧的下拉三角按钮,在展开的列表中选择"删除'样式 0001'"命令或"还原为列出段落"命令,在弹出的对话框中单击"是"按钮,完成删除。

> **注 意**
> 　只能删除自定义的样式,不能删除 Word 2010 的内置样式。如果删除了自定义的样式,Word 将对所有应用此样式的段落恢复到"正文"的默认样式格式。

3．多级编号的标题样式

内置样式中的"标题 1"、"标题 2"、"标题 3"等样式是不带编号的,在"修改样式"对话框中可以实现一个级别的编号设置,但对于多级编号,需要采用其他方法实现。例如,对图 1-2（a）所示的文档,要求:章名使用样式"标题 1",并居中;编号格式为:第 X章,其中 X 为自动排序,如第 1 章。节名使用样式"标题 2",左对齐;编号格式为多级符号,形如 X.Y。X 为章数字序号,Y 为节数字序号,如 1.1,且为自动编号。其操作步骤如下:

① 单击"开始"选项卡"段落"组中的"多级列表"按钮,弹出图 1-5 所示的下拉列表。

② 单击"定义新的多级列表"按钮,弹出"定义新多级列表"对话框,单击左下角的"更多"按钮,对话框变成图 1-6 所示。

图 1-5　"多级列表"下拉列表

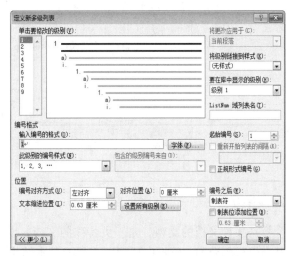

图 1-6　"定义新多级列表"对话框

③ 在"此级别的编号样式"下拉列表中选择"1,2,3,…"编号样式,在"输入编号的格式"文本框中的数字前面和后面分别输入"第"和"章"。"编号对齐方式"选择左对齐,位置设置为 0 厘米,在"编号之后"下拉列表中选择"空格"。在"将级别链接到样式"下拉

列表中选择"标题 1"样式。

④ 在"单击要修改的级别"列表框中选择"2"。在"包含的级别编号来自"下拉列表中选择"级别 1"，在"输入编号的格式"文本框中将自动出现"1"，然后输入"."。在"此级别的编号样式"下拉列表中选择"1，2，3，…"样式。在"输入编号的格式"文本框中将出现节序号"1.1"。"编号对齐方式"选择左对齐，"对齐位置"设置为 0 厘米，在"编号之后"下拉列表中选择"空格"。

⑤ 在"将级别链接到样式"下拉列表中选择"标题 2"样式，单击"确定"按钮，"开始"选项卡"样式"组中的"快速样式"库中将会出现图 1-7 所示的带有自动多级编号的"标题 1"和"标题 2"样式。

图 1-7　修改后的标题样式

⑥ 在"快速样式"库中右击"标题 1"，选择快捷菜单中的"修改"命令，弹出"修改样式"对话框，单击"居中"按钮，将"标题 1"样式设为居中对齐方式。

⑦ 将光标定位在文档中的章标题中，单击"快速样式"库的"标题 1"样式，章名将设为指定的格式。选定标题中原来的"第一章"字符，并删除。

⑧ 将光标定位在文档中的节标题中，单击"快速样式"库中的"标题 2"样式，节名将设为指定的格式。选中节标题中原来的"1.1"字符，并删除。

⑨ 可以将"标题 1"和"标题 2"应用于其他章名和节名。操作后的效果如图 1-8 所示。

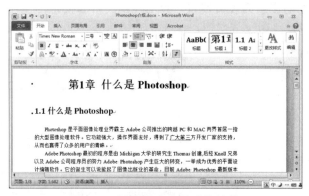

图 1-8　标题样式应用后的效果

1.1.2　模板

模板是某种文档的类型，是一类特殊的文档，以.dotx 为扩展名，所有的 Word 文档都是基于某个模板创建的。模板中包含了文档的基本结构及文档设置信息，如文本、样式和格式；页面布局，如页边距和行距；设计元素，如特殊颜色、边框和底纹等。

用户在打开 Word 时就启动了模板，该模板是 Word 自动提供的普通模板（Normal.dotm），包含宋体、5 号字、两端对齐、纸张大小为 A4 纸型等信息。Word 提供了许多预先定义好的模板，可以利用这些模板快速地建立文档。

1．利用模板创建文档

Word 2010 提供了许多被预先定义的模板，称为常用模板。使用常用模板可以快速创建基于某种类型和格式的文档，其操作步骤如下：

① 单击"文件"选项卡，在左侧列表中单击"新建"按钮。

② Word 2010 提供了"可用模板"和"Office.com 模板"两类模板，"可用模板"列表中的模板位于本机内，"Office.com 模板"需要在线搜索。单击"可用模板"列表框中的"样本模板"，系统列出了 53 种模板，如图 1-9 所示。选择其中的一种模板，然后选择"文档"单选按钮。

③ 单击"创建"按钮，即可创建基于该模板的新文档。

④ 根据需要输入文档信息，然后进行文档的保存。

图 1-9　样本模板

2．创建模板

当 Word 提供的现有模板不能满足用户需要时，可以创建新模板。创建新模板主要有两种方法：

（1）利用已有模板创建新模板

① 单击"文件"选项卡，在左侧的列表中单击"新建"按钮。

② 单击"样本模板"，然后选择一种模板样式，然后选择"模板"单选按钮，单击"创建"按钮即可创建一个新模板。

③ 根据需要在新建的模板中进行修改，主要是进行内容及格式的设置。

④ 单击"保存"按钮或单击"文件"中的"另存为"按钮，弹出"另存为"对话框。

⑤ 在"另存为"对话框中显示的是系统提供的模板默认的存放位置，如图 1-10 所示。用户可选择默认位置，或自行设置模板的存放位置，在"文件名"下拉列表中输入模板的文件名，在"保存类型"下拉列表中选择"Word 模板"。

图 1-10　"另存为"对话框

⑥ 单击"保存"按钮即可将设置的模板保存到用户指定的位置。

（2）利用已有文档创建模板

① 打开一个已经排版有各类格式的现有文档。

② 单击"文件"选项卡，在弹出的列表中单击"另存为"按钮，弹出"另存为"对话框。

③ 设置模板的存放位置。在"文件名"下拉列表中输入模板的文件名，在"保存类型"下拉列表中选择"Word 模板"。

④ 单击"保存"按钮即可将设置的模板保存到用户指定的位置。

3．模板应用

将一个定制好的模板应用到打开的文档中，具体操作步骤如下：

① 打开文档，单击"文件"选项卡，在弹出的列表中单击"选项"按钮，弹出"Word 选项"对话框，如图 1-11（a）所示。

② 在"Word 选项"对话框左侧列表中单击"加载项"选项，在"管理"下拉列表中选择"模板"选项，然后单击"转到"按钮，弹出"模板和加载项"对话框。

③ 单击"选用"按钮，在弹出的"选用模板"对话框中选择一种模板，单击"打开"按钮，返回"模板和加载项"对话框。

④ 在"文档模板"文本框中会显示添加的模板文档名和路径。选中"自动更新文档样式"复选框，如图 1-11（b）所示。

⑤ 单击"确定"按钮即可将此模板中的样式应用到打开的文档中。

　（a）"Word 选项"对话框　　　　　　　　　　　（b）"模板和加载项"对话框

图 1-11　模板应用

4．模板编辑

除了前面介绍的通过打开已有文档或模板的方法来创建新模板或修改模板外，还可以将文档中的一个样式复制成一个新模板或将此样式复制到一个已存在的模板中去，这种操作称为向模板中复制样式。详细操作步骤如下：

① 打开 Word 文档，然后按前述方法打开"模板和加载项"对话框，如图 1-11（b）所示。

② 单击"管理器"按钮，弹出"管理器"对话框，如图 1-12 所示。选择"样式"选项卡，左边为文档中已有的样式，右边为 Normal.dotm（共用模板）样式。

图 1-12　"管理器"对话框

③ 可以将左边文档中的样式复制到右边的共用模板中，也可以将共用模板中的样式复制到当前文档中。

④ 如果要复制的样式未在 Normal.dotm 模板文件中，则可单击"样式的有效范围"下拉列表下方的"关闭文件"按钮，此时该按钮将变成"打开文件"按钮。

⑤ 单击"打开文件"按钮，弹出"打开"对话框，从中选择要复制样式的模板或文档，单击"打开"按钮即可将选定的模板内容添加到"管理器"对话框中右侧的样式列表框中。

⑥ 完成"样式"复制或删除操作后，单击"管理器"对话框中的"关闭"按钮即可完成样式的复制或删除。

⑦ 单击"开始"选项卡"样式"组右下角的对话框启动器按钮，打开"样式"任务窗格，可以查看添加的样式。也可单击"快速样式"库右侧的下拉按钮，查看添加的样式。

1.1.3　脚注和尾注

脚注和尾注在文档中主要用于对文本进行补充说明，如单词解释、备注说明或提供文档中引用内容的来源等。脚注通常位于页面的底部，用来说明每页中要注释的内容。尾注位于文档结尾处，用来集中解释需要注释的内容或标注文档中所引用的其他文档名称。

在 Word 文档中，脚注和尾注的插入、修改或编辑方法完全相同，区别在于它们出现的位置不同。本节以脚注为例介绍其相关操作，尾注的操作方法与其类似。

1. 插入及修改脚注

在文档中，可以同时插入脚注和尾注来注释文本，也可以在文档中的任何位置添加脚注或尾注进行注释。默认设置下，Word 在同一文档中对脚注和尾注采用不同的编号方案。插入脚注的操作步骤如下：

① 将光标移到要插入脚注和尾注的文本位置，单击"引用"选项卡"脚注"组中的"插入脚注"按钮，此时即可在选择的位置看到脚注标记。

② 在页面下方光标闪烁处输入注释内容，即可实现插入脚注操作。如图 1-13 所示，插入了 2 个脚注。

插入第一个脚注后，可按相同的操作方法插入第二个、第三个等脚注，并实现脚注的自动编号。如果用户要修改某个脚注内容，将光标定位在该脚注内容处即可直接进行修改。也可在两个脚注之间插入新的脚注，编号将自动更新。

2．修改或删除脚注分隔符

在 Word 文档中，用一条短横线将文档正文与脚注或尾注分隔开，这条线称为"注释分隔符"，这条分隔线可以进行修改或删除。

① 单击状态栏右侧的"草稿"视图按钮，将文档视图切换到草稿视图下。

② 单击"引用"选项卡"脚注"组中的"显示备注"按钮。

③ 在文档正文的下方将出现图 1-14 所示的操作界面，在"脚注"下拉列表中，选择"脚注分隔符"或"脚注延续分隔符"。

④ 如果要删除分隔符，按【Delete】键进行删除即可。

⑤ 单击状态栏右侧的"页面"视图按钮，将文档视图切换到页面视图，可查看操作后的效果。

图 1-13　插入脚注

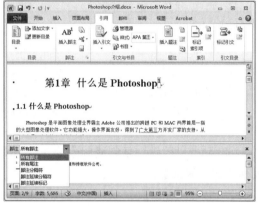

图 1-14　修改或编辑脚注

3．删除脚注

选定文本右上角的脚注标号，按【Delete】键即可删除脚注内容。Word 自动对其余脚注编号进行更新。

可以一次性实现对整个文档中所有脚注的删除，方法是利用"查找和替换"对话框实现。其中，将光标放置在"查找内容"列表框中，单击"特殊格式"按钮，在弹出列表中选择"脚注标记"；"替换为"列表框设置为空。单击"全部替换"按钮，系统将出现替换完成提示框，单击"确定"按钮即可实现对全部脚注的删除操作。

4．脚注与尾注的相互转换

在脚注与尾注之间可以进行相互转换，操作步骤如下：

① 将光标移到某个要转换的脚注注释内容处，右击，在弹出的快捷菜单中选择"转换至尾注"命令，即可实现脚注到尾注的转换操作。

② 将光标移动到某个要转换的尾注注释内容处，右击，在弹出的快捷菜单中选择"转换至脚注"命令，即可实现尾注到脚注的转换操作。

插入脚注与尾注除了前面介绍的方法外，还可以利用"脚注和尾注"对话框来实现脚注与尾注的插入、修改及相互转换操作。单击"引用"选项卡"脚注"组右下角的对话框启动器按钮，弹出"脚注和尾注"对话框，如图 1-15（a）所示，可以插入脚注或尾注，并可设定各种格式。当在对话框中单击"转换"按钮时，将弹出图 1-15（b）所示的对话框，可实现脚注和尾注之间的相互转换。

（a）插入脚注和尾注　　　　　　　（b）脚注和尾注的切换

图 1-15　"脚注和尾注"对话框

1.1.4　题注和交叉引用

题注是添加到表格、图表、公式或其他项目上的名称和编号标签。使用题注可以使文档中的项目更有条理，方便阅读和查找。

交叉引用是在文档的一个位置引用文档另外一个位置的内容，类似于超链接，只不过交叉引用一般是在同一文档中相互引用。

1．题注

在 Word 2010 中，可以在插入表格、图表、公式或其他项目时自动地添加题注，也可以为已有的表格、图表、公式或其他项目添加题注。

（1）为已有项目添加题注

对文档中已有的表格、图表、公式或其他项目添加题注，操作步骤如下：

① 在文档中选定想要添加题注的项目，如图片（若图片下方已有对图片的题注内容，则将光标定位在内容的左侧），单击"引用"选项卡"题注"组中的"插入题注"按钮，弹出"题注"对话框，如图 1-16 所示。

② 在"标签"下拉列表中选择一个标签，如图表、表格、公式等。若要新建标签，可单击"新建标签"按钮，在弹出的"新建标签"对话框中输入要使用的标签名称，如图、表等，单击"确定"按钮即可建立一个新的题注标签。

③ 单击"编号"按钮，将弹出"题注编号"对话框，可以设置编号格式，也可以将编号和文档的章节序号联系起来。单击"确定"按钮返回"题注"对话框。

④ 单击"确定"按钮完成题注的添加。

（2）自动添加题注

在打开的文档中，先设置好题注格式，然后添加图表、公式或其他对象时将自动添加题注，操作步骤如下：

① 单击"引用"选项卡"题注"组中的"插入题注"按钮，弹出"题注"对话框。

② 单击"自动插入题注"按钮，弹出"自动插入题注"对话框，如图 1-17 所示。

③ 在"插入时添加题注"列表框中选择自动插入题注的项目，在"使用标签"下拉列表中选择标签类型，在"位置"下拉列表中选择题注相对于项目的位置。如果要新建标签，单击"新

建标签"按钮，在弹出的对话框中输入新标签名称即可。单击"编号"按钮可以设置编号格式。

④ 单击"确定"按钮，完成自动添加题注的操作。

图 1-16 "题注"对话框

图 1-17 "自动插入题注"对话框

（3）修改题注

可以根据需要修改题注标签，也可以修改题注的编号格式，甚至删除标签。如果要修改文档中单一题注的标签，只需选中该标签并按【Delete】键即可删除，然后可重新添加新题注。如果要修改所有相同类型的标签，其操作步骤如下：

① 选择要修改的相同类型的一系列题注标签中的任意一个，单击"引用"选项卡"题注"组中的"插入题注"按钮，弹出"题注"对话框。

② 在"标签"下拉列表中选择要修改的题注的标签。单击"新建标签"按钮，输入新标签名称，单击"确定"按钮返回。单击"编号"按钮，弹出"题注编号"对话框，选择其中的编号格式或包含章节号，单击"确定"按钮返回。

③ 在"题注"文本框中即可看到修改编号后的题注格式。单击"确定"按钮，文档中所有相同类型的题注将自动更改为新的题注。

如果在"题注"对话框中单击"删除标签"按钮，则会将选择的标签从"题注"的下拉列表中删除。

2．交叉引用

在 Word 2010 中，可以在多个不同的位置使用同一个引用源的内容，这种方法称为交叉引用。建立交叉引用实际上就是在要插入引用内容的地方建立一个域，当引用源发生改变时，交叉引用的域将自动更新。可以为标题、脚注、书签、题注、编号段落等创建交叉引用。本节以创建的题注为例介绍交叉引用。

（1）创建交叉引用

创建的交叉引用仅可引用同一文档中的项目，其项目必须已经存在。若要引用其他文档中的项目，首先要将相应文档合并到主控文档中。创建交叉引用的操作步骤如下：

① 移动光标到要创建交叉引用的位置，单击"引用"选项卡"题注"组中的"交叉引用"按钮，弹出"交叉引用"对话框，如图 1-18 所示。

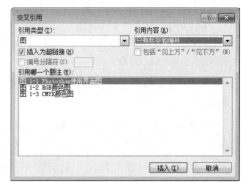

图 1-18 "交叉引用"对话框

② 在"引用类型"下拉列表中选择要引用的项目类型，如选择"图"选项；在"引用内容"下拉列表中选择要插入的信息内容，如"整项题注"、"只有标签和编号"、"只有题注文字"等，这里选择"只有标签和编号"；在"引用哪一个题注"列表框中选择要引用的题注，然后单击"插入"按钮。

③ 选定的题注将自动添加到文档中，按照第②步方法可继续选择其他题注。选择完要插入的引用题注后单击"关闭"按钮，完成交叉引用的操作。

（2）更新交叉引用

当文档中被引用项目发生了变化，如添加、删除或移动了题注，交叉引用应随之改变，称为交叉引用的更新。可以更新一个或多个交叉引用，操作步骤如下：

① 若要更新单个交叉引用，选定该交叉引用。若要更新文档中所有的交叉引用，选定整篇文档。

② 右击所选内容，在弹出的快捷菜单中选择"更新域"命令，即可实现单个或所有交叉引用的更新。

也可以选定要更新的交叉引用或整篇文档，按【F9】键实现交叉引用的更新。

1.2　页面设计

除了对文档内容进行各种格式设计外，Word 还提供了对页面进行高级设计的工具，主要包括视图方式、分隔符、页眉页脚、页面设置及索引目录，本节将对这些操作进行详细的介绍。

1.2.1　视图方式

视图是指文档的显示方式。在不同的视图方式下，文档中的某部分内容将会突出显示，有助于更有效地编辑文档。另外，Word 还提供了其他辅助工具帮助用户编辑和排版文档。

1. 视图操作

Word 2010 提供了页面视图、阅读版式视图、Web 版式视图、大纲视图和草稿视图 5 种视图显示方式。

（1）页面视图

页面视图是 Word 最基本的视图方式，也是 Word 默认的视图方式，用于显示文档打印的外观，与打印效果完全相同。在该视图方式下可以看到页面边界、分栏、页眉和页脚的实际打印位置，可以实现对文档的各种排版操作，具有"所见即所得"的显示效果。

（2）阅读版式视图

阅读版式视图以图书的分栏样式显示 Word 2010 文档内容，标题栏、选项卡、功能区等窗口元素被隐藏起来。在阅读版式视图中，用户还可以单击"工具"按钮选择各种阅读工具，如图 1-19（a）所示。

（3）Web 版式视图

"Web 版式视图"以网页的形式显示 Word 2010 文档内容，其外观与在 Web 或 Intranet 上发布时的外观一致。在 Web 版式视图中，还可以看到背景、自选图形和其他在 Web 文档及屏幕上查看文档时常用的效果。Web 版式视图适用于发送电子邮件和创建网页，如图 1-19（b）所示。

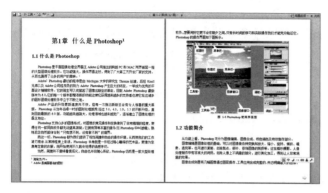
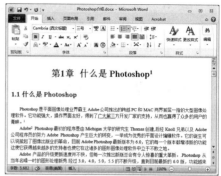

（a）阅读版式视图　　　　　　　　　（b）Web 版式视图

图 1-19　阅读版式和 Web 版式视图

（4）大纲视图

大纲视图主要用于设置 Word 2010 文档的标题和显示标题的层级结构，并可以方便地折叠和展开各种层级的文档，广泛用于 Word 2010 长文档的快速浏览和设置，特别适合较多层次的文档，如图 1-20（a）所示。

在大纲视图中，利用"大纲"选项卡中的按钮可以实现文档标题的快速设置及显示。其中，按钮 ⇜实现将所选内容提升至标题 1 级别，按钮 ⇐实现将所选内容提升一级标题，按钮 ⇒实现将所选内容下降一级标题，按钮 ⇝实现将所选内容下降为正文文本，按钮 ▲实现将所选内容上移一个标题或一个对象，按钮 ▼实现将所选内容下移一个标题或一个对象，按钮 ╋实现展开下级的内容，按钮 ═实现折叠下级的内容。

（5）草稿视图

在草稿视图中，用户可以查看草稿形式的文档，输入、编辑文字或编排文字格式。该视图方式不显示文档的页眉、页脚、脚注、页边距及分栏结果等，页与页之间的分页线是一条虚线，简化了页面的布局，使显示速度加快，方便输入或编辑文档中的文字，并可进行简单的排版，如图 1-20（b）所示。

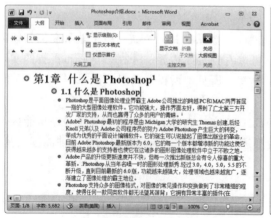
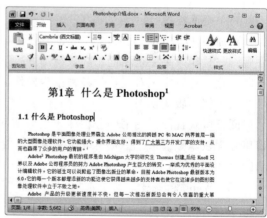

（a）大纲视图　　　　　　　　　　（b）草稿视图

图 1-20　大纲和草稿视图

　　单击"视图"选项卡"文档视图"组中的某种视图方式，或单击 Word 窗口右下角文档视图控制按钮区域中的某个视图按钮 ，即可使当前文档进入相应的视图显示方式，视图间的转换非常方便快捷。

2．辅助工具

　　Word 2010 提供了许多辅助工具，如标尺、文档结构图、显示比例等，可以方便用户编辑和排版文档。

　　（1）标尺

　　标尺用来设置测量或对齐文档中的对象，作为字体大小、行间距等的参考。标尺上有明暗分界线，可以作为设置页边距、分栏的栏宽、表格的行和高等的快速调整。当选中表格中部分内容时，标尺上会显示分界线，手动即可调整表格的宽度。手动的同时按住【Alt】键可以实现微调。Word 2010 中的标尺默认方式是隐藏的，其打开方式有 3 种：

　　① 选择"视图"选项卡"显示"组中的"标尺"复选框。

　　② 单击文档右侧上下滚动条顶端的"标尺"按钮 ，文档即可显示标尺。

　　③ 移动鼠标指针到工作区上端的灰色区域处，停留几秒，即可显示标尺。将鼠标指针移动到其他工作区位置，标尺将再次隐藏。

　　（2）文档结构图

　　文档结构图也就是文档的导航窗格，由联机版式视图发展而来，它在文档中一个单独的窗格中显示文档标题，使文档结构一目了然。也可以单击标题、页面或通过搜索文本或对象来进行导航。选择"视图"选项卡"显示"组中的"导航窗格"复选框，可打开"导航"任务窗格，如图 1-21 所示。单击左边文档结构图中的某级标题，在右边的文档中就会显示所对应的内容。通过单击按钮 ▲ 或 ▼ 实现向上或向下移动一个标题位置。利用文档页面导航可查看每页的缩略图并快捷定位相应页。利用"导航"任务窗格中的搜索栏可以快速查找文本和对象。

　　（3）显示比例

　　为了便于浏览文档内容，可以缩小或者放大屏幕上的字体和图形，但不会影响文档的实际打印效果，这个操作可以通过调整显示比例来实现。其操作方法主要有以下两种：

　　① 单击"视图"选项卡"显示比例"组中的"显示比例"按钮，弹出如图 1-22 所示的对话框，可以根据自己的需要选择或设置文档显示的比例。单击状态栏右侧的显示比例按钮"100%"，也会弹出"显示比例"对话框。

图 1-21　"导航"任务窗格

图 1-22　"显示比例"对话框

② 通过单击状态栏右侧的"显示比例"滑动按钮或滑块 ⊖————⊕ 也可实现文档的放大或缩小。

1.2.2 分隔符

有时根据排版的要求，需要在文档中人工插入分隔符，实现分页、分栏及分节。

1. 分页符

在 Word 2010 中，编辑文档时系统会自动分页。如果要从文档某个位置开始分页，将之后的文档内容在下一页出现，此时可通过插入分页符在指定位置进行强制分页。方法是将光标定位在要分页的位置，单击"页面布局"选项卡"页面设置"组中的"分隔符"按钮，在弹出的列表中选择"分页符"选项，光标后面的文档内容将自动在下一页出现。也可按【Ctrl+Enter】组合键实现分页操作。

分页符为一行虚线，若看不见分页符，可单击"开始"选项卡"段落"组中的"显示/隐藏编辑标记"按钮显示分页符标记。若要删除分页符，单击分页符，按【Delete】键删除即可。

2. 分栏符

在 Word 2010 中，分栏用来实现在一页上以两栏或多栏方式显示文档内容，广泛应用于报刊和杂志的排版编辑中。在分栏的外观设置上，Word 具有很大的灵活性，可以控制栏数、栏宽及栏间距，还可以很方便地设置分栏长度。其操作步骤如下：

① 选中要分栏的文本，单击"页面布局"选项卡"页面设置"组中的"分栏"按钮，在展开的列表框中选择一种分栏方式。

② 使用"分栏"按钮只可设置小于 4 栏的文档分栏，单击列表下方的"更多分栏"按钮，将弹出"分栏"对话框，如图 1-23（a）所示。

③ 在对话框中，可设置栏数、栏宽、分隔线、应用范围等。设置完成后，单击"确定"按钮完成分栏操作，如图 1-23（b）所示，选中的段落便设置为两栏形式。

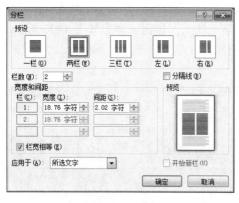
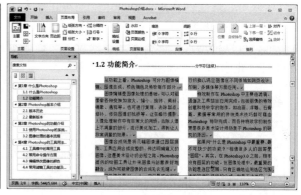

（a）"分栏"对话框　　　　　　　　　　　　（b）分栏后的效果

图 1-23　"分栏"对话框及设置结果

3. 分节符

为了实现对同一篇文档中不同部分的文本进行不同的格式化操作，可以将整篇文档分成多个节。节是文档格式化的最大单位，只有在不同的节中才可以设置与前面文本不同的页眉页脚、页边距、页面方向、文字方向或版式等格式。插入分节符的操作步骤如下：

①　将光标定位在需要插入分节符的位置，单击"页面布局"选项卡"页面设置"组中的"分隔符"按钮，将出现一个列表，如图 1-24（a）所示。

②　在列表中的分节符区域中选择分节符类型，如"下一页"。其中，类型有：

- 下一页：表示分节符后的文本从新的一页开始。
- 连续：新节与其前面一节同处于当前页中。
- 偶数页：新节中的文本显示或打印在下一偶数页上。如果该分节符已经在一个偶数页上，则其下面的奇数页为一空页，对于普通的书籍就是从左手页开始的。
- 奇数页：新节中的文本显示或打印在下一奇数页上。如果该分节符已经在一个奇数页上，则其下面的偶数页为一空页，对于普通的书籍就是从右手页开始的。

③　即可在光标处插入一个分节符，并将分节符后面的内容显示在下一页中，如图 1-24（b）所示。

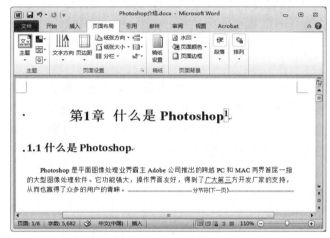

（a）"分隔符"列表　　　　　　　（b）插入分节符后的效果

图 1-24　分节符及其操作结果

要删除分节符，可在选中分节符后按【Delete】键。分节符中保存着分节符上面文本的格式，当删除一个分节符后，意味着删除该分节符之上的文本所使用的格式，该节的文本将使用下一节文档内容的格式。

1.2.3　页眉和页脚

页眉和页脚分别位于每页的顶部和底部，用来显示文档的附加信息，包括文档名、作者名、章节名、页码、日期时间、图片及其他一些域。可以将文档首页或页脚设置成与其他页不同的形式，也可以对奇数页和偶数页设置不同的页眉和页脚。

1. 添加页眉和页脚

要添加页眉和页脚，只需在某一个页眉或页脚中输入要放置在页眉或页脚的内容即可，Word 会把它们自动添加到每一页上，其操作步骤如下：

①　单击"插入"选项卡"页眉和页脚"组中的"页眉"按钮，在弹出的列表中选择内

置的页眉样式。如果不使用内置样式，单击"编辑页眉"按钮，直接进入页眉编辑状态。

② 进入"页眉和页脚"编辑状态后，会同时显示"页眉和页脚工具"|"设计"（以下简称"设计"）选项卡，如图1-25所示。在页眉处直接输入内容即可。

③ 单击"导航"组中的"转到页脚"按钮，光标将定位到页脚框内，可以直接输入页脚内容。也可以单击"页眉和页脚"组中的"页脚"按钮，在弹出的列表中选择内置的页脚样式。

④ 输入页眉和页脚内容后，单击"关闭"组中的"关闭页眉和页脚"按钮，则返回文档正文原来的视图模式。

图1-25　"页眉和页脚工具"|"设计"选项卡

退出"页眉和页脚"编辑环境，也可以通过在正文文档任意处双击来实现。

2．设置首页不同或奇偶页不同的页眉和页脚

有些文档的首页没有页眉和页脚，是因为设置了首页不同。有些文档中要求对奇数页和偶数页设置各自不同的页眉或页脚，如在奇数页使用章标题，在偶数页使用节标题。其操作步骤如下：

① 如果文档中没有设置页眉和页脚，按上述步骤进入页眉和页脚编辑环境。若文档已有页眉，在文档的页眉处双击，可打开"设计"选项卡，同时显示页眉和页脚。

② 选择"选项"组中的"首页不同"和"奇偶页不同"复选框，将光标分别移到首页处、奇数页、偶数页的页眉和页脚处，然后编辑其内容。

③ 单击"关闭"按钮，退出页眉和页脚编辑环境，完成首页不同或奇偶页不同的页眉和页脚设置。

3．页码

在Word文档中，页码是一种内容简单但使用最多的文档内容。加入页码后，Word可以自动而迅速地编排和更新页码。在Word 2010中，页码可以放在页面顶端（页眉）、页面底端（页脚）、页边距或当前位置处，通常放在文档的页眉或页脚中。添加页码的操作步骤如下：

① 单击"插入"选项卡"页眉和页脚"组中的"页码"按钮，弹出下拉列表，如图1-26（a）所示。

② 在弹出的下拉列表中可以从"页面顶端"、"页面底端"、"页边距"、"当前位置"选项组下选择页码放置的样式。如选择"页面底端"选项组下的"普通数字1"选项。

③ 进入页眉页脚编辑状态下，可以对插入的页码进行修改。单击"设计"选项卡"页眉和页脚"组中的"页码"按钮，在弹出的下拉列表中选择"设置页码的格式"选项，弹出"页码格式"对话框，如图1-26（b）所示。

④ 在"编号格式"下拉列表中选择编号的格式，在"页码编号"选项组中可以选择"续前节"或"起始页码"单选按钮。

⑤ 单击"确定"按钮，即可在文档中插入页码。单击"设计"选项卡"位置"组中的"插入'对齐方式'选项卡"按钮，弹出"对齐制表位"对话框，用来设置页码的对齐方式。

也可以单击"开始"选项卡"段落"组中的对齐按钮实现页码对齐方式的设置。

⑥ 单击"关闭页眉和页脚"按钮退出页眉页脚状态。

可以双击页眉或页脚进入页眉页脚编辑环境，然后单击"设计"选项卡"页眉和页脚"组中的"页码"按钮插入页码。

有时文档首页不需要设置页码，或者奇偶页的页眉或页脚不同，此时需要将光标分别定位在相应的页面中，再删除页码。也可以在页眉或页脚编辑环境中选择要删除的页码，然后按【Delete】键实现删除。

（a）"页码"下拉列表

（b）"页码格式"对话框

图 1-26　"页码"下拉列表及"页码格式"对话框

1.2.4　页面设置

页面设置包括纸张大小、页边距、文档网络和版面等。新建文档时，Word 对页面格式进行了默认设置，用户可以根据需要随时进行更改。页面设置可以在输入文档之前设置，也可以在输入的过程中或文档输入之后进行设置。

1. 页边距

页边距是指页面四周的空白区域。通俗的理解是页面的边线到文字的距离。设置页边距，包括调整上、下、左、右边距以及页眉和页脚边界的距离。具体操作步骤如下：

① 单击"页面布局"选项卡"页面设置"组中的"页边距"按钮，弹出下拉列表，如图 1-27（a）所示，选择需要调整的页边距样式。

② 若列表中没有所需要的样式，单击"自定义边距"按钮，或单击"页面设置"组右下角的对话框启动器按钮，弹出"页面设置"对话框，如图 1-27（b）所示。

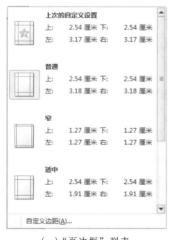
（a）"页边框"列表

（b）"页面设置"对话框

图 1-27　页面设置列表及对话框

③ 根据实际需要，可以设置页边距的上、下、左、右边距，纸张方向，页码范围及应用范围。

④ 单击"确定"按钮，完成页边距的设置。

2．纸张大小

默认情况下，Word 中的纸型是标准的 A4 纸，文字纵向排列，纸张宽度是 21cm，高度是 29.7cm，可以根据需要重新设置或随时修改纸张的大小和方向。其操作步骤如下：

① 单击"页面布局"选项卡"页面设置"组中的"纸张方向"按钮，在弹出的下拉列表中选择"纵向"或"横向"。

② 单击"页面布局"选项卡"页面设置"组中的"纸张大小"按钮，弹出下拉列表，如图 1-28（a）所示，选择需要调整的纸张大小样式。

③ 若列表中没有所需要的纸张样式，单击 "其他页面大小"按钮，或单击"页面设置"组右下角的对话框启动器按钮 ，弹出"页面设置"对话框，选择"纸张"选项卡，如图 1-28（b）所示。

④ 根据实际需要，设置纸张大小及应用范围。

⑤ 单击"确定"按钮，完成纸张大小的设置。

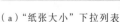

（a）"纸张大小"下拉列表　　　　　　（b）"纸张"选项卡

图 1-28　纸张列表及对话框

3．版式

版式也就是版面格式，包括节、页眉页脚、版心和周围空白的尺寸等选项的设置。其操作步骤如下：

① 单击"页面布局"选项卡"页面设置"组右下角的对话框启动器按钮 ，弹出"页面设置"对话框，选择"版式"选项卡。

② 在对话框中可以设置"节的起始位置"、"首页不同或奇偶页不同"、"页眉页脚边距"、"对齐方式"。

③ 单击"行号"按钮，弹出"行号"对话框，如图 1-29（a）所示。选择"添加行号"

复选框，单击"确定"按钮返回"页面设置"对话框。

④ 单击"边框"按钮，弹出"边框和底纹"对话框，可以设置页面边框，单击"确定"按钮返回。

⑤ 单击"确定"按钮，完成文档版式的设置。

4．文档网格

可以实现文字排列方向、页面网格、每页行数、每行字数等的设置。其操作步骤如下：

① 单击"页面布局"选项卡"页面设置"组右下角的对话框启动器按钮，弹出"页面设置"对话框，选择"文档网格"选项卡。

② 根据实际需要，在对话框中可以设置文字排列方向、栏数，网格的类型，每页的行数、每行的字数，应用范围等。

③ 单击"绘制网格"按钮，弹出"绘制网格"对话框，如图 1-29（b）所示。设置文档网格格式，单击"确定"按钮返回"页面设置"对话框。

④ 单击"字体设置"按钮，弹出"字体"对话框，可以设置文档的字体格式，单击"确定"按钮返回"页面设置"对话框。

⑤ 单击"确定"按钮，完成文档网格的设置。

（a）"行号"对话框　　　　　　　　　　（b）"绘图网格"对话框

图 1-29　版式及文档网格设置

1.2.5　目录和索引

目录是 Word 文档中各级标题以及每个标题所在的页码的列表，通过目录实现文档内容的快速浏览。此外，Word 中的目录包括目录、图表目录。索引是将文档中的字、词、短语等单独列出来，注明页码，根据需要按一定的检索方法编排，以方便读者快速地查阅有关内容。

1．目录

本节的目录操作主要包括标题目录、图表目录和引文目录的创建及其修改。

（1）标题目录

Word 具有自动编制各级标题目录的功能。编制目录后，按住【Ctrl】键的同时单击目录中的某个页码，就可以自动跳转到该页码对应的标题。目录的操作主要涉及目录的创建、修改、更新及删除。

创建目录的操作步骤如下：

① 打开已经预定义好各级标题样式的文档。将光标定位在要建立目录的位置（一般在文档的开头），单击"引用"选项卡"目录"组中的"目录"按钮，在弹出的列表中可以选择其中的一种目录样式。也可以单击"插入目录"按钮，弹出"目录"对话框，如图1-30（a）所示。

② 在弹出的对话框中，确定目录显示的格式及级别。如"显示页码"、"页码右对齐"、"制表符前导符"、"格式"、"显示级别"等对象的设置。

③ 单击"确定"按钮，完成创建目录的操作，如图1-30（b）所示。

（a）"目录"对话框　　　　　　　　　　（b）插入目录后的效果

图1-30　"目录"对话框及插入目录后的结果

如果对设置的目录格式不满意，可以对目录进行修改，其操作步骤如下：

① 单击"引用"选项卡"目录"组中"目录"按钮，在下拉列表中单击"插入目录"按钮，弹出"目录"对话框，如图1-30（a）所示。

② 按照实际需要修改相应的选项。单击"选项"按钮，弹出"目录选项"对话框，如图1-31（a）所示，选择目录标题显示的级别，默认为三级。单击"确定"按钮返回。

③ 如果要修改某级目录格式，可选择该级目录，单击"修改"按钮，弹出"修改样式"对话框，如图1-31（b）所示。根据需要修改该级目录格式，单击"确定"按钮返回"目录选项"对话框。然后单击"确定"按钮返回"目录"对话框。

（a）"目录选项"对话框　　　　　　　　（b）"修改样式"对话框

图1-31　"目录选项"及"修改样式"对话框

④ 单击"确定"按钮，系统会弹出一个是否替换目录的信息提示框，单击"是"按钮完成目录的修改。

编制目录后，如果对文档内容进行了修改，导致标题或页码发生变化，需更新目录。操作方法有以下几种：

① 右击目录区域的任意位置，在弹出的快捷菜单中选择"更新域"命令，然后在弹出的"更新目录"对话框中选择"更新整个目录"单选按钮，单击"确定"按钮完成目录更新。

② 单击目录区域的任意位置，按【F9】键，也可实现目录更新。

③ 单击目录区域的任意位置，然后单击"引用"选项卡"目录"组中的"更新目录"按钮，也可实现目录更新。

若要删除创建的目录，其操作方法如下：单击"引用"选项卡"目录"组中的"目录"按钮，在弹出的下拉列表中单击"删除"按钮即可。或者在文档中选中整个目录后按【Delete】键进行删除。

（2）图表目录

图表目录是对 Word 文档中的图、表、公式等对象编制的目录。对这些对象编制了目录后，按住【Ctrl】键的同时单击图表目录中的某个目录项，就可以跳转到该页码对应的对象。图表目录的操作主要涉及目录的创建、修改、更新及删除。创建图表目录的操作步骤如下：

① 打开已经预先对文档中的图、表或公式创建了题注的现有文档。将光标定位在要建立图表目录的位置，单击"引用"选项卡"题注"组中的"插入表目录"按钮，弹出"图表目录"对话框，如图 1-32（a）所示。

② 在"题注标签"下拉列表中选择不同的题注对象，可实现对文档中图、表或公式题注的选择，图 1-32（a）所示是选择文档中的表题注的结果，图 1-32（b）所示是图题注的结果。

③ 在"图表目录"对话框中还可以对其他选项进行设置，如"显示页码"、"页码右对齐"、"格式"等，与"目录"设置方法类似。

④ 单击"选项"按钮，会弹出目录"选项"对话框，可对图表目录标题的来源进行设置，单击"确定"按钮返回。单击"修改"按钮，会弹出"修改样式"对话框，可对图表目录的样式格式进行修改，单击"确定"按钮返回。

（a）表题注的设置　　（b）图题注的设置

图 1-32　"图表目录"对话框

⑤ 单击"确定"按钮，完成图表目录的创建，如图 1-33 所示。

图 1-33　图表目录的创建效果

图表目录的操作还涉及图表目录的修改、更新及删除，其操作方法和目录的相应操作方法类似，在此不再赘述。

2. 索引

索引是将文档中的专用术语、缩写和简称、同义词及相关短语等对象按一定次序分条排列，以方便读者快速查找。索引的操作主要包括标记索引项、编制索引目录、索引更新及索引删除。

（1）标记索引项

要创建索引，首先要在文档中标记索引项，索引项可以是来自文档中的文本，也可以与文本有特定的关系，如其同义词。索引标记可以是文档中的一处，也可以是文档中相同内容的全部。标记索引项的操作步骤如下：

① 将光标定位在要添加索引的位置，或选中要创建索引项的文本。单击"引用"选项卡"索引"组中的"标记索引项"按钮，弹出"标记索引项"对话框，如图 1-34 所示。

② 在"索引"选项组的"主索引项"文本框中输入要作为索引的内容，并在文本框中右击，在弹出的快捷菜单中选择"字体"命令，会弹出"字体"对话框，可以对索引内容进行格式设置。在"选项"选项组中选择"当前页"单选按钮。还可以设置页码格式，例如加粗、倾斜。

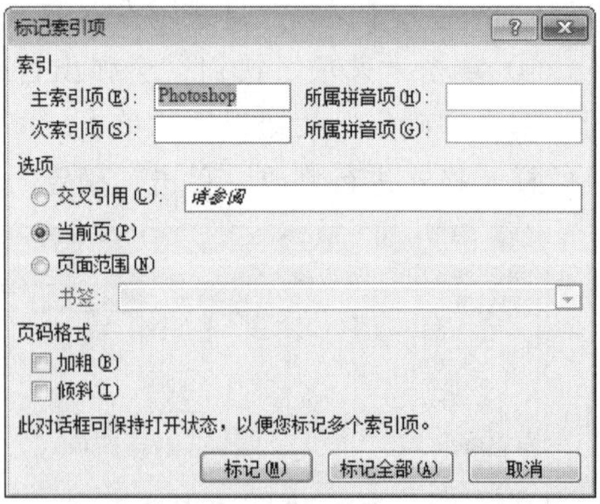

③ 单击"标记"按钮即可在光标位置或选中的文本后面出现索引区域"{ XE "***" }"。单击"标记全部"按钮，实现将文档中所有与主索引文本框中内容相同的文本进行索引标记。

④ 按照相同方法建立其他对象的索引标记。

图 1-34　"标记索引项"对话框

（2）编制索引目录

Word 是以 XE 域的形式来插入索引项的标记，标记好索引项后，默认方式为显示索引标记。由于索引标记在文档中也占用文档空间，在创建索引目录前需要将其隐藏。单击"开始"选项卡"段落"组中的"显示/隐藏编辑标记"按钮，实现索引标记的隐藏或显示。创建索引目录的操作步骤如下：

① 将光标定位在要添加索引目录的位置，单击"引用"选项卡"索引"组中的"插入索引"按钮，弹出"索引"对话框，如图 1-35（a）所示。

② 根据实际需要，可以设置"类型"、"栏数"、"页码右对齐"、"格式"等选项。如，选择"页码右对齐"复选框，"栏数"设为 1，单击"确定"按钮。

③ 在光标处将自动插入索引目录，如图 1-35（b）所示。

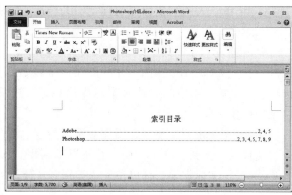

（a）"索引"对话框　　　　　　　　　（b）插入索引目录后的效果

图 1-35　"索引"对话框及效果

（3）索引更新

索引项或索引项所在的页码发生改变后，应及时更新索引。其操作方法与目录更新类似。选中索引，单击"引用"选项卡"索引"组中的"更新索引"按钮或者按【F9】键实现。也可以右击，选择快捷菜单中的"更新域"命令实现索引更新。

（4）索引删除

如果看不到索引域，单击"开始"选项卡"段落"组中的"显示/隐藏编辑标记"按钮，实现索引标记的显示。选中整个索引项域，包括括号"｛｝"，然后按【Delete】键删除索引标记。

3. 引文目录

引文目录是将文档中的专用术语、缩写和简称、同义词及相关短语等对象按类别次序分条排列，以方便读者快速查找。引文目录的操作主要包括标记引文、编制引文目录、索引更新及索引删除，其操作方法类似于索引操作。

（1）标记引文

要创建引文目录，首先要在文档中标记引文，引文项可以来自文档中的任意文本。引文标记可以是文档中的一处对象，也可以是文档中相同内容的全部。标记引文的操作步骤如下：

① 选中要创建标记引文的文本，单击"引用"选项卡"引文目录"组中的"标记引文"按钮，弹出"标记引文"对话框，如图 1-36 所示。

② 在"所选文字"列表框中将显示选中的文本，在"类别"下拉列表选择引文的类别，主要有"事例"、"法规"、"其他引文"、"规则"、

图 1-36　"标记引文"对话框

"协议"或"规章"。在"短引文"文本框中可以输入引文的简称，或选择列表框的现有引文。"长引文"文本框中将自动出现引文。

③ 单击"标记"按钮即可在选中的文本后面出现引文区域"{ TA \s "***" }"。单击"全部标记"按钮，实现将文档中所有与选中内容相同的文本进行引文标记。

④ 按照相同方法建立其他对象的引文标记。

⑤ 单击"关闭"按钮完成标记引文操作。

（2）引文目录

Word 是以 TA 域的形式来插入引文项的标记，标记好引文项后，默认方式为显示引文标记。由于引文标记在文档中也占用文档空间，在创建引文目录前需要将其隐藏。单击"开始"选项卡"段落"组中的"显示/隐藏编辑标记"按钮，实现引文标记的隐藏或显示。创建引文目录的操作步骤如下：

① 将光标定位在要添加引文目录的位置，单击"引用"选项卡"引文目录"组中的"插入引文目录"按钮，弹出"引文目录"对话框，如图 1-37（a）所示。

② 根据实际需要，可以设置"类别"、"使用'各处'"、"保留原格式"、"格式"等选项。如选择"使用'各处'"，"保留原格式"复选框，单击"确定"按钮。

③ 在光标处将自动插入引文目录，如图 1-37（b）所示。

（a）"引文目录"对话框　　　　　　　　（b）插入引文目录

图 1-37　"引文目录"对话框及效果

（3）引文目录更新

更改了引文项或引文项所在的页码发生改变后，应及时更新引文目录。其操作方法与目录更新类似。选中引文，单击"引用"选项卡"引文目录"组中的"更新引文"按钮或者按【F9】键实现。也可以右击，选择快捷菜单中的"更新域"命令实现引文更新。

（4）引文目录删除

如果看不到引文域，单击"开始"选项卡"段落"组中的"显示/隐藏编辑标记"按钮，实现引文标记的显示。选中整个引文项域，包括括号"{ }"，然后按【Delete】键实现引文标记的删除。

4．书签

书签是一种虚拟标记，形如 ，其主要作用在于快速定位到特定位置，或者引用同一文档（也可以是不同文档）中的特定文字。在 Word 文档中，文本、段落、图形图片、标题等都可以添加书签。

（1）添加和显示书签

在文档中选择要添加书签的文本，单击"插入"选项卡"链接"组中的"书签"按钮，弹出"书签"对话框，在"书签名"文本框中输入新书签名，单击"添加"按钮即可完成对所选文本添加书签的操作。书签名必须以字母、汉字开头，不能以数字开头，不能有空格，可用下划线分隔字符。

在默认状态下，书签不显示，如果要显示，可通过如下方法设置。单击"文件"选项卡，在弹出的列表中单击"选项"按钮，弹出"Word 选项"对话框，选择"高级"选项，在"显示文档内容"选项组中选择"显示书签"复选框，单击"确定"按钮即可。设置为书签的文本将以方括号[]的形式出现（仅在文档中显示，不会打印出来）。取消选择"显示书签"复选框，则隐藏书签。

（2）定位及删除书签

在文档中添加了书签后，打开"书签"对话框，可以看到已经添加的书签。使用"书签"对话框可以快捷定位或删除添加的书签。

利用定位操作，可以查找文本的位置。打开"书签"对话框，在"书签名"列表框中选择要定位的书签名，然后单击"定位"按钮，即可定位到文档中书签的位置，添加了该书签名的文本会高亮显示。单击"关闭"按钮用来关闭"书签"对话框。

可以删除添加的书签。打开"书签"对话框，在"书签名"列表框中选择要删除的书签名，然后单击"删除"按钮即可。单击"关闭"按钮关闭"书签"对话框。

（3）引用书签

在 Word 文档中添加了书签后，可以引用书签的位置建立超链接及交叉引用。

① 建立超链接。在文档中选择要建立超链接的对象，如文本、图像等，单击"插入"选项卡"链接"组中的"超链接"按钮，将弹出"插入超链接"对话框。或者右击，在弹出的快捷菜单中选择"超链接"命令，也会弹出"插入超链接"对话框。在对话框中的右侧单击"书签"按钮，弹出"在文档中选择位置"对话框，如图 1-38 所示。选择"书签"标记下面的某个书签名，单击"确定"按钮返回，再单击"确定"按钮即可为选择的对象建立超链接。

② 建立交叉引用。首先在文档中确定建立交叉引用的位置，然后单击"插入"选项卡"链接"组中的"交叉引用"按钮，将弹出"交叉引用"对话框。也可以单击"引用"选项卡"题注"组中的"交叉引用"按钮，也会弹出"交叉引用"对话框，如图 1-39 所示。选择"引用类型"下拉列表中的"书签"选项，"引用内容"下拉列表中的"书签文字"选项，"引用哪一个书签"列表框中的某个书签，单击"插入"按钮即可在选定位置建立交叉引用。

图 1-38　"插入超链接"对话框

图 1-39　"交叉引用"对话框

1.3　图文混排与表格应用

Word 2010 除了具有强大的文字处理功能外，还提供了强大的图形处理功能。同时，Word 2010 还提供了完善的表格处理功能。这些功能的使用，能为 Word 文档增添成图文并茂、形象生动的效果。

1.3.1　图文混排

在 Word 2010 中，对于添加到文档中的图片，除了通过简单的复制操作外，系统在"插入"选项卡中提供了 6 种方式插入插图，它们分别是图片、剪贴画、形状、SmartArt、图表和屏幕截图，这 6 种方式位于"插入"选项卡"插图"组中，如图 1-40 所示。

图 1-40　"插图"组

① 图片：用来插入来自文件的图片，单击会弹出"插入图片"对话框，用来确定插入图片的位置及图片名称。

② 剪贴画：用来插入系统中提供的剪贴画，包括绘图、影片、声音或库存照片，以展示特定的概念。单击会弹出"剪贴画"工具栏，可以搜索需要的对象，并插入到文档中。

③ 形状：用来插入现成的形状，如矩形、圆、箭头、线条、流程图符号和标注等。单击会弹出列表框供用户选择，如图 1-41（a）所示。

④ SmartArt：用来插入 SmartArt 图形，以直观的方式交流信息。SmartArt 图形包括图形列表、流程图以及更复杂的图形。单击会弹出"选择 SmartArt 图形"对话框，可根据需要选择图形类型。

⑤ 图表：用来插入图表，用于演示和比较数据，包括条形图、饼图、折线图、面积图和曲面图等。单击会弹出"插入图表"对话框，可根据需要选择图表类型，如图 1-41（b）所示。

（a）形状列表

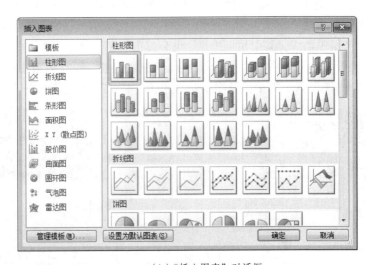

（b）"插入图表"对话框

图 1-41　形状列表及"插入图表"对话框

⑥ 屏幕截图：用来插入任何未最小化到任务栏的程序窗口的图片，可插入程序的整个窗口或部分窗口的图片。

1．插入图片

在图 1-40 所示的"插图"组中，图片、剪贴画、形状和图表在 Word 以往版本中就已经详细介绍并广泛应用，在 Word 2010 中，这些功能按钮只是在界面和样式的显示方面进行了改进，操作方法非常类似，在此不再赘述。以下主要介绍在 Word 中如何插入 SmartArt 和屏幕截图。

（1）SmartArt 图形

Word 2010 提供了丰富的 SmartArt 图形类型，以创建一个组织结构图为例，介绍如何创建 SmartArt 图形以及如何编辑 SmartArt 图形。

创建 SmartArt 图形的步骤如下：

① 将光标定位在需要插入图形的位置，单击"插入"选项卡"插图"组中的"SmartArt"按钮，弹出"选择 SmartArt 图形"对话框，如图 1-42 所示。

② 在对话框的左边列表中选择"层次结构"选项卡，然后在右边窗格中选择图形样式，如"组织结构图"选项。

③ 单击"确定"按钮，在光标处插入一个基本组织结构图。

④ 输入文字。有两种输入方法，一种是使用"文本窗格"输入。

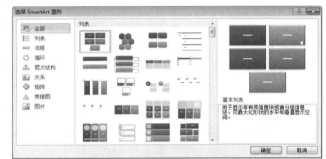

图 1-42　"选择 SmartArt 图形"对话框

在左侧"在此处输入文字"输入文本，右侧的层次结构图中将会显示对应的文字，输完一个后单击下一个文本框继续输入，也可通过键盘上的光标键进行移动。另外一种输入方法是直接单击右侧的文本输入文字。

⑤ 输入完成后单击 SmartArt 图形以外的任意位置，完成 SmartArt 图形的创建，如图 1-43（a）所示。

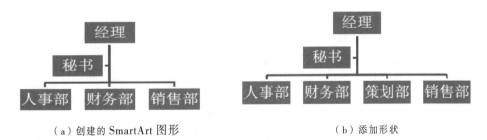

（a）创建的 SmartArt 图形　　　　　　（b）添加形状

图 1-43　公司组织结构图

当插入一个 SmartArt 图形后，系统将自动显示 SmartArt 的"设计"和"格式"选项卡，并自动切换到"设计"选项卡，如图 1-44 所示。

SmartArt"设计"选项卡包括"创建图形"、"布局"、"SmartArt 样式"和"重置"4 个组。"创建图形"组用来添加形状、升降形状及添加项目符号等。在"布局"组中可以将组织结构图切换成图片型、半圆形、圆形等多种形式。"SmartArt 样式"组提供了多种预设样式，并可修改图形的边框、背景色、字体等。"重置"组用来放弃对 SmartArt 图形所做的全部格式更改。

图 1-44　"设计"和"格式"选项卡

当默认的结构不能满足需要时，可以在指定的位置添加形状。也可以将指定位置处的形状删除。例如，若要在图 1-43（a）中的"财务部"右侧添加形状"策划部"，其操作步骤如下：单击"财务部"，单击"设计"选项卡"创建图形"组中的"添加形状"按钮，在弹出的列表中选择"在后面添加形状"选项，输入文字即可，如图 1-43（b）所示。

可以调整整个 SmartArt 图形或其中一个分支的布局。方法是选中要更改的形状，单击"创建图形"组中的"布局"按钮，在弹出的列表中选择一种布局选项即可。

可以更改某个开关的级别或位置。方法是选中要更改级别的形状，单击"创建图形"组中的"降级"、"升级"、"上移"、"下移"按钮来实现。

若要删除一个形状，首先选择该形状，然后按【Delete】键即可。

设置 SmartArt 布局和样式是指对整个 SmartArt 图形进行布局和样式的设置，可通过在 SmartArt 图形的绘图画布上单击来选中 SmartArt 图形。若要更改布局，单击"设计"选项卡"布局"组中的"其他"按钮，在弹出的下拉列表中选择需要的布局类型。如果列表中没有满足条件的布局选项，可以单击"其他布局"按钮，在弹出的"选择 SmartArt 图形"对话框中选择需要的布局样式，如图 1-45（a）所示。

若要更改 SmartArt 图形样式，在"设计"选项卡"SmartArt 样式"列表中选择需要的外观样式。还可以单击"SmartArt 样式"中"其他"按钮，在弹出的"SmartArt 样式"下拉列表中选择需要的外观样式，如图 1-45（b）所示，即可更改 SmartArt 图形的外观。

若要更改 SmartArt 图形颜色，单击"设计"选项卡"SmartArt 样式"组中的"更改颜色"按钮，在弹出的下拉列表中单击理想的颜色选项即可更改 SmartArt 图形颜色。

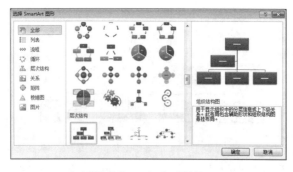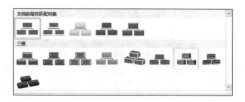

（a）"选择 SmartArt"对话框　　　　　　　　　　　（b）图形样式

图 1-45　SmartArt 图形的布局及样式

（2）屏幕截图

操作系统提供了将计算机的整个屏幕或当前窗口进行复制的操作方法。按【PrtSc SysRq】键，可将整个屏幕图像复制到"剪贴板"中。同时按【Alt+PrtSc SysRq】组合键，可将当前活动窗口图像复制到"剪贴板"中。在 Word 2010 中，专门提供了屏幕截图工具软件，可以实现将任何未最小化到任务栏的程序的窗口图片插入到文档中，也可以插入屏幕上的任何部分图片。

插入任何未最小化到任务栏的程序窗口图片的方法为：将光标定位在文档中要插入图片的位置，单击"插入"选项卡"插图"组中的"屏幕截图"按钮，弹出"可用视窗"列表，存放了除当前屏幕外的其他未最小化到任务栏上的所有程序窗口，单击其中所要插入的程序窗口图片即可。

插入屏幕上的任何部分图片的操作步骤如下：将光标移到文档中要插入图片的位置，单击"插入"选项卡"插图"组中的"屏幕截图"按钮，弹出"可用视窗"列表，单击"屏幕剪辑"按钮。此时"可用视窗"列表中的第一个屏幕被激活且成模糊状。模糊前有 1～2 s 的停顿时间，这期间允许用户作一些操作。模糊状后鼠标变成一个粗十字形状，拖曳鼠标可以剪辑图片的大小，释放鼠标后将自动在光标处插入图片。

2．编辑图形图片

在"插入"选项卡中提供了 6 种方式插入各种图形图片。其中，插入的"形状"图片默认方式为"浮于文字上方"，其他均以嵌入方式插入到文档中。根据需要，可以对这些插入的图形图片进行各种编辑操作。

（1）设置文字环绕方式

文字环绕方式是指插入图片后，图片与文字的环绕关系。Word 提供了 7 种文字环绕方式，它们是嵌入型、四周型、紧密型、穿越型、上下型、浮于文字上方及衬于文字下方，其操作方法为：选择图形或图片，单击"图片工具"|"格式"选项卡"排列"组中的"自动换行"按钮，在弹出的下拉列表中选择某种环绕方式即可。也可以右击要设置环绕方式的图形或图片，在弹出的快捷菜单中选择"其他布局选项"或"大小和位置"命令，弹出"布局"对话框，选择"文字环绕"选项卡，可选择其中的某种文字环绕方式，如图 1-46（a）所示。

（2）设置大小

Word 文档中的图形和图片大小可以使用鼠标拖动四周控点的方式调整大小，但很难精确控制。可以通过如下操作方法来实现精确设置。选中图形或图片，直接在"格式"选项卡"大小"组中的"高度"和"宽度"文本框中输入具体值，实现精确控制。也可以单击"大小"组右下角的对话框启动器按钮，弹出"布局"对话框，选择"大小"选项卡，对图形图片的高度和宽度进行精确设置，如图 1-46（b）所示。也可以右击要设置大小的图形或图片，在弹出的快捷菜单中选择"其他布局选项"或"大小和位置"命令，会弹出"布局"对话框，选择"大小"选项卡进行设置。如果取消选择"锁定纵横比"复选框，可以实现高度和宽度不同比例的设置。

（3）裁剪图片

该功能仅对图片、剪贴画、屏幕截图的图片有效。裁剪是指仅取一幅图片的部分区域。选中图片，单击"格式"选项卡"大小"组中的"裁剪"按钮，在弹出的下拉列表中选择一种裁剪方式。

① 裁剪：图片四周出现裁剪控点，通过拖动控点可以实现边、两侧及四侧的裁剪，完成后按【Esc】键退出。

② 裁剪为形状：可将图片裁剪为特定形状，如圆形、箭头、星形等。

③ 填充或调整：调整图片大小，以便填充整个图片区域，同时保持原始纵横比。

（a）　　　　　　　　　　　　　　　（b）

图 1-46　"布局"对话框

（4）调整图片效果

该功能仅对图片、剪贴画、屏幕截图的图片有效。可以调整图片亮度、对比度、颜色、压缩图片等。选中图片，单击"格式"选项卡"调整"组中的"更正"按钮，在弹出的下拉列表中选择预设好的效果，即可实现图片的亮度和对比度设置。单击"调整"组中的"颜色"按钮，在弹出的下拉列表中选择色调、饱和度或重新着色即可实现颜色的设置。单击"调整"组中的"艺术效果"按钮，在弹出的下拉列表中选择某种艺术效果即可实现。

单击"调整"组中的"压缩图片"按钮，在弹出的对话框中可以对文档中的当前图片或所有图片进行压缩。单击"调整"组中的"更改图片"按钮，可以重新选择图片代替现有图片，同时保持原图片的格式和大小。单击"调整"组中的"重设图片"按钮，可以实现放弃对图片所做的格式和大小的设置。

图片格式的设置还可以通过右击图片，在弹出的快捷菜单中选择"设置图片格式"命令，弹出"设置图片格式"对话框，可以根据实际需要进行各种格式设置，如图 1-47 所示。

图 1-47　"设置图片格式"对话框

1.3.2　表格应用

Word 2010 提供了方便、快速的创建和编辑表格功能，还能够为表格内容添加格式以及美化表格，利用 Word 提供的工具，可以制作出各种符合要求的表格。

1. 插入表格

在 Word 2010 中，系统在"插入"选项卡"表格"组中的"表格"下拉列表中提供了 6 种方式插入表格，它们分别是表格、插入表格、绘制表格、文本转换成表格、Excel 电子表格和快速表格，可根据实际需要选择一种方式在文档中插入表格。

① 表格：单击"插入"选项卡"表格"组中的"表格"按钮，在弹出列表的"插入表格"中拖动鼠标选择单元格数量，单击完成插入表格操作。最多只能插入 10 行×8 列的表格。

② 插入表格：单击"插入表格"按钮，弹出"插入表格"对话框，确定表格的行数和列数，单击"确定"按钮即可生成表格。

③ 绘制表格：单击"绘制表格"按钮，鼠标变成一支笔状，拖动鼠标画出表格的外围边框，然后再绘制表格的行列。

④ 文本转换成表格：将具有特定格式的多行多列文本转换成一个表格。文本中的每一行之间要用段落标记符隔开，每一列之间要用分隔符隔开。列之间的分隔符可以是逗号、空格、制表符等。转换方法为：选中文本，单击"文本转换成表格"按钮，弹出"将文字转换成表格"对话框，设置表格的行列数，单击"确定"按钮完成转换。反之，表格也可以转换成文本，选中表格，单击"布局"选项卡"数据"组中的"转换为文本"按钮，弹出"表格转换成文本"对话框，选择文字分隔符，单击"确定"按钮完成转换。

⑤ Excel 电子表格：单击"Excel 电子表格"按钮，将在文档中自动插入一个 Excel 电子表格，可以直接输入表格数据，并可改变表格大小，等同于操作 Excel 表格。单击表格外区域，将自动转换成 Word 表格。双击之，可转换到 Excel 电子表格状态。

⑥ 快速表格：Word 2010 提供了一个内置样式的表格模板库，可以利用表格模板来生成表格。单击"快速表格"按钮，在弹出的下拉列表中选择一种模板即可生成表格。

2．编辑表格

表格建立之后，可向表格中输入数据，也可以对生成的表格进行各种编辑操作。将光标移到表格中的任何单元格或选中整个表格，系统自动显示表格的"设计"和"布局"选项卡，如图 1-48 所示。

（a）"设计"选项卡

（b）"布局"选项卡

图 1-48 Word 2010 的表格工具

"设计"选项卡提供了对选中的表格部分或整个表格的格式设计，主要包括表格样式、边框样式、底纹样式、表格线的绘制与擦除等方面的操作。

"布局"选项卡提供了对表格的布局进行调整功能，主要包括单元格、行和列的增加及删除、表格行高和列宽的设置，单元格的合并与拆分，对齐方式的设置，数据排序及计算等操作。

这些功能，大部分在 Word 以往版本中就已经详细介绍并广泛应用，在 Word 2010 中，这些功能按钮只是在界面和样式的显示方面进行了改进，操作方法非常类似，在此不再赘述。仅对其中的几项功能进行介绍。

（1）设置表格样式

Word 2010 自带了丰富的表格样式，表格样式中包含了预先设置好的表格字体、边框和底纹格式。应用表格样式后，其所有格式将应用到表格中。设置方法是将光标移到表格任意单元格中，单击"设计"选项卡"表格样式"组中的表格样式库中的某个样式即可，如果样式库中的样式不符合要求，单击样式库右侧的"其他"按钮，将弹出下拉列表，在列表中选择所需的样式即可。

（2）单元格的合并与拆分

除了常规的单元格合并与拆分方法外，还可以通过"设计"选项卡"绘图边框"组中的"擦除"和"绘制表格"工具来实现。单击"设计"选项卡"绘图边框"组中的"擦除"按钮，鼠标指针变成橡皮状，单击要擦除的边框线，可删除表格线，实现两个单元格的合并。单击"设计"选项卡"绘图边框"组中的"绘制表格"按钮，鼠标指针变成铅笔状，在单元格内按住鼠标左键并拖动，此时将会出现一条虚线，松开鼠标即可插入一条表格线，实现单元格的拆分，并且可以设置铅笔的粗细及颜色。

（3）表格的跨页

表格放置的位置正好处于两页交界处，称为表格跨页。有两种处理办理，一种是允许表格跨页断行，即表格的一部分位于上一页，另一部分位于下一页，但只有一个标题（适用于较小的表格）。另外一种处理方法是在每页的表格上都提供一个相同的标题，使之看起来仍是一个表格（适用于较大的表格）。第二种处理方法是：选中要设置的表格的标题（可以是多行），单击"布局"选项卡"数据"组中的"重复标题行"按钮，系统会自动在为分页而被拆开的表格中重复标题行信息。

（4）"表格属性"对话框与"边框和底纹"对话框

利用表格工具提供的"设计"和"布局"选项卡可以实现表格的各种编辑。还可以利用"表格属性"对话框与"边框和底纹"对话框来实现相应的操作。单击"布局"选项卡"表"组中的"属性"按钮，弹出"表格属性"对话框，如图 1-49（a）所示。也可以单击"布局"选项卡"单元格大小"组右侧的"其他"按钮或右击表格任何区域，在弹出的快捷菜单中选择"表格属性"命令，也可弹出"表格属性"对话框。

"边框和底纹"对话框的打开方法有多种。在"表格属性"对话框的"表格"选项卡中单击"边框和底纹"按钮可打开该对话框，如图 1-49（b）所示。单击"设计"选项卡"表格样式"组中的"边框"按钮或右击表格任何区域，在弹出的快捷菜单中选择"边框和底纹"命令，也可弹出"边框和底纹"对话框。

（a）"表格属性"对话框　　　　　　　（b）"边框和底纹"对话框

图 1-49　"表格属性"对话框和"边框和底纹"对话框

3．表格数据处理

除了前面介绍的功能外，Word 2010 还提供了表格的其他功能，如表格的排序和计算。

（1）表格排序

在 Word 中，可以按照递增或递减的顺序把表格中的内容按照笔画、数字、拼音及日期等方式进行排序。而且可以根据表格多列的值进行排序。排序操作步骤如下：

① 将光标移到表格中的任意单元格中或选中要排序的行或列。单击"布局"选项卡"数据"组中的"排序"按钮。

② 整个表格高亮显示，同时弹出"排序"对话框。

③ 在"排序"对话框中，"主要关键字"下拉列表用于选择排序的字段，"类型"下拉列表用于选择排序的值的类型，如笔画、数字、拼音及日期等。升序降序用于选择排序的顺序，默认为升序。

④ 若需要多字段排序，可在"次要关键字"、"第三关键字"下拉列表中指定字段、类型及顺序。

⑤ 单击"确定"按钮完成排序。

> **注 意**
>
> 　要进行排序的表格中不能有合并后的单元格，否则无法进行排序。同时，在"排序"对话框中，如果单击"有标题行"按钮，则排序时标题行不参与排序；否则，标题行参与排序。

（2）表格计算

利用 Word 2010 提供的公式，可以对表格中的数据进行简单的计算，如加（+）、减（-）、乘（*）、除（/），求和、平均值、最大值、最小值、条件求值等。

利用 Word 提供的函数可进行一些复杂的数据计算，表格中的计算都是以单元格名称或区域进行的，称为单元格引用。在 Word 表格中，用英文字母 A，B，C……从左到右表示列，用数字 1，2，3……从上到下表示行，列号和行号组合在一起，称为单元格的名称。如 A1 表示表格中第 1 列第 1 行的单元格，其他单元格名称依此类推。单元格的引用主要分为以下几种情况：

B1：表示位于第 2 列第 1 行的单元格。

B1,C2：表示 B1 和 C2 共 2 个单元格。

A1:C2：表示以 A1 和 C2 为对角的矩形区域，包含 A1、A2、B1、B2、C1、C2 共 6 个单元格。

2:2：表示整个第 2 行。

E:E：表示整个第 5 列。

SUM(A1:A5)：SUM 为求和函数，表示求 5 个单元格数据之和。

AVERAGE(A1:A5)：AVERAGE 为求平均值函数，表示求 5 个单元格数据的平均值。

公式中的参数用单元格名称表示，但在进行计算时则提取单元格名称所对应的实际数据。举例说明，表 1–1 所示为学生成绩表，计算每个学生的总分及平均分。其操作步骤如下：

① 将光标置于"总分"单元格的下一个单元格中，单击"布局"选项卡"数据"组中的"公式"按钮，弹出"公式"对话框。

② 在"公式"文本框中已经显示出了所需的公式"=SUM(LEFT)"，表示对光标左侧的所

有单元格数据求和。根据光标所在的位置，公式括号中的参数还可能是右侧（RIGHT）、上面（ABOVE）或下面（BELOW），可根据需要进行选择。

③ 在"编号格式"下拉列表中选择数字格式，如小数位数。如果出现的函数不是所需要的，还可以在"粘贴函数"的下拉列表中选择所需要的函数。

④ 单击"确定"按钮，光标所在单元格中将显示计算结果。

⑤ 按照同样的方法，可计算出其他单元格的"总分"列数据结果。

⑥ 平均分的计算方法类似。可以利用公式或函数来实现，选择的函数为 AVERAGE。H2 单元格的公式为"=AVERGE (B2:F2)"。其他"平均分"列单元格的数据依此进行计算。整个表格数据计算结果如表 1-1 所示。

表 1-1　学生成绩表

姓名	英语 1	计算机基础	高等数学	体育	大学物理	总分	平均分
杨成	69	86	78	92	76	401	80.2
郭贵武	80	83	82	87	80	412	82.4
李剑	76	91	86	88	78	419	83.8
程程	79	93	75	84	73	404	80.8
王吾	90	81	74	90	59	394	78.8
成兰	85	84	86	87	76	418	83.6
熊贵芬	92	79	80	85	84	420	84

可用多种方法计算出单元格的数据结果，如单元格 G2 的数据结果，还可输入公式"=B2+C2+D2+E2+F2"、"=SUM(B2,C2,D2,E2,F2)"或"=SUM(B2:F2)"得到相同的结果。求 H2 单元格的数据结果，其公式还可写成"=(B2+C2+D2+E2+F2)/5"、"=AVERGE(B2,C2,D2,E2,F2)"或"=G2/5"。

表格中的运算结果是以域的形式插入到表格中的，当参与运算的单元格数据发生变化时，可以通过更新域对计算结果进行更新。选定更改了单元格数据的结果单元格，即域，显示为灰色底纹，按【F9】键，即可更新计算结果。也可以右击，选择快捷菜单中的"更新域"命令来实现。

1.4　域

域是 Word 中最具特色的工具之一，它是引导 Word 在文档中自动插入文字、图形、页码或其他信息的一组代码，在文档中使用域可以实现数据的自动更新和文档自动化。在 Word 2010 中，可以通过域操作插入许多信息，包括页码、时间和某些特定的文字、图形等，也可以利用它来完成一些复杂而非常有用的功能，如自动编制索引、目录等，还可以利用它来连接或交叉引用其他的文档及项目，也可以利用域实现计算功能等。

1.4.1　域的概念

域是 Word 中的一种特殊命令，它分为域代码和域结果。域代码是由域特征字符、域类型、域指令和开关组成的字符串；域结果是域代码所代表的信息。域结果根据文档的变动或相应因素的变化而自动更新。域的一般格式为｛域名[域参数][域开关]｝。

域特征字符：即包含域代码的大括号"｛ ｝"，它不能使用键盘直接输入，而是按下【Ctrl+F9】组合键输入。

域名称：Word 域的名称，如 Seq 就是一个域的名称，Word 2010 提供了 9 种类型的域。

域指令和开关：设定域类型如何工作的指令或开关，包括域参数和域开关，它们为可选项。前者包含为要编号的一系列项目指定的名称及通过加入书签来引用文档中其他位置的项目。后者是指特殊指令，在域中可触发特定的操作。

域结果：域的显示结果，指在文档中插入的文本或图形，类似于 Excel 函数运算以后得到的值。

1.4.2　常用域

在 Word 2010 中，域分为编号、等式和公式、日期和时间、链接和引用、索引和表格、文档信息、文档自动化、用户信息及邮件合并 9 种类型共 73 个域。下面介绍常用的 Word 域。

1．AutoNum 域

语法：{ AutoNum[Switches] }

用途：自动插入段落编号。

开关说明：\s 定义分隔字符

2．ListNum 域

语法：{ ListNum"Name"[Switches] }

用途：在段落中的任意位置插入一组编号。

选项：Name 表示将 ListNum 域与指定的列表关联。

开关说明：\l 表示指定在列表中的级别，忽略域的默认动作；\s 表示指定此域的初始值，为整数值。

3．Page 域

语法：{ Page [*FormatSwitch] }

用途：在 Page 域所在处插入页码。

开关说明：*FormatSwitch 为可选开关，该开关可替代在"页码格式"对话框的"数字格式"下拉列表中选择的数字样式。要改变页码的字符格式，可修改"数字格式"下拉列表中的字符样式。

4．RevNum 域

语法：{ RevNum }

用途：插入文档的保存次数。

说明：该信息来自文档属性"统计"选项卡。

5．Section 域

语法：{ Section }

用途：插入当前节的编号。

说明：此处的节指的是文档格式化的最大单位。将文档分为若干个节可以实现文档排版多样化。

6．SectionPages 域

语法：{ SectionPages }

用途：插入当前节的总页数。

说明：使用该域时，必须将第一节之后每一节的页码从 1 开始重新编号。

7．Seq（Sequence）域

语法：{ Seq Identifier [Bookmark] [Switches] }

用途：插入自动序列号，对文档中的章节、表格、图表和其他项目按顺序编号。

开关说明：\c 表示重复上一个序列号；\h 表示隐藏域结果；\n 为指定项目插入下一个序号；\r n 表示将序号重置为指定的值 n；\s 表示在 s 后的标题级别处重新设置序号。

8．Eq 域

语法：{ Eq Switches }

用途：生成数学公式。

开关说明：

- 数组开关：\a( )绘制一个二维数组。
- 括号：\b( )用括号括住单个元素。
- 位移：\d( )将下一个字符向左或右移动指定磅数。
- 分数：\f(,)创建分数。
- 分数：\i(, ,)使用指定的符号或默认符号及 3 个元素创建积分。
- 列表：\l( )将多个值组成一个列表，列表可作为单个元素使用。
- 重叠：\o( )将每个后续元素打印在前一元素之上。
- 根号：\r(,)使用一个或两个元素绘制根号。
- 上标或下标：\s( )设置上下标。
- 方框：\x( )在元素四周绘制边框。

9．Hyperlink 域

语法：{ Hyperlink "FileName" [Switches] }

用途：插入带有提示文字的超链接，可以从此处跳转其他位置。

说明：Filename 要跳转到的目标的位置。如果其中包含较长的空格文件名，需要用引号引起来，并用双反斜杠替代单反斜杠指定路径。

开关说明：\l 用来指定超链接跳转到的文件中的位置；\m 为服务器端图像映射添加超链接的坐标；\n 用来使目标位置信息在新窗口打开；\o 用来指定超链接的屏幕提示文字；\s 用来指定跳转位置；\t 用来指定重新定向前进的目标。使用此开关可以创建从框架页指向要显示在该框架之外的页面的链接。

10．NoteRef 域

语法：{ NoteRef Bookmark [Switches] }

用途：插入脚注或尾注编号，用于多次引用同一注释或交叉引用脚注或尾注。

说明：Bookmark 表示引用脚注或尾注引用标记的书签名。

开关说明：\f 表示插入题注或尾注的字符格式；\h 表示指向书签标记的脚注的超链接；\p 表示插入脚注或尾注的相对位置。

11．PageRef 域

语法：{ PageRef Bookmark [* Format] [Switches] }

用途：插入指定书签的页码，作为交叉引用。

说明：* Format 为可选开关，该开关可替代在"页码格式"对话框的"数字格式"下拉列表中选择的数字样式；\h 创建指向用书签标记的段落的超链接；\p 使域显示其相对于源书签的位置。当 PageRef 域不在当前页时使用字符串"on page #"。当 PageRef 域在当前页时，省略"on page #"并且只返回"见上方"或"见下方"。

12．Ref 域

语法：{ [Ref] Bookmark [Switches] }

用途：插入用指定的书签标记的文本。

开关说明：\f 表示增加书签所标记的脚注、尾注或批注编号并插入相应的注释或批注文字；\h 表示创建一个指向有书签标记的段落的超链接；\n 表示使该域显示所引用段落的完整段落编号，后面不跟句号；\p 用单词"见上方"或"见下方"显示该域相对于源书签的位置；\r 将书签标记段落的无后续句号形式的完整段落编号插入相关文字或相对于编号方案中的位置；\t 表示与\n、\r 或\w 开关连用时，使 Ref 域屏蔽非分隔符或非数字文字；\w 表示插入用书签标记的段落编号，此编号会反映该段落在文档全部上下文中的位置。

13．StyleRef 域

语法：{ StyleRef StyleIdentifier [Switches] }

用途：插入具有指定样式的文本。如果将 StyleRef 域插入页眉或页脚，则每页均显示当前页上具有指定样式的第一处或最后一处文本。

说明：StyleIdentifier 为要插入的文本所具有的样式名，该样式可以是段落样式或字符样式。\l 插入当前页上最后一处具有指定样式的文本，而不是第一处具有该样式的文本；\n 表示使该域显示引用段落的完整段落编号，后面不跟句点；\p 用单词"见上文"或"见下文"显示该域相对于源书签的位置；\r 插入用书签标记的段落编号；\t 表示与\n、\r 或\w 开关连用时，使 StyleRef 域屏蔽非分隔符或非数字文字；\w 表示插入用书签标记的段落编号。

14．Date 域

语法：{ Date [\@ "Date–Time Picture"] [Switches] }

用途：插入当前日期。

说明：\l 表示插入日期的格式为最近一次在"日期和时间"对话框中选中的格式；\@ "Date–Time Picture"表示指定替代默认格式的日期格式。

15．Time 域

语法：{ Time [\@ "Date–Time Picture"] }

用途：插入当前时间。

说明：使用方法与 Date 域类似。

16．Index 域

语法：{ Index [Switches] }

用途：建立一个索引。

开关说明：\b 建立文档中由书签标记的索引；\c 在一页上建立多于一栏的索引；\d 与\s 开关连用时，用于指定序列号与页码之间的分隔符；\e 指定索引项和页码之间的分隔符；\f 指定类型的索引项建立索引；\g 指定表示页面范围时所用的分隔符；\h 标题在索引中按字母顺序排列的各组索引项之间插入具有索引标题样式的文本；\l 指定多页引用间的分隔符；\p 根据指定的字母生成索引；\r 将次索引项与主索引项放在同一行中；\s 将序列号添加到页码中。

17．XE 域

语法：{ XE "Text" [Switches] }

用途：标记索引项。

说明：Text 为索引中显示的文本。要指明一个次索引项，需要加入主索引项文本和次索引项文本，并用冒号"："将其隔开。

18．TOC 域

语法：{ TOC [Switches] }

用途：建立一个目录。

说明：自动生成目录实际上就是一个 TOC 域。选中整个目录，然后按【Shift+F9】组合键即可查看域代码。

19．TC 域

语法：{ TC "Tex" [Switches] }

用途：定义显示目录或表格、图表及其他类似项目的列表中的项目的文本和页码。

20．Author 域

语法：{ Author ["NewName"] }

用途："摘要"信息中文档作者的姓名。

说明：NewName 用来替代活动文档或模板中的作者姓名的可选文字。

21．NumChars 域

语法：{ NumChars }

用途：插入文档包含的字符数。

22．NumPages 域

语法：{ NumPages }

用途：插入文档的总页数。

23．NumWords 域

语法：{ NumWords }

用途：插入文档的总字数。

以上 3 个域所表示的相关数字信息都来自"统计"选项卡。

24．Print

语法：{ Print "PrinterInstructions" }

用途：将打印代码字符发送到选定的打印机，Word 只有在打印文档时才显示结果。

25．MacroButton

语法：{ MacroButton MacroName DisplayText }

用途：插入宏命令。

说明：MacroName 表示双击域结果时运行的宏名。DisplayText 显示为"按钮"的文字或图形。

26．AddressBlock

语法：{ AddressBlock [Swiches] }

用途：插入邮件合并地址块。

27．MergeField 域

语法：{ MergeField FieldName }

用途：在邮件合并主文档中将数据域名显示在"V"形合并字符之中。

说明：FieldName 为所选数据源的域名记录中所列数据域名。

28．MergeSeq 域

语法：{ MergeSeq }

用途：统计域与主控文档成功合并的数据记录数。

1.4.3　域的操作

域的操作包括域的插入、编辑、删除、更新、锁定等。

1．插入域

在 Word 中，高级的复杂域功能难于控制，如"自动编号"、"邮件合并"、"题注"、"交叉引用"、"索引和目录"等。Word 域的插入操作可以通过以下 3 种方法实现：

（1）菜单方法

① 将光标移到要插入域的位置，单击"插入"选项卡"文本"组中的"文档部件"按钮，在弹出的下拉列表中选择"域"选项，弹出"域"对话框，如图 1-50（a）所示。

② 在"类别"下拉列表中选择域类型，如"日期和时间"选项。在"域名"列表框中选择域名，如"Date"选项。在"域属性"列表框中选择一种日期格式。

③ 单击"确定"按钮完成域的插入。

在"域"对话框中单击"域代码"按钮，会在对话框右上角显示域代码和域代码格式，如图 1-50（b）所示。单击左下角的"选项"按钮，将弹出"域选项"对话框，在对话框中可设置域的通用开关和域专用开关，并加到域代码中。用户可借助该对话框学习并掌握常用的域命令操作方法。

（2）键盘方法

如果熟悉域代码或者需要引用他人设计的域代码，可以用键盘直接输入。操作方法是：把光标移到需要插入域的位置，按【Ctrl+F9】组合键，将自动插入域特征字符"{ }"。然后在大括号中间从左向右依次输入域名、域参数、域开关等。按【F9】键更新域，或按【Shift+F9】组合键显示域结果。

（a）"域"对话框　　　　　　　　　　　（b）单击"域代码"后的对话框

图 1-50　"域"对话框

（3）功能命令插入

部分域的域参数和域开关参数非常多，采用前述两种方法难于控制和使用。所以，Word 把经常用到的一些域以功能命令的形式集成在系统中，如"自动编号"、"交叉引用"等。它们可以当作普通操作命令一样使用，非常方便。

2. 域结果和域代码的显示切换

域结果和域代码是文档中域的两种显示方式。域结果是域的实际内容，即在文档中插入的内容或图形；域代码代表域的符号，是一种指令格式。对于插入到文档中的域，系统默认的显示方式为域结果，可以根据自己的需要在域结果和域代码之间进行切换。主要有以下 3 种切换方法：

① 单击"文件"按钮，在弹出的列表中单击"选项"按钮，弹出"Word 选项"对话框。或者在 Word 功能区的任意空白处右击，在弹出的快捷菜单中选择"自定义功能区"命令，也

能打开"Word 选项"对话框。选择"高级"选项卡，在右侧的"显示文档内容"选项组中选择"显示域代码而非域值"复选框。单击"域底纹"下拉列表，有"不显示"、"始终显示"和"选取时显示"3 个选项，用于控制是否显示域的底纹背景，如图 1-51 所示，可以根据实际需要进行选择。单击"确定"按钮完成域代码的设置。文档中的域会以域代码的形式进行显示。

图 1-51　"Word 选项"对话框

② 可以使用快捷键来实现域结果和域代码之间的切换。选中文档中的某个域，按【Shift+F9】组合键实现切换。如果按【Alt+F9】组合键则可对文档中所有的域进行域结果和域代码之间的切换显示。

③ 还可以右击插入的域，在弹出的快捷菜单中选择"切换域代码"命令实现域结果和域代码的切换。

虽然在文档中可以将域切换成域代码的形式进行查看或编辑，但打印时都是打印域结果的。在某些特殊情况下需要打印域代码，则需要选择"Word 选项"对话框"高级"选项卡下"打印"选项组中的"打印域代码而非域值"复选框。

3．编辑域

编辑域也就是修改域，用于修改域的设置或域代码，可以在"域"对话框中操作，也可以直接在文档中的域代码中直接进行修改。

① 在文档中的某个域上右击，在弹出的快捷菜单中选择"编辑域"命令，弹出"域"对话框，根据需要重新修改域代码或域格式。

② 将域切换到域代码显示方式下，直接对域代码进行修改。完成后按【Shift+F9】组合键查看域结果。

4．更新域

更新域就是使域结果根据实际情况变化而自动更新。更新域的方法有以下两种：

① 手动更新。右击要更新的域，在弹出的快捷菜单中选择"更新域"命令即可。也可以按【F9】键实现。

② 打印时更新。单击"文件"选项卡，在弹出的列表中单击"选项"按钮，弹出"Word选项"对话框。或者在 Word 功能区的任意空白处右击，在弹出的快捷菜单中选择"自定义功能区"命令，也能打开"Word 选项"对话框。选择"显示"选项卡，在右侧的"打印选项"选项组中选择"打印前更新域"复选框。文档在打印前将会自动更新文档中所有的域结果。

5．域的锁定和断开链接

域的自动更新功能虽然给文档编辑带来了方便，但有时用户不希望实现域的自动更新，此时可以暂时锁定域，在需要时再解除锁定。选择要锁定的域，按【Ctrl+F11】组合键即可；若要解除域的锁定，按【Ctrl+Shift+F11】组合键实现。如果要将选择的域永久性地转换为普通的文字或图形，可按【Ctrl+Shift+F9】组合键实现，也即断开域的链接。此过程是不可逆的，断开域链接后，不能再更新，除非重新插入域。

6．删除域

删除域与删除文档中其他对象的操作方法是一样的。首先选择要删除的域，按【Delete】键或【Backspace】键进行删除。还可以实现一次性地删除文档中的所有域，其操作方法如下：

① 按【Alt+F9】组合键显示文档中所有的域代码。如果域是以域代码方式显示，此步骤可省略。

② 单击"开始"选项卡"编辑"组中的"替换"按钮，弹出"查找和替换"对话框。

③ 单击对话框中的"更多"按钮，将光标置于"查找内容"文本框中，单击"特殊格式"按钮并从列表中选择"域"，文本框中将自动出现"^d"。"替换为"文本框中不输入内容。

④ 单击"全部替换"按钮，然后在弹出的对话框中单击"确定"按钮，文档中的全部域将被删除。

7．域的快捷键

运用域的快捷键，可以使域的操作更简单、方便、快捷。域的快捷键及其作用如表 1-2 所示。

表 1-2　域快捷键及其作用

快捷键	作　用
【F9】	更新域，更新当前选择的所有域
【Ctrl+F9】	插入域特征符，用于手动插入域代码
【Shitf+F9】	切换域显示方式，打开或关闭当前选择的域的域代码
【Alt+F9】	切换域显示方式，打开或关闭文档中所有域的域代码
【Ctrl+Shift+F9】	解除域链接，将所有选择的域转换为文本或图形，该域无法再更新
【Alt+Shift+F9】	单击域，等同于双击 MacroButton 和 GoToButton 域
【F11】	下一个域，用于选择文档中的下一个域
【Shift+F11】	前一个域，用于选择文档中的前一个域
【Ctrl +F11】	锁定域，临时禁止该域被更新
【Ctrl+Shift+F11】	解除域，允许域被更新

1.5　文档批注与修订

当需要对文档内容进行特殊的注释说明时就要用到批注，Word 允许多个审阅者对文档添加批注，并以不同的颜色进行标识。Word 提供的修订功能用于审阅者标记对文档中所做的编辑操作。

1.5.1　批注与修订的概念

批注是文档的审阅者为文档附加的注释、说明、建议、意见等信息，并不对文档内容进行修改。批注通常用于表达审阅者的意见或对文档内容提出质疑。

修订是显示对文档所做的诸如插入、删除或其他编辑更改操作的标记。启用修订功能，审阅者的每一次编辑操作，如插入、删除或格式更改等都会被标记出来，可根据需要接受或拒绝每处的修订。只有接受修订，对文档的编辑修改才生效，否则文档内容保持不变。

1.5.2　批注与修订的设置

在对文档内容进行有关批注与修订操作之前，可以根据实际需要事先设置批注与修订的用户名、位置、外观等内容。

1. 用户名设置

在文档中添加批注或进行修订后，可以查看到批注者和修订者的名称，批注者和修订者名称默认为安装 Office 软件时注册的用户名。可以根据需要对用户名作出设置。

单击"审阅"选项卡"修订"组中的"修订"下拉三角按钮，在弹出的下拉列表中选择"修改用户名"，将弹出"Word 选项"对话框。或者在工具栏任意空白处右击，在弹出的快捷菜单中选择"自定义功能表"命令。或者单击"文件"选项卡，在弹出的列表中单击"选项"按钮，也可打开"Word 选项"对话框。在"Word 选项"对话框中单击"常规"选项，在"用户名"文本框中输入新用户名，在"缩写"文本框中修改用户名的缩写，单击"确定"按钮使其设置生效。

2．位置设置

在 Word 文档中，添加的批注位置默认为文档右侧。对于修订，直接在文档中显示修订位置。批注及修订还可以设置成以"垂直审阅窗格"或"水平审阅窗格"形式显示。

单击"审阅"选项卡"修订"组中的"显示标记"按钮，弹出下拉列表，选择"批注框"中的某种显示方式。可选择"在批注框中显示修订"、"以嵌入式显示所有修订"或"仅在批注框中显示批注和格式"之一进行设置。

单击"审阅"选项卡"修订"组中的"审阅窗格"按钮，弹出下拉列表，选择"垂直审阅窗格"选项，将在文档的左侧显示批注和修订的内容。若选择"水平审阅窗格"选项，将在文档的下方显示批注和修订的内容。

3．外观设置

外观设置主要是对批注和修订标记的颜色、边框、大小等进行设置。单击"审阅"选项卡"修订"组中的"修订"下拉三角按钮，在弹出的下拉列表中选择"修订选项"选项，弹出"修订选项"对话框，如图 1–52 所示。根据实际需要，可以对相应选项进行设置，单击"确定"按钮完成设置。

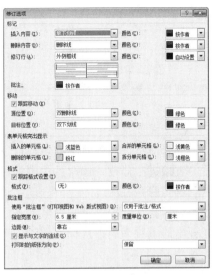

图 1–52　"修订选项"对话框

1.5.3　批注与修订操作

1．批注

（1）添加批注

用于在文档中对选择的文本添加批注。在文档中选择要添加批注的文本，单击"审阅"选项卡"批注"组中的"新建批注"按钮，选中的文本将被填充颜色并用一对括号括起来，旁边为批注框，直接在批注框中输入批注内容，再单击批注框外的任何区域，即可完成添加批注操作。添加批注的效果如图 1–53 所示。

（2）查看批注

在查看批注时，可以查看所有审阅者的批注，也可以根据需要分别查看不同审阅者的批注。

添加批注后，将鼠标移至文档中添加批注的对象上，鼠标指针附近将出现浮动窗口，窗口内显示添加批注的作者、批注日期和时间以及批注的内容。其中，批注者名称为安装 Office 软件时注册的用户名。

单击"审阅"选项卡"批注"组中的"上一条"或"下一条"按钮，可使光标在批注之间移动，以查看文档中的所有批注。

文档默认显示所有审阅者添加的批注，可以根据实际需要仅显示指定审阅者添加的批注。单击"审阅"选项卡"修订"组中的"显示标记"按钮，弹出下拉列表，将鼠标指向"审阅者"，会显示文档的所有审阅者，取消选择或选择审阅者前面的复选框，可实现隐藏或显示选定的审阅者的批注，如图 1-54 所示。

图 1-53　添加批注

图 1-54　查看批注

（3）编辑批注

如果对批注的内容不满意还可以进行编辑修改。其操作方法是：单击要修改的某个批注框，直接进行修改，修改后单击批注框外的任何区域，完成批注的编辑修改。

（4）隐藏批注

可以将文档中的批注隐藏起来。单击"审阅"选项卡"修订"组中的"显示标记"按钮，在弹出的下拉列表中选择"批注"选项即可实现隐藏功能。若要显示批注，再次单击可选中此项功能。

（5）删除批注

删除文档中的批注，可以选择性地进行单个或多个批注删除，也可以一次性地删除所有批注。

① 删除单个批注。右击该批注，在弹出的快捷菜单中选择"删除批注"命令或单击"审阅"选项卡"批注"组中的"删除"按钮即可。

② 删除所有批注。单击"审阅"选项卡"批注"组中的"删除"下拉三角按钮，在弹出的下拉列表中选择"删除文档中的所有批注"选项即可。

③ 删除指定审阅者的批注。首先要进行指定审阅者操作，然后进行删除操作。单击"审阅"选项卡"批注"组中的"删除"下拉三角按钮，在弹出的下拉列表中选择"删除所有显示的批注"选项即可删除指定审阅者的批注。

2．修订

（1）打开或关闭文档修订功能

在 Word 文档中，系统默认方式是关闭文档修订功能的。单击"审阅"选项卡"修订"组中的"修订"按钮，或者单击"修订"下拉三角按钮，在弹出的下拉列表中选择"修订"。如果"修订"按钮以加亮突出显示，则表示打开了文档的修改功能，否则文档的修订功能为关闭状态。

在修订状态下，审阅者或作者对文档内容的所有操作，如插入、修改、删除或格式更改等，都将被记录下来，这样可以查看文档中的修订。并根据需要进行确认或取消修订操作。

（2）查看修订

对 Word 文档进行修订后，文档中包括批注、插入、删除、格式设置等修订标记，可以根据修订的类别查看修订。单击"审阅"选项卡"修订"组中的"显示标记"按钮，弹出下拉列表，可以看到"批注"、"墨迹"、"插入和删除"、"设置格式"、"标记区域突出显示"和"突出显示更新"选项，可以根据需要取消或选择这些选项，相应标注或修订效果将会自动隐藏或显示，以实现查看某一项的修订。

单击"审阅"选项卡"更改"组中的"上一条"或"下一条"按钮，可以逐条显示修订标记。

单击"审阅"选项卡"修订"组中的"审阅窗格"按钮，在弹出的下拉列表中选择"垂直审阅窗格"或"水平审阅窗格"选项，将分别在文档的左侧或下方显示批注和修订的内容，以及标记修订和插入批注的用户名和时间。

（3）审阅修订

对文档进行修订后，可以根据实际需要对这些修订进行接受或拒绝处理。

如果是接受修订，单击"审阅"选项卡"更改"组中的"接受"下拉三角按钮，在弹出的下拉列表中可根据需要选择相应的接受修订命令：

① 接受并移到下一条：表示接受当前这条修订操作并自动移到下一条修订上。

② 接受修订：表示接受当前这条修订操作。

③ 接受所有显示的修订：表示接受指定审阅者所作出的修订操作。

④ 接受对文档的所有修订：表示接受文档中所有的修订操作。

如果是拒绝修订，单击"审阅"选项卡"更改"组中的"拒绝"下拉三角按钮，在弹出的下拉列表中，可根据需要选择相应的拒绝修订命令。

① 拒绝并移到下一条：表示拒绝当前这条修订操作并自动移到下一条修订上。

② 拒绝修订：表示拒绝当前这条修订操作。

③ 拒绝所有显示的修订：表示拒绝指定审阅者所作出的修订操作。

④ 拒绝对文档的所有修订：表示拒绝文档中所有的修订操作。

接受或拒绝修订还可通过快捷菜单方式来实现。右击某个修订，在弹出的快捷菜单中选择"接受修订"或"拒绝修订"命令即可实现当前修订的接受或拒绝操作。

（4）比较文档

由于 Word 对修订功能默认为关闭状态，如果审阅者直接修订了文档，没有添加修订标记，就无法准确获得修改信息。可以通过 Word 提供的比较审阅后的文档功能实现修订前后操作的文档间的区别对照。

单击"审阅"选项卡"比较"组中的"比较"按钮，在弹出的下拉列表中选择"比较"命令，弹出"比较文档"对话框。

在"比较文档"对话框的"原文档"下拉列表中选择要比较的原文档，在"修订的文档"下拉列表中选择修订后的文档。也可以单击这两个列表右侧的"浏览"按钮 📷，在"打开"对话框中选择原文档和修订后的文档。

单击"更多"按钮，会展开更多选项供用户选择。可以对比较内容进行设置，也可以对修订的显示级别和显示位置进行设置，如图 1-55 所示。

单击"确定"按钮，Word 将自动对原文档和修订的文档进行精确比较，并以修订方式显示两个文档的不同之处。默认情况下，比较结果显示在新建的文本中，被比较的两个文档内容不变。

如图 1-56 所示，比较文档窗口分 4 个区域，分别显示 2 个文档的内容、比较的结果以及修订摘要。单击"审阅"选项卡"更改"组中的"接受"或"拒绝"按钮可以对比较生成的文档进行审阅操作，最后单击"保存"按钮，将审阅后的文档进行保存。

图 1-55　"比较文档"对话框　　　　　　图 1-56　比较后的结果

Word 2010 还可以实现将多位审阅者的修订组合到一个文档中，可以通过"合并"功能实现。单击"审阅"选项卡"比较"组中的"比较"按钮，在弹出的下拉列表中选择"合并"命令来实现，其操作类似于比较文档的操作步骤。

1.6　主控文档与邮件合并

在 Word 中编辑文档内容时，经常会碰到需要的文本或数据来自于多个文档的情况，通常利用复制、移动的方法来复制这些数据。实际上，Word 2010 还提供了主控文档和邮件合并功能实现多种文档之间数据的获取。

1.6.1　主控文档

在 Word 2010 中，系统提供了一种可以包含和管理多个"子文档"的文档，即主控文档。主控文档可以组织多个子文档，并把它们当作一个文档来处理，可以对它们进行查看、重新组织、格式设置、校对、打印和创建目录等操作。主控文档与子文档是一种链接关系，每个子文档单独存在，子文档的编辑操作会自动反应在主控文档的子文档中，也可以通过主控文档来编辑子文档。

1. 建立主控文档与子文档

利用主控文档组织管理子文档，应先建立或打开作为主控文档的文档，然后在该文档中再建立子文档。操作步骤如下：

① 打开作为主控文档的文档，切换到大纲视图模式下，将光标移到要创建子文档的标题位置，单击"大纲"选项卡"主控文档"组中的"显示文档"按钮，展开"主控文档"组，单击"创建"按钮。

② 光标所在标题周围出现一个灰色细线边框，其左上角显示一个标记 ▣，表示该标题及其下级标题和正文内容为该主控文档的子文档，如图 1-57（a）所示。

③ 在该标题下面空白处输入子文档的正文内容。输入正文内容后，单击"大纲"选项卡"主控文档"组中的"折叠子文档"按钮，将弹出是否保存主控文档的提示框，单击"确

定"按钮保存，插入的子文档将以超链接的形式显示在主控文档大纲视图中，如图 1-57（b）所示。

④ 单击 Word 右上角的关闭按钮，系统将弹出是否保存主控文档的提示框，单击"确定"按钮将自动保存，同时系统会自动保存创建的子文档，且自动为其命名。

⑤ 按照相同的步骤，可以在主控文档中建立多个子文档。

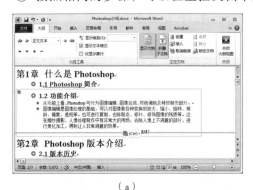

（a）　　　　　　　　　　　　　　（b）

图 1-57　建立子控文档窗口

在主控文档中，可以将一个已存在的文档作为子文档插入到已打开的主控文档中。该种操作可以将已存在的若干文档合理组织起来，构成一个长文档。打开主控文档，并切换到大纲视图下，将光标移到要插入子文档的位置，单击"主控文档"组中的"展开子文档"按钮，然后单击"插入"按钮，弹出"插入子文档"对话框，确定子文档的位置及文件名，单击"打开"按钮，选择的文档将作为子文档插入到主控文档中。

2．打开、编辑及锁定子文档

可以在 Word 中直接打开子文档进行编辑，也可以在编辑主控文档的过程中对子文档进行编辑。操作步骤如下：

① 打开主控文档，其中的子文档以超链接的形式显示。若要打开某个子文档，可按住【Ctrl】键的同时单击子文档名称，子文档的内容将自动在 Word 新窗口中显示，可直接对子文档内容进行编辑修改。

② 若要在主控文档中显示子文档内容，可将主控文档切换到大纲视图下，子文档默认为折叠形式，并以超链接的形式显示，按住【Ctrl】键的同时单击子文档名可打开子文档，并对子文档进行编辑。若单击"主控文档"组中的"展开子文档"按钮，子文档内容将在主控文档中显示，可直接对其内容进行修改。修改后单击"折叠子文档"按钮，子文档将以超链接形式显示。

③ 单击"主控文档"组中的"展开子文档"按钮，子文档内容将在主控文档中显示并可修改。若不允许修改，可单击"主控文档"组中的"锁定文档"按钮，子文档标记的下方将显示锁形标记，此时不能在主控文档中对子文档进行编辑。主控文档也可以按此进行锁定。再次单击"锁定文档"按钮可解除锁定。

3．合并与删除子文档

子文档与主控文档之间是一种超链接关系，可以将子文档内容合并到主控文档中。而且，对于主控文档中的子文档，也可以进行删除操作。其操作步骤如下：

① 打开主控文档，并切换到大纲视图模式下，单击"主控文档"组中的"显示文档"

及"展开子文档"按钮。子文档内容将在主控文档中显示出来。

② 将光标移到要合并到主控文档的子文档中，单击"主控文档"组中的"取消链接"按钮，子文档标记消失，该子文档内容自动成为主控文档的一部分。

③ 单击"保存"按钮进行保存。

若要删除主控文档中的子文档，操作步骤如下：在主控文档大纲视图模式下，且子文档为展开状态，单击要删除的子文档左上角的标记按钮▦，将自动选中该子文档，按【Delete】键，该子文档将被删除。

在主控文档中删除子文档，只删除了与该子文档的超链接关系，该子文档仍然保留在原来位置处。

1.6.2　邮件合并

在利用 Word 编辑文档时，通常会遇到这样一种情况，多个文档内容基本相同，只是具体数据有所变化。例如学生的获奖证书、荣誉证书、成绩报告单等。这类文档的处理可以使用 Word 2010 提供的邮件合并功能，直接从源数据处提取数据，将其合并到 Word 文档中。从而节省操作时间。

1．操作方法

要实现邮件合并功能，通常需要以下 3 个关键步骤：

① 创建数据源。邮件合并中的数据源可以是 Excel 文件、Word 文档、Access 数据库、SQL Server 数据库、Outlook 联系人列表等。选择一种文件类型建立这类文档作为邮件合并的数据源。

② 创建主文档。主文档是一个 Word 文档，包含了文档所需的基本内容、设置了符合要求的文档格式。主文档中的文本和图形格式在合并后都固定不变。

③ 主文档与数据源关联。利用 Word 提供的邮件合并功能，实现将数据源合并到主文档中的操作，得到最终的合并文档。

2．应用实例

以学生获取奖学金为例说明如何使用 Word 2010 提供的"邮件合并"功能实现数据源与主文档的关联。

（1）创建数据源

采用 Excel 文件格式作为数据源。启动 Excel 程序，在表格中输入数据源文件内容。其中，第 1 行为标题行，其他行为记录行，如图 1–58 所示。并以"名单.xlsx"为文件名进行保存。

（2）创建主文档

启动 Word 程序，设计获奖证书的内容及版面格式，并预留文档中有关信息的占位符。如图 1–59 所示，带【】的文本为占位符。主文档设置完成后以"荣誉证书.docx"为文件名进行保存。

（3）主文档与数据源关联

利用"邮件合并"功能，实现主文档与数据源的关联，其操作步骤如下：

① 打开已创建的主文档，单击"邮件"选项卡"开始邮件合并"组中的"选择接收人"按钮，在下拉列表中选择"使用现有列表"选项，弹出"选择数据源"对话框，如图 1–60（a）所示。

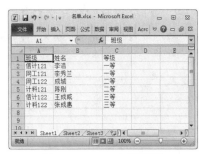

图 1-58　Excel 数据源

图 1-59　主文档

② 在对话框中选择已创建好的数据源文件"名单.xlsx",单击"打开"按钮。

③ 弹出"选择表格"对话框,选择数据所在的工作表,默认为 Sheet1,如图 1-60(b)所示。单击"确定"按钮将自动返回。

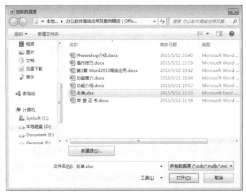

(a)"选择数据源"对话框

(b)"选择表格"对话框

图 1-60　"选择数据源"对话框和"选择表格"对话框

④ 在主文档中选择第一个占位符"【班级】",单击"邮件"选项卡"编写和插入域"组中的"插入合并域"按钮,选择要插入的域"班级"。

⑤ 在主文档中选择第二个占位"【姓名】",按第④步操作,插入域"姓名"。同理,插入域"等级"。

⑥ 文档中的占位符被插入域后,其效果如图 1-61 所示。单击"邮件"选项卡"预览效果"组中的"预览结果"按钮,将显示主文档和数据源关联后的第一条数据结果,单击查看记录按钮,可逐条显示各记录对应数据源的数据。

⑦ 单击"邮件"选项卡"完成"组中的"完成并合并"按钮,在下拉列表中选择"编辑单个文档"命令,弹出"合并到新文档"对话框,如图 1-62 所示。

图 1-61　插入域后的效果

图 1-62　"合并到新文档"对话框

⑧ 选择"全部"单选按钮，然后单击"确定"按钮，Word 将自动合并文档并将全部记录放到一个新文档中，然后对新文档进行保存操作，如以"荣誉证书文档.docx"保存。邮件合并后的文档，其部分内容如图 1-63 所示。

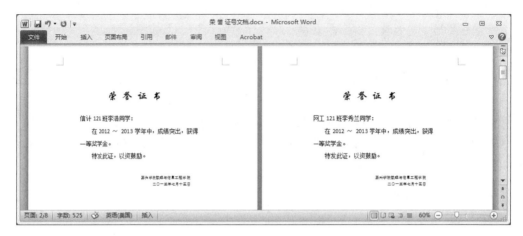

图 1-63 邮件合并效果

第**2**章　Excel 2010 高级应用

Excel 2010 是微软公司推出的 Office 2010 系列办公软件中的一个核心组件，它不但能方便地创建和编辑工作表，还为用户提供了丰富的函数和公式运算，以便完成各类复杂数据的计算和统计。正是由于具有这些强大的功能，使其被广泛地应用于财务、行政、人事、统计和金融等众多领域。本章将重点介绍在 Excel 电子表格中如何使用公式和函数，并用它们来对数据进行分析和处理。

2.1　基　本　概　念

Excel 2010 具有丰富的函数和强大的运算功能，要能熟练地掌握和应用这些功能，需要对公式和函数的概念作深入的了解，本节主要叙述与公式和函数相关的概念。

2.1.1　公式

公式是 Excel 中对数据进行运算和判断的表达式。输入公式时，必须以等号"="开头，其语法表示为" = 表达式"。

其中，表达式由运算数和运算符组成。运算数可以是常量、单元格或区域引用、名称或函数等。运算符包括算术运算符、比较运算符和文本运算符。运算符对公式中的元素进行特定类型的运算。如果在输入表达式时需要加入函数，可以在编辑框左端的"函数"下拉列表框中选择函数。

例如，在图 2-1 所示的工作表中，要在 I2 单元格中计算"张华娟"同学的总分，则可以先单击 I2 单元格，再输入公式" = E2+F2+G2+H2"，按【Enter】键。其中 E2、F2、G2 和 H2 是对单元格的引用，分别表示使用 E2、F2、G2 和 H2 单元格中的数据"89"、"87"、"57"和"98"。公式的意义表示将这 4 个单元格中的数据相加，运算结果放在 I2 单元格中。可以在 I2 中输入公式" =89+87+57+98"，但直接使用数字会给 I2 以下单元格中的数据计算带来不便。

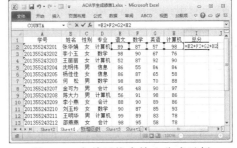

图 2-1　在单元格中输入公式示例

2.1.2　运算符

运算符分为算术运算符、比较运算符和字符运算符。下面分别介绍。

1．算术运算符

算术运算符用来完成基本的数学运算，如加法、减法、乘法、乘方、百分比等。

算术运算符有负号"–"、百分数"%"、乘幂"^"、乘"*"和除"/"、加"+"和减"–"，其运算顺序与数学中的相同。如公式"=500*10%"，其值为 50；又如公式"=E2+F2+G2+H2"，表示 E2、F2、G2 和 H2 这 4 个单元格的值相加。

2．比较运算符

Excel 中的比较运算符有等于"="、小于"<"、大于">"、小于等于"<="、大于等于">="、不等于"<>"。

比较运算符是用来判断条件是否成立的，若条件成立，则结果为 TRUE（真）；若条件不成立，则结果为 FALSE（假）。

例如，公式"=5>4"，表示判断 5 是否大于 4，其结果显然是成立的，故其值为 TRUE；又如公式"=10=9"，表示判断 10 是否等于 9，其结果显然是不成立的，故其值为 FALSE。

3．字符运算符

字符运算符只有一个，就是&。

字符运算符用来连接两个或更多个字符串，结果为一新的字符串。

例如，公式"="Microsoft "&"Office""，其值为 Microsoft Office；又如单元格 A1 存储"计算机"，单元格 A2 存储"基础"，则公式"=A1&A2"的值为"计算机基础"。

2.1.3 单元格引用

Excel 的计算公式主要由单元格地址组成，用以指明公式中所使用的数据和所在的位置。

对单元格的引用分为相对引用、绝对引用和混合引用 3 种。

1．相对引用

相对引用的形式就是在公式中直接将单元格的地址写出来，例如公式"=E2+F2+G2+H2"就是一个相对引用，表示在公式中引用了 E2、F2、G2 和 H2 单元格；又如公式"=SUM(A2:D5)"也是相对引用，表示引用 A2:D5 区域的数据。

相对引用的主要特点是，当包含相对引用的公式被复制到其他单元格时，Excel 会自动调整公式中的单元格地址。即当改变公式的位置时，公式中单元的地址也随着改变。例如，在图 2-2 中，I2 单元格中的公式是"=E2+F2+G2+H2"，当鼠标指针移到填充柄上并向下拖动到各单元格时，就求出了其他学生的总分。这时，如果单击 I3，发现 I3 的公式不再与 I2 中的公式相同，而是变为"=E3+F3+G3+H3"，如图 2-2 所示。

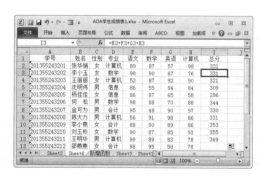

图 2-2　相对引用时公式的复制

> **提　示**
>
> 采用相对引用复制公式，当公式的位置改变时，公式中单元格地址也会随之变化。

2. 绝对引用

如果在复制公式时不希望公式中的单元格地址随公式变化，那么可以使用绝对引用。

绝对引用的方法是：在列标和行号前各加上一个美元符号（"$"），如 C5 单元格可以表示成$C$5，这样在复制包含 C5 单元的公式时，单元格 C5 的引用将保持不变。

例如，在图 2-3 所示的"学生成绩表"中，如果在 I2 单元格中计算总分时输入公式"=$E$2+$F$2+$G$2+$H$2"，则在进行公式填充时，由于 E2、F2、G2 和 F2 单元格使用的是绝对引用，不论公式复制到哪里，它都是 I2 的值（即数值 331）。这样，其他记录总分的计算就是错误的。

图 2-3　绝对引用示例

> — 注 意 —
> 拖动填充柄时要求单元格中的数值保持不变，公式中的单元格才使用绝对引用。

3. 混合引用

如果只对"列"或只对"行"进行绝对引用，如$A5 或 B$3，则称这种引用为混合引用。

例如，在单元格 D3 中输入公式"=$B3*10"，当该公式复制到 E5 时，E5 中的公式成为"=$B5*10"（即列标属绝对引用，不论公式复制到哪里，它都是 B 列，行号属相对引用，公式在哪行，就是哪行的行号）。

4. 引用运算符

使用引用运算符可以将单元格的数据区域合并后进行计算，引用运算符有冒号"："、逗号"，"、空格和感叹号"！"。

冒号"："是区域运算符，对左右两个引用之间，包括两个引用单元格在内的矩形区域内所有单元格进行引用。例如，"B2:D5"表示共包含 B2、B3、B4、B5、C2、C3、C4、C5、D2、D3、D4、D5 共 12 个单元格，如果使用公式"=AVERAGE(B2:D5)"，则表示对这 12 个单元格的数值求平均。

逗号"，"是联合引用运算符，联合引用是将多个引用区域合并为一个区域进行引用，如公式"=SUM(A1:C3,B5:D7)"，表示对 A1:C3 区域的 9 个单元格和 B5:C7 区域的 6 个单元格共 15 个单元格的数值进行求和。

空格是交叉引用运算符，它取几个引用区域相交的公共部分（又称"交"）。如公式"=SUM(A1:D5 B2:E7)"等价于"=SUM(B2:D5)"，即数据区域 A1:D5 和区域 B2:E7 的公共部分。

感叹号（"！"）是三维引用运算符，利用它可以引用另一张工作表中的数据，其表示形式为"工作表名!单元格引用区域"。

例如，将当前工作表 Sheet1 中 B3:E8 区域中的数据与工作表 Sheet2 中 C3:F8 区域中的数据求和，结果放在工作表 Sheet1 中的单元格 G8 中。

其操作过程如下：

① 选择工作表 Sheet1，单击单元格 G8。

② 在单元格中输入公式"=SUM(B3:E8,Sheet2!C3:F8)"。

> 提 示
>
> 　在引用时，若要表示某一行或几行，可以表示成"行号:行号"的形式，同样若要表示某一列或几列，可以表示成"列标:列标"的形式。例如，6:6、2:6、D:D、F:J 分别表示第 6 行、第 2～6 共 5 行、第 D 列、第 F～J 列共 5 列。

2.1.4　函数

　　函数是 Excel 中系统预定义的公式，如 SUM、AVERAGE 等。通常，函数通过引用参数接收数据，并返回计算结果。函数由函数名和参数构成。

　　函数的格式为函数名(参数 1,参数 2,…)，其中，函数名用英文字母表示，函数名后的括号是不可少的，括号内的参数可以是常量、单元格引用、公式或其他函数，参数的个数和类别由该函数的性质决定。

　　输入函数的方法有多种，最方便的是单击编辑框上的"插入函数"按钮，弹出"插入函数"对话框，如图 2-4 所示，选择需要的函数，此时会弹出图 2-5 所示的对话框，利用它可以确定函数的参数、函数运算的数据区域等。

图 2-4　"插入函数"对话框

图 2-5　"SUM"函数的选项板

　　也可以在单元格或编辑栏中直接输入函数公式"=函数名(参数)"，如果参数不确定，可以拖动鼠标在工作表中选取。

　　单击"公式"选项卡"函数库"组中的插入函数"按钮，也可以输入函数。

2.2　函数及其应用

　　Excel 2010 为用户提供了丰富的函数，按类型划分，有常用函数、日期与时间函数、数学与三角函数、统计函数、逻辑函数、文本函数、查找与引用函数、财务函数、数据库函数、信息函数等。

2.2.1　日期和时间函数

　　日期和时间函数主要用于对日期和时间进行运算和处理，常用的有 TODAY()、NOW()、YEAR()和 HOUR()等。

1．求当前系统日期函数 TODAY

格式：TODAY()

功能：返回当前的系统日期。

如在 A1 单元格中输入 "=TODAY()"，则按 YYYY-MM-DD 的格式显示当前的系统日期。

2．求当前系统日期和时间函数 NOW

格式：NOW()

功能：返回当前的系统日期和时间。

如在 A2 单元格中输入 "=NOW()"，则按 YYYY-MM-DD HH:MM 的格式显示当前的系统日期和时间。

3．年函数 YEAR

格式：YEAR(serial_number)

功能：返回指定日期所对应的四位的年份。返回值为 1900～9999 之间的整数。

参数说明：serial_number 为一个日期值，其中包含要查找的年份。

如图 2-6 所示，若要在 B2 单元格中求出 A2 单元格日期中的四位的年，只需在 B2 单元中输入公式 "=YEAR(A2)"，按【Enter】键后便能得到图 2-7 所示的结果。

图 2-6　YEAR 函数的输入

图 2-7　YEAR 函数的计算结果

利用年函数，还可以根据给定的出生日期求出年龄。例如在图 2-6 中，根据 A2 单元格中的出生日期，可在 C2 单元格中输入公式 "=YEAR(TODAY())-YEAR(A2)"，便能求出该出生日期所对应的年龄，如图 2-8 所示，按【Enter】键便在 C2 单元中显示数值 20。

如果得到的结果是一个日期，只需将其数据格式设置为 "常规" 即可。

与 YEAR 函数用法类似的还有月函数 MONTH 和日函数 DAY，它们分别返回指定日期中的两位月和两位日。

图 2-8　YEAR 函数用法示例

4．小时函数 HOUR

格式：HOUR(serial_number)

功能：返回指定时间值中的小时数。即一个介于 0 (12:00 AM)～23 (11:00 PM) 之间的一个整数值。

参数说明：serial_number 表示一个时间值，其中包含要查找的小时。

与 HOUR 函数用法相类似的函数还有分钟函数 MINUTE 函数，它返回时间值中的分钟数。

2.2.2 数值计算函数

数值计算函数主要用于数值的计算和处理，在 Excel 中应用范围最广，出现的形式最多，但对每一个函数，只要掌握它的格式和使用方法，便能举一反三。下面介绍几种常用的数值函数。

1．求和函数 SUM

格式：SUM(参数 1,参数 2,…)

功能：求参数所对应数值的和。参数可以是常数或单元格引用。

如图 2-9 所示，要计算"学生成绩表"中每个学生的总分，可在 I2 单元格中输入求和函数"=SUM(E2:H2)"，并按【Enter】键，则 I2 中的值为 331。也可以单击编辑框上的"插入函数"按钮或单击"公式"选项卡"函数库"中的"插入函数"按钮，弹出"插入函数"对话框，选择需要的函数，并在弹出的对话框中输入或选择函数计算所需要的数据区域。

图 2-9　求和函数应用示例

与 SUM 函数用法相类似的函数还有求平均函数 AVERAGE，其功能是求参数表中所对应数值的平均值。

2．条件求平均函数 AVERAGEIF

格式：AVERAGEIF(range, criteria, [average_range])

功能：根据指定条件对指定数值单元格求平均。

参数说明：

range：代表条件区域或者计算平均值的数据区域。

criteria：为指定的条件表达式。

average_range：为实际求平均值的数据区域；如果忽略，则 range 既为条件区域又为计算平均值的数据区域。

例如，在图 2-9 所示的工作表中，若要计算英语成绩大于等于 80 分的平均值，可在指定单元格中输入以下公式：=AVERAGEIF(G2:G13,">=80")，计算结果为 88.71。

若要求计算机专业的数学平均分，可在指定单元格中输入以下公式：=AVERAGEIF(D2:D13,"计算机",F2:F13)，计算结果为 88.5。

其中 D2:D13 为条件区域，"计算机"为求平均的条件，F2:F13 为求平均值的数据区域。

> **注　意**
>
> ① 如果没有选项 average_range，则 range 既为求平均值的数据区域，又为条件区域。
>
> ② 若有选项 average_range，则 range 为条件区域，average_range 为求值区域。
>
> ③ 当 range 和 average_range 选择的区域不同时，则以 average_range 的第 1 个单元格与 range 的第 1 个单元格配对计算，计算到与 range 对应的 average_range 的最后一个单元为止。

例如，在图 2-9 所示的工作表中，公式 "=AVERAGEIF(G2:G13,">=80",H2:H2)" 的对应关系是：G2:G13 与 H2:H13，与公式 "=AVERAGEIF(G2:G13,">=80",H2:H13)" 的结果完全一致，都是 87.71。而公式 "=AVERAGEIF(G2:G13,">=80",H9:H13)" 的对应关系是：G2:G6 与 H9:H13 配对，计算结果为 85.5。

3. 条件求和函数 SUMIF

格式：SUMIF (range, criteria, [sum_range])

功能：根据指定条件对指定数值单元格求和。

参数说明：

range：代表条件区域或求和的数据区域。

criteria：为指定的条件表达式。

sum_range：为可选项，为需要求和的实际单元格区域，如果选择该项，则 range 为条件所在的区域，sum_range 为实际求和的数据区域；如果忽略，则 range 既为条件区域又为求和的数据区域。

例如，在图 2-10 所示的工作表中，若要计算数学成绩大于等于 80 分的总分，可在指定单元格中输入以下公式=SUMIF(F2:F13,">=80")，计算结果为 891。

若要求会计专业的计算机总分，可在指定单元格中输入以下公式：=SUMIF(D2:D13,"会计",H2:H13)，计算结果为 261。

其中 D2:D13 为条件区域，"会计"为计算总分的条件，H2:H13 为计算总分的数据区域。

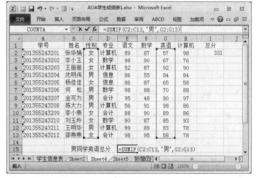

图 2-10　SUMIF 函数的应用

同理，求男同学的英语总分，求和公式为：=SUMIF(C2:C13,"男",G2:G13)。

其注意事项与 AVERAGEIF 函数相同。

4. 多条件求和函数 SUMIFS

格式：SUMIFS(sum_range,criteria_range1,criteria1,[criteria_range2,criteria2],…)

功能：对指定求和区域中满足多个条件的单元格求和。

参数说明：

sum_range 必选项，为求和的实际单元格区域，包括数字或包含数字的名称、区域或单元格引用。

criteria_range1 必选项，为关联条件的第一个条件区域。

criteria1 必选项，为求和的第一个条件。形式为数字、表达式、单元格引用或文本，可用来定义将对哪些单元格进行计数。例如，条件可以表示为 86、">86"、A6、"姓名" 或 "32"等。

criteria_range2，criteria2，…：可选项，为附加条件区域及其关联的条件。最多允许 127 个区域/条件对。

如图 2-10 所示，若要求计算机专业中"英语"成绩大于等于 80 分的计算机成绩的总分，可在指定单元格中输入公式：=SUMIFS(H2:H13,D2:D13,"计算机",G2:G13,">=80")，得到求和结果 254。

其中，H2:H13 为求和区域（即计算机成绩），D2:D13 为第 1 个条件区域（即专业），"计算机"为第 1 个条件（即专业为"计算机"），G2:G13 为第 2 个条件区域（即英语成绩），">=80"为第 2 个条件（即英语成绩大于等于 80 分）。

> **注 意**
>
> ① 只有在 sum_range（求和区域）参数中的单元格满足所有相应的指定条件时，才对该单元格求和。
>
> ② 函数中每个 criteria_range（条件区域）参数包含的行数和列数必须与 sum_range（求和区域）参数的行数和列数相同。
>
> ③ 求和区域 sum_range 与第 1 个条件区域 criteria_range1 位置不能颠倒。

5．取整函数 INT

格式：INT(number)

功能：求 number 的最大整数部分。

例如，A1 单元中存放着一个正实数，用公式"=INT(A1)"可以求出 A1 单元格数值的整数部分；用公式"=A1–INT(A1)"可以求出 A1 单元格数值的小数部分。

又如，"=INT(14.95)"其值为 14，"=INT(–4.3)"其值为–5。

6．四舍五入函数 ROUND

格式：ROUND(number, num_digits)

功能：对指定数据 number，四舍五入保留 num_digits 位小数。

如果 num_digits 为正，则四舍五入到指定的小数位；如果 num_digits=0，则四舍五入到整数。如果 num_digits 为负，则在小数点左侧（整数部分）进行四舍五入。

7．求余数函数 MOD

格式：MOD(number, divisor)

功能：返回两数相除的余数。结果的正负号与除数相同。

参数说明：

number：为被除数。

divisor：为除数。

例如，MOD(3,2)的值为 1，MOD(–3,2)的值为 1，MOD(5,–3)的值为–1（负号与除数相同）。

2.2.3　统计函数

统计函数主要用于各种统计计算，在统计领域中有着极其广泛的应用，这里仅介绍几个常用统计函数。

1．统计计数函数 COUNT

格式：COUNT(number1,number2,⋯)

功能：统计给定数据区域中所包含的数值型数据的单元格个数。

与 COUNT 函数相类似的还有以下函数：

COUNTA(value1,value2, ...)函数计算参数列表(value1,value2, ...)中所包含的非空值的单元格个数。

COUNTBLANK(range)函数：用于计算指定单元格区域(range)中空白单元格的个数。

MAX(number1,number2, ...)函数：用于求参数表中对应数字的最大值。

MIN(number1,number2, ...)函数：用于求参数表中对应数字的最小值。

2．条件统计函数 COUNTIF

格式：COUNTIF(range,criteria)

功能：在给定数据区域内统计满足条件的单元格的个数。

其中：range 为需要统计的单元格数据区域，criteria 为条件，其形式可以为常数值、表达式或文本。条件可以表示为 100、"100"、">=60"、"计算机"等。

在图 2-10 所示的工作表中，若要统计"学生成绩表"中"英语"成绩在 85 分及以上的人数，可在指定单元格中输入公式"=COUNTIF(G2:G13,">=85")"，按【Enter】键后得到结果 3。

3．多条件统计函数 COUNTIFS

格式：COUNTIFS(criteria_range1, criteria1, [criteria_range2, criteria2]…)

功能：在给定数据区域内统计所有满足条件的单元格的个数。

参数说明：

criteria_range1：必选项，为满足第 1 个关联条件要统计的单元格数据区域。

criteria1：必选项，为第 1 个统计条件，形式为数字、表达式、单元格引用或文本，可用来定义将对哪些单元格进行计数。例如，条件可以表示为 86、">86"、A6、"姓名" 或 "32"等。

criteria_range2, criteria2…：可选项，为第 2 个要统计的数据区域及其关联条件。最多允许 127 个区域/条件对。

> **注 意**
>
> 每个附加区域都必须与参数 criteria_range1 具有相同的行数和列数，但这些区域无需彼此相邻。

在图 2-10 所示的工作表中，若要统计"学生成绩表"中"英语"成绩大于等于 80 分并且小于 90 分的人数，可在指定单元格中输入公式" =COUNTIFS(G2:G13,">=80", G2:G13,"<90")"，确认后得到统计结果 4。如果要统计每门课程都大于等于 80 分的人数，可在指定单元格中输入公式" =COUNTIFS(E2:E13,">=80",F2:F13,">=80",G2:G13,">=80", H2:H13,">=80")"，统计结果为 2。

4．排位函数 RANK

格式：RANK(number,ref,order)

功能：返回一个数值在指定数据区域中的排位。

参数说明：

Number：为需要排位的数字。ref：为数字列表数组或对数字列表的单元格引用。

order：为一数字，指明排位的方式（0 或省略，降序排位；非 0，升序排位）。

例如，在图 2-10 所示的工作表中，求总分的降序排位情况，可在单元格 J2 中输入公式"=RANK(I2,I$2:I$13)"。

其中：I2 是需要排位的数值，I$2:I$13 是排位的数据区域。即求 I2 在 I$2:I$13 这些数据中排名第几（本例的排位结果为 5）。

2.2.4 逻辑函数

逻辑函数主要对给定条件进行逻辑判断，并根据判断结果返回给定的值。

1. AND 函数

格式：AND(logical1,logical2, ...)

功能：返回逻辑值。如果所有参数值均为逻辑"真（TRUE）"，则返回逻辑"TRUE"，否则返回逻辑"FALSE"。

参数说明：

logical1,logical2, ...：表示待测试的条件值或表达式，最多为 30 个。

例如，在图 2-10 所示的工作表中，若在 K2 单元格中输入公式"=AND(E2>=80,F2>=80, G2>=80,H2>=90)"，则返回值为 FALSE，因为 G2=57 小于 80；而单元格 K11 中的返回值为 TRUE，因为 E11、F11、G11 和 H11 单元格中的数值均大于等于 80。

与 AND 函数相类似的还有以下函数：

OR(logical1,logical2, ...) 函数：返回逻辑值。仅当所有参数值均为逻辑"假（FALSE）"时，返回逻辑假值"FALSE"，否则返回逻辑真值"TRUE"。

NOT(logical) 函数：对参数值求反。

2. IF 函数

格式：IF(logical,value_if_true,value_if_false)

功能：根据条件判断的结果来决定返回相应的输出结果。

参数说明：

logical：为要判断的逻辑表达式。

value_if_true：表示当条件判断为逻辑"真（TRUE）"时要输出的内容，如果忽略返回"TRUE"。

value_if_false：表示当条件判断为逻辑"假（FALSE）"时要输出的内容，如果忽略返回"FALSE"。

例如，在图 2-10 所示的工作表中，需要根据总分计算奖学金，计算的标准是：总分大于等于 360 分的为 500 元，总分大于等于 340 且小于 360 的为 300 元，其余无奖学金。计算时只需在单元格 K2 中输入公式："=IF(I2>=360,500,IF(I2>=340,300,""))"便能得到结果，如图 2-11 所示。

该例中使用了 IF 的嵌套，Excel 2010 中 IF 函数最多可以嵌套 64 层。

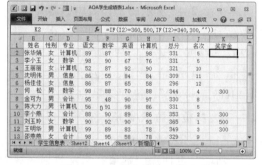

图 2-11　IF 函数应用举例

2.2.5 文本函数

文本函数主要是对字符串进行处理，包括字符串的比较、查找、截取、拆拼、插入、替换和删除等操作，在字符处理中有着极其重要的作用。

1. 文本比较函数 EXACT

格式：EXACT(text1,text2)

功能：比较字符串 text1 是否与字符串 text2 相同。如果两个字符串相同，则返回测试结果 "TRUE"，反之则返回 "FLASE"。

> **提 示**
> 测试时区分大小写。

例如，若在 A1 单元格中输入字符串 "Microsoft Office 2010"，B1 单元格中也输入 "Microsoft Office 2010"，在 C1 单元格中输入公式 "=EXACT(A1,B1)"，则该函数的执行结果为 "TRUE"，因为两个字符串完全相同。

若在 B1 单元格中输入字符串 "microsoft office 2010"，则函数运行的结果为 "FLASE"，因为 A1 中的 M 和 O 与 B1 中的 m 和 o 有大小写区别。

2．文本查找函数 SEARCH

格式：SEARCH(find_text,within_text,start_num)

功能：判断字符串 find_text 是否包含在字符串 within_text 中，若包含，则返回该字符串在原字符串中的起始位置，反之，则返回错误信息 "#VALUE!"。

参数说明：

within_text：为原始字符串。

find_text：为要查找的字符串。

start_num：表示从第几个字符开始查找，默认时则从第 1 个字符开始查找。

> **提 示**
> ① 该函数不区分大小写（即同一个字符的大写与小写相同）。
> ② 查找时可使用通配符 "?" 和 "*"，但必须在通配符前加上符号 "～"。
> ③ 查找时若要区分大小写，可用函数 "=FIND(find_text,within_text,start_num)" 实现，其用法与 SEARCH 相同。

例如，若在 A1 单元格中输入字符串 "Microsoft Office 2010"，当在 A2 单元格中输入 "=SEARCH("Office",A1)"，则函数的返回值为 11；函数 "=SEARCH("258",A1)" 的返回值则为 "#VALUE!"。

3．截取子字符串函数

（1）左截函数 LEFT

格式：LEFT(text,num_chars)

功能：将字符串 text 从左边第 1 个字符开始，向右截取 num_chars 个字符。

例如，若在 A1 单元格中输入字符串 "Microsoft Office 2010"，则函数 "=LEFT(A1,9)" 的返回值为 "Microsoft"。

（2）右截函数 RIGHT

格式：RIGHT(text,num_chars)

功能：将字符串 text 从右边第 1 个字符开始，向左截取 num_chars 个字符。

（3）截取任意位置子字符串函数 MID

格式：MID(text,start_num,num_chars)

功能：将字符串 text 从第 start_num 个字符开始，向左截取 num_chars 个字符。

参数说明：

text：是原始字符串。

start_num：为截取的位置。

num_chars：为要截取的字符个数。

例如，若在 A1 单元格中输入某个学生的身份证号"650108199010282258"，其中第 7～14 位（共 8 位）代表出生日期，则函数"=MID(A1,7,8)"的返回值为"19901028"，这样就能从身份证号码中方便地取出该学生的出生日期。

同理，用函数"=LEFT(A1,4)"可取出身份证左边的四位，即地区码，"=RIGHT(A1,1)"可取出身份证号中的最后一位，即校验码。

4．字符替换函数 REPLACE

格式：REPLACE(old_text,start_num,num_chars,new_text)

功能：对指定字符串，从指定位置开始，用新字符串来替换原有字符串中的若干个字符。

参数说明：

old_text：是原有字符串。

start_num：是从原字符串中第几个字符位置开始替换。

num_chars：是原字符串中从起始位置开始需要替换的字符个数。

new_text：是要替换成的新字符串。

> 注 意
>
> ① 当 num_chars 为 0 时则表示从 start_num 之后插入新字符串 new_text。
>
> ② 当 new_text 为空时，则表示从第 start_num 个字符开始，删除 num_chars 个字符。

【例 2.1】在 A1 单元格中输入字符串"大学计算机文化基础"，完成以下操作：

① 将 A1 单元格中的"文化"替换为"应用"，并放在 A2 单元格中。

② 在 A2 单元格中的字符串后插入"课程"两个汉字，并放在 A3 单元格中。

③ 删除 A3 单元格中的"基础"两个汉字，并放在 A4 单元格中。

操作步骤如下：

① 在 A2 单元格中输入函数：=REPLACE(A1,6,2,"应用")。

② 在 A3 单元格中输入函数：=REPLACE(A2,10,0,"课程")。

③ 在 A4 单元格中输入函数：=REPLACE(A3,8,2,"")。

操作结果如图 2-12 所示。

图 2-12　REPLACE 函数应用实例

> 提 示
>
> 使用函数时，不论字母或汉字均按一个字符来计数。

【例 2.2】在图 2-13 所示的学生信息表中，完成以下操作：

① 根据出生年月计算年龄，并将结果填入"年龄"列的相应单元格中。

② 将原电话号码中的区号"0571"修改为"0573"。

③ 对修改后的电话进行升位，其原则是在区号（0573）后面加上 8，并将其计算结果保存在"升级电话号码"列的相应单元格中。

操作步骤如下：

① 在单元格 D2 中输入公式：=YEAR(TODAY())–YEAR(C2)，并将结果的数据格式设置为"常规"或"数值"，其余拖动填充柄完成计算。

② 在 F2 单元格中输入公式：=REPLACE(E2,4,1,"3")，其余拖动填充柄完成计算,再将 F 列的内容用"选择性粘贴"方法复制到 E 列，并全部清除 F 列的数据即可。

③ 在 F2 单元格中输入公式：=REPLACE(E2,5,0,"8")，确认后得到结果"057383674685"，如图 2-14 所示。

图 2-13　学生信息表

图 2-14　计算结果

其余拖动填充柄完成计算。

5．数据格式转换函数 TEXT

格式：TEXT(value,format_text)

功能:将数值(value)转换为按指定数字格式(format_text)表示的文本。如"TEXT(123.456,"$0.00")"的值为"$123.46"，"TEXT(1234,"[dbnum2]")"的值为"壹仟贰佰叁拾肆"。

参数说明：

Value：为数值、计算结果为数字值的公式，或对包含数字值的单元格的引用。

Format_text：为"设置单元格格式"对话框中"数字"选项卡上"分类"列表框中的文本形式的数字格式。在"数字"选项卡上设置单元格的格式，只会更改单元格的格式而不会影响其中的数值。使用函数 TEXT 可以将数值转换为带格式的文本，而其结果将不再作为数字参与计算。

UPPER(text)：函数用于将文本(text)转换成大写形式。LOWER(text)函数用于将文本(text)转换成小写形式。

2.2.6　查找函数

查找函数主要用在数据表中查找与指定数值相匹配的值，并将指定的匹配值填入当前表的当前位置中。这类函数参数较多，需要通过较多的实例来加深理解。

1．列匹配填充函数 VLOOKUP

格式：VLOOKUP(lookup_value,table_array,col_index_num,range_lookup)

功能：在数据表的首列查找与指定的数值相匹配的值，并将指定列的匹配值填入当前数据表的当前列中。

参数说明：

lookup_value：要与数据表 table_array 第一列相匹配的内容，可以是数值、单元格引用或文本字符串。

table_array：要查找的单元格区域、数据表或数组。

col_index_num：为一个常数值，表示当 lookup_value 与数据表 table_array 第一列内容相匹配时，需要在当前列填入 table_array 区域中第几列的内容（为一列号）。

range_lookup：为一逻辑值，可取 TRUE 或 FALSE，当取 TRUE 或默认时，则返回近似匹配值，即如果找不到精确匹配值，则返回小于 lookup_value 的最大数值；若取 FALSE，则返回精确匹配值，如果找不到，则返回错误信息"#N/A"。

【例 2.3】在图 2-15 所示的汽车销售统计表中，根据"汽车销售清单"，使用 VLOOKUP 函数将"名称"和"售价"填充到"9 月汽车销售统计表"的"名称"列和"售价"列中。

在 G 列中填入名称，只需在 G3 单元格中输入公式：=VLOOKUP(E3,A$3:C$10,2,FALSE)。

参数说明：

E3：表示用当前数据表中的第 E 列与 A3:C10 中的第一列相匹配（即当型号相同时，则进行填充。

A$3:C$10：为要查找的数据区域。

2：表示找到匹配值时，需要在当前单元格中填入 A$3:C$10 中第 2 列的内容（即名称）。

FALSE：表示进行精确查找。

若要在 H 列中填入产品单价，只需在 H3 单元格中输入公式：=VLOOKUP(E3,A$3:C$10, 3,FALSE)，这个公式只需将第 3 个参数改为 3 即可，因为此时在当前单元格中要填入的是 A$3:C$10 中第 3 列的内容（即售价），如图 2-15 所示。

【例 2.4】根据图 2-16 所示的"学生成绩表"中提供的信息，将总评成绩换算成所对应的等级。

图 2-15　VLOOKUP 函数应用示例　　　　图 2-16　学生成绩表

如图 2-16 所示，只需在单元格 D2 中输入公式 =VLOOKUP(C2,F$2:G$7,2)，拖动填充柄后便能得到结果。

提　示

此例属于模糊查找，故省略 TRUE。

2．行匹配填充函数 HLOOKUP

格式：HLOOKUP(lookup_value,table_array,row_index_num,range_lookup)

功能：在数据表的首行查找与指定的数值相匹配的值，并将指定行的匹配值填入当前数据表的当前行中。

参数及使用方法与 VLOOKUP 函数相类似。

【例 2.5】根据图 2-17 所示的采购信息表，填充采购表中的单价和折扣，并计算合计。

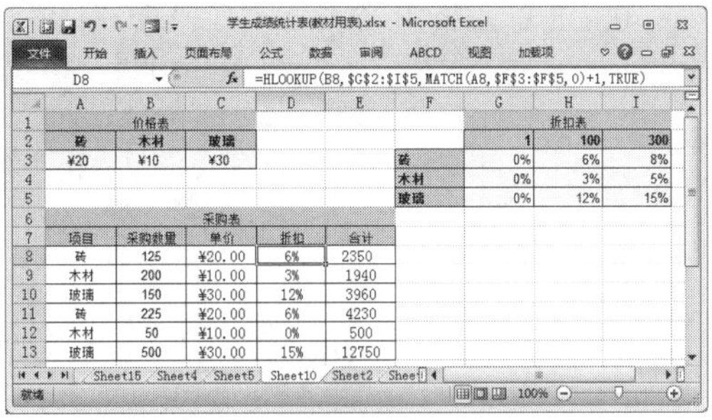

操作步骤如下：

① 在 C8 单元格中输入公式：=HLOOKUP (A8,$A$2:$C$3,2,FALSE)，拖动填充柄完成单价的填充。

图 2-17　HLOOKUP 函数应用举例

② 在 D8 单元格中输入公式：=HLOOKUP (B8,$G$2:$I$5,MATCH(A8,$F$3:$F$5,0)+1,TRUE)，拖动填充柄完成折扣的填充。

③ 用数组公式计算合计：选定 E8：E13，在 E8 中输入公式：=(B8:B13*C8:C13)-(B8:B13* C8:C13*D8:D13)，同时按【Ctrl+Shift+Enter】组合键便能得到结果，如图 2-17 所示。

MATCH 函数意义如下：

格式：MATCH(lookup_value,lookup_array,match_type)

功能：查找指定值在指定范围内首次出现的位置。

参数说明：

Lookup_value：为需要查找的数值，可以是数字、文本或逻辑值。

Lookup_array：查找的范围，可以是数组或数据区域。

Match_type：为数字 -1、0 或 1。-1 表示查找大于或等于 lookup_value 的最小值；0 表示查找等于 lookup_value 的第一个值；1 表示查找小于或等于 lookup_value 的最大值。

3. 单行或单列匹配填充函数 LOOKUP

函数 LOOKUP 有两种语法形式：向量和数组。

向量为只包含一行或一列的区域。函数 LOOKUP 的向量形式是在单行区域或单列区域（向量）中查找数值，然后返回第二个单行区域或单列区域中相同位置的数值。如果需要指定包含待查找数值的区域，则可以使用函数 LOOKUP 的这种形式。函数 LOOKUP 的另一种形式为自动在第一列或第一行中查找数值。

向量形式的语法格式：LOOKUP(lookup_value,lookup_vector,result_vector)

功能：在 Lookup_vector 指定的区间段中查找 Lookup_value 所在的区间，并返回该区间所对应的值。

参数说明：

Lookup_value：为函数 LOOKUP 所要查找的数值。可以是数字、文本或逻辑值。

Lookup_vector：为只包含一行或一列的区域。可以是文本、数字或逻辑值，但要以递增方式排列，否则不会返回正确值。

Result_vector：只包含一行或一列的区域，其大小必须与 lookup_vector 相同。

—— 说 明 ——

如果函数 LOOKUP 找不到 lookup_value,则查找 lookup_vector 中小于或等于 lookup_value 的最大数值。如果 lookup_value 小于 lookup_vector 中的最小值，函数 LOOKUP 返回错误值#N/A。

例如，在图 2-18 所示的成绩表中，若要根据成绩确定其档次，可先建立条件区域 J4：K8，然后在 H2 单元格中输入公式：=LOOKUP(G2,$J$4:$K$8)，确认后拖动填充柄便能得到结果。

图 2-18　LOOKUP 函数应用举例

2.2.7　财务函数

财务函数是财务计算和财务分析的重要工具，可使财务数据的计算快捷而准确。下面介绍几个常用的财务计算函数。

1．求资产折旧值函数 SLN

格式：SLN(cost,salvage,life)

功能：求某项资产在一个期间中的线性折旧值。

参数说明：

Cost：为资产原值。

Salvage：为资产在折旧期末的价值（也称资产残值）。

Life：为折旧期限（有时也称资产的使用寿命）。

【例 2.6】已知学校某机房拥有的固定资产值为 50 万元，使用 5 年后估计资产的残值为 10 万元，求固定资产按日、月、年的折旧值各是多少。

若以上数据已输入图 2-19 所示的单元格中，则计算该资产 5 年后按日、月、年的折旧值只需分别在 B4、B5、B6 单元格中输入函数：

=SLN(A2,B2,C2*365)　　　每日折旧值（一年按 365 日计算）

=SLN(A2,B2,C2*12)　　　　每月折旧值（一年按 12 月计算）

=SLN(A2,B2,C2)　　　　　每年折旧值

便能得到结果。计算结果如图 2-19 所示。

图 2-19　资产折旧值函数应用示例

2．求贷款按年（或月）还款数函数 PMT

格式：PMT(rate,nper,pv,fv,type)

功能：求指定贷款期限的某笔贷款，按固定利率及等额分期付款方式每期的应付款额。

参数说明：

rate：为贷款利率。

nper：为该项贷款的总贷款期限。

pv：为从该项贷款开始计算时已经入账的款项（或一系列未来付款当前值的累积和）。

fv：为未来值（或在最后一次付款后希望得到的现金余额），默认时为 0。

type：为一逻辑值，用于指定付款时间是在期初还是在期末（1 表示期初，0 表示期末，默认时为 0）。

【例 2.7】已知某人购房时决定向银行贷款 50 万元，年息为 6.38%，贷款期限为 20 年，分别计算按年偿还和按月偿还的金额各是多少？

若以上数据已输入图 2-20 所示的单元格中，则计算按年偿还和按月偿还的金额只须分别在 B4、B5 单元格中输入函数：

=PMT(A2,B2,C2,0,1) 　　　　　　（按年还贷）

=PMT(A2/12,B2*12,C2,0,1) 　　　（按月还贷）

便能得到结果。计算结果如图 2-20 所示。

公式说明：按月还贷时，年利率折算为月利率，还款期限由年换算为月。公式中的最后一个参数 1 表示期初还款，若期末还款，则其值为 0。

【例 2.8】已知某人决定向银行作 10 年期分期存款，按当前 10 年期存款年利率为 4.68%，希望到期能得到金额 10 万元，求每月的存款金额是多少？

若以上数据已输入图 2-21 所示的单元格中，则计算每月存款金额只须在 B4 单元格中输入函数：=PMT(A2/12,B2*12,0,C2,1)，便能得到结果。计算结果如图 2-21 所示。

图 2-20　等额贷款还款函数 PMT 应用示例　　　图 2-21　分期存款每月应存金额示例

3. 求贷款按每月应付利息数函数 IPMT

格式：IPMT(rate,per,nper,pv,fv)

功能：求指定贷款期限的某笔贷款，按固定利率及等额分期付款方式在某一给定期限内每月应付的贷款利息。

参数说明：

rate：为贷款利率。

per：为计算利率的期数（如计算第一个月的利息则为 1，计算第二个月的利息则为 2，依此类推）。

nper：为该项贷款的总贷款期数。

pv：为从该项贷款开始计算时已经入账的款项（或一系列未来付款当前值的累积和）。

fv：为未来值（或在最后一次付款后希望得到的现金余额），默认时为 0。

【例 2.9】如上例，已知某人购房时决定向银行贷款 50 万元，年息为 6.38%，贷款期限为 20 年，计算前 6 个月每月应付的贷款利息是多少？

若以上数据已输入图 2-22 所示的单元格中，则计算前 6 个月每月应付的贷款利息只须分别在 B4、B5、B6、B7、B8、B9 单元格中输入如下函数：

=IPMT(A\$2/12,1,B\$2*12,C\$2,0) （第 1 个月利息）

=IPMT(A\$2/12,2,B\$2*12,C\$2,0) （第 2 个月利息）

=IPMT(A\$2/12,3,B\$2*12,C\$2,0) （第 3 个月利息）

=IPMT(A\$2/12,4,B\$2*12,C\$2,0) （第 4 个月利息）

=IPMT(A\$2/12,5,B\$2*12,C\$2,0) （第 5 个月利息）

=IPMT(A\$2/12,6,B\$2*12,C\$2,0) （第 6 个月利息）

便能得到结果。计算结果如图 2-22 所示。

公式说明：按月还贷时，年利率折算为月利率，还款期数由年换算为月。公式中的最后一个参数 0 表示最后一次还款后余额为 0。

4．求某项投资的未来收益值函数 FV

格式：FV(rate,nper,pmt,pv,type)

功能：基于固定利率及等额分期付款方式，返回某项投资的未来值。

图 2-22　等额贷款每月还款利息

函数 IPMT 应用示例

参数说明：

rate：为各期利率。

nper：为总投资期，即该项投资的付款期总数。

pmt：为各期所应支付的金额，其数值在整个年金期间保持不变。

pv：为现值，即从该项投资开始计算时已经入账的款项，或一系列未来付款的当前值的累积和，也称本金。如果省略 PV，则假设其值为零，并且必须包括 pmt 参数。

type：为数字 0 或 1，用以指定各期的付款时间是在期初还是期末，0 表示期末，1 表示期初，默认时为 0。

—注　意—————————————

① rate 和 nper 单位必须一致。例如，同样是四年期年利率为 6% 的贷款，如果按月支付，rate 应为 6%/12，nper 应为 4*12；如果按年支付，rate 应为 6%，nper 为 4。

② 在所有参数中，支出的款项，如银行存款，用负数表示；收入的款项，如股息收入，用正数表示。

【例 2.10】投资者对某项工程进行投资，在期初投资 150 万元，年利率为 6%，并在余下的 10 年中每年追加投资 10 万元，求该投资者 10 年后的投资收益。

若以上数据已输入图 2-23 所示的单元格中，则计算 10 年后的投资收益只须在 B4 单元格中输入函数：

图 2-23　FV 函数应用示例

=FV(B2,D2,C2,A2,0)，便得到该项投资 10 年后的投资收益总金额为 4 004 351.04 元。

5．求某项投资的现值函数 PV

格式：PV(rate,nper,pmt,fv,type)

功能：返回投资的现值。现值为一系列未来付款的当前值的累积和。

参数说明：

rate：为贷款利率。

nper：为总投资（或贷款）期，即该项投资（或贷款）的付款期总数。

pmt：为各期所应支付的金额，其数值在整个年期间保持不变。

fv：为未来值，或在最后一次支付后希望得到的现金余额，默认时为 0（一笔贷款的未来值即为零）。

type：为数字 0 或 1，用以指定各期的付款时间是在期初还是期末，0 表示期末，1 表示期初，默认时为 0。

【例 2.11】某储户每月能承受的贷款数为 3 000 元（月末），计划按这一固定扣款数连续贷款 20 年，年息为 6.5%，求该储户能获得的贷款数是多少？

分析：在以上题目中，rate 为 6.5%（年息），投资总期数为 20 年（240 个月），每期支付金额 pmt 为 3 000 元，该贷款的未来值 fv 为 0，由于是期末贷款，故 type 的值为 0。

若以上数据已输入图 2-24 所示的单元格中，则计算投资的当前值只须在 B4 单元格中输入函数：=PV(B2/12,C2*12,A2,0,0)，便得到当前贷款总额为 402 375.01 元。

图 2-24　PV 函数应用示例

> ── 提　示 ──
>
> 利率除以 12 得到月利率，支付的年数乘以 12 得到支付次数。

以上例题可用 PMT 函数来验证。

将以上问题换为以年利率为 6.5%，贷款为 402 375.01，若按 20 年分期付款，每月应该支付多少贷款？

分析：在以上题目中，rate 为 6.5%（年息），投资总期数为 20 年（240 个月），当前所获得的贷款为当前值 PV，该贷款的未来值 fv 为 0，即最后一次付款后余额为 0，由于是期末付款，故 type 的值为 0。

若以上数据已输入图 2-25 所示的单元格中，则计算贷款按月偿还值只须在 B4 单元格中输入函数：=PMT(B2/12,C2*12,A2,0,0)。

从结果看出与 PV 函数的数据完全一致。

也可以用利率计算函数来获得验证。

计算利率的函数格式：=RATE(nper,pmt,pv,fv,type)

将以上问题换为：若按 20 年分期付款，每月支付贷款 3 000 元，可获得贷款 402 375.01 元，求年利率是多少？

计算公式为=RATE(20*12,−3000,402375.01,0,)*12，计算结果如图 2−26 所示。

图 2−25　用 PMT 函数验证 PV 函数　　　　　图 2−26　用求年利率函数验证 PV 函数

2.2.8　数据库函数

数据库是包含一组相关数据的列表，其中包含相关信息的行为记录，而包含数据的列为字段。列表的第一行包含着每一列的标志项。Excel 2010 中具有以上特征的工作表或一个数据清单就是一个数据库。

数据库函数是用于对存储在数据清单或数据库中的数据进行分析、判断，并求出指定数据区域中满足指定条件的值。根据所具有的不同的功能，分为数据库信息函数和数据库分析函数，前者用于获取数据库中的信息，后者主要用于分析数据库的数据信息。

这一类函数具有以下共同特点：

① 每个函数均有 3 个参数：database、field 和 criteria，这些参数指向函数所使用的工作表区域。

② 除了 GETPIVOTDATA 函数之外，其余函数都以字母 D 开头。

③ 如果将字母 D 去掉，可以发现其实大多数数据库函数已经在 Excel 的其他类型函数中出现过了。比如，DSUM 将 D 去掉，就是求和函数 SUM。

数据库函数的格式及参数的含义如下：

函数格式：函数名(database,field,criteria)。

参数说明：

Database：构成数据清单或数据库的单元格数据区域。

Field：指定函数所使用的数据列，Field 可以是文本，即两端带引号的标志项，如"出生日期"或"年龄"等；此外，Field 也可以是代表数据清单中数据列位置的数字：1 表示第一列，2 表示第二列……

Criteria：为一组包含给定条件的单元格区域。可以为参数 criteria 指定任意区域，只要它至少包含一个列标志和列标志下方用于设定条件的单元格。

Excel 数据库函数有许多个，用好这些函数，会对 Excel 操作带来极大的方便。下面将对一些常用的数据库函数作简要介绍。

1. DAVERAGE

格式：DAVERAGE(database,field,criteria)

功能：返回数据库或数据清单中满足指定条件的列中数值的平均值。

参数说明：

Database：构成列表或数据库的单元格区域。

Field：指定函数所使用的数据列。

Criteria：为一组包含给定条件的单元格区域。

例如，在图 2-27 所示的学生成绩表中，若要求会计专业中年龄小于 21 岁的女同学的英语平均成绩，可先在 A19:C20 数据区域中建立条件区域，再在 J19 单元格中输入公式：

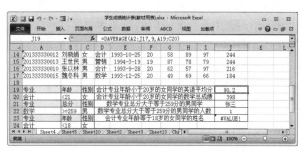

图 2-27　DAVERAGE 函数应用举例

=DAVERAGE(A2:J17,9,A19:C20)

或=DAVERAGE(A2:J17,"英语",A19:C20) 便能得到计算结果 90.2（结果四舍五入保留 1 位小数）。

2. DSUM

格式：DSUM(database,field,criteria)

功能：返回数据清单或数据库的指定列中，满足给定条件单元格中的数字之和。

参数说明：

Database：构成列表或数据库的单元格区域。

Field：指定函数所使用的数据列。

Criteria：一组包含给定条件的单元格区域。

例如，若在图 2-27 所示的学生成绩表的单元格 J20 中输入公式：

=DSUM(A2:J17,8,A19:C20)（或 =DSUM(A2:J17,"数学",A19:C20)

便能求出会计专业中年龄小于 21 岁的女同学的数学总成绩，结果为 398。

3. DCOUNT

格式：DCOUNT(database,field,criteria)

功能：返回数据库或数据清单指定字段中，满足给定条件并包含数字的单元格的个数。

参数说明：

Database：构成列表或数据库的单元格区域。

Field：指定函数所使用的数据列。

Criteria：一组包含给定条件的单元格区域。

例如，若在图 2-27 所示的学生成绩表的单元格 J22 中输入公式：

=DCOUNT(A2:J17,10,A21:C22)（或：=DCOUNT(A2:J17,"总分",A21:C22)

便能求出数学专业中总分大于等于 259 分的男同学的人数，结果为 1。

提示

应用此公式时，第 2 个参数 field 必须为数值型列，否则结果为 0。

如 "=DCOUNT(A2:J17,4,A19:C20)" 的结果就是 0，因为该函数只能统计指定列中符合条件的数值型数据的个数，但第 4 列是文本。

4. DCOUNTA

格式：DCOUNTA(database,field,criteria)

功能：返回数据库或数据清单指定字段中满足给定条件的非空单元格数目。

参数说明：

Database：构成列表或数据库的单元格区域。

Field：指定函数所使用的数据列。

Criteria：一组包含给定条件的单元格区域。

例如，公式"=DCOUNTA(A2:J17,4,A21:C22)"的结果仍然是 1，因为该函数可以统计非空的指定列中符合条件的任意类型的数据个数。

它与公式"=DCOUNT(A2:J17,10,A21:C22)"的结果完全一致。

5. DGET

格式：DGET(database,field,criteria)

功能：从数据清单或数据库中提取符合指定条件的单个值。

参数说明：

Database：构成列表或数据库的单元格区域。

Field：指定函数所使用的数据列。

Criteria：一组包含给定条件的单元格区域。

> ┌─ 提 示 ────────────────────
> ① 若满足条件的只有一个值，则求出这个值。
> ② 若满足条件的有多个值，则结果为#NUM!。
> ③ 若没有满足条件的值，则结果为#VALUE!。

例如，若要在图 2-27 所示的学生成绩表中，要求数学专业总分大于等于 259 分的男同学的姓名，可用公式：

=DGET(A2:J17,2,A21:C22)

函数运行的结果为张三，说明满足该条件的姓名只有一个。

若把问题换为：求会计专业年龄小于 21 岁的女同学的姓名，用公式：

=DGET(A2:J17,2,A19:C20)

但运算结果为#NUM!，说明满足该条件的姓名有多个。

若求会计专业年龄小于 18 岁的女同学的姓名，用公式：

=DGET(A2:J17,2,A23:C24)

但运算结果为#VALUE!，说明没有满足该条件的姓名。

6. DMAX

格式：DMAX(database,field,criteria)

功能：返回数据清单或数据库的指定列中，满足给定条件单元格中的最大数值。

参数说明：

Database：构成列表或数据库的单元格区域。

Field：指定函数所使用的数据列。

Criteria：一组包含给定条件的单元格区域。

7. DMIN

格式：DMIN(database,field,criteria)

功能：返回数据清单或数据库的指定列中满足给定条件的单元格中的最小数字。

参数说明：

Database：构成列表或数据库的单元格区域。

Field：指定函数所使用的数据列。

Criteria：一组包含给定条件的单元格区域。

例如，在图 2-28 所示的学生成绩表中，分别求会计专业中男、女同学总成绩的最高分和最低分。

操作步骤如下：

① 在图 2-28 所示的学生成绩表中，分别在 A25:B26 和 B25:C26 区域中建立会计专业中女同学和男同学的条件区域。

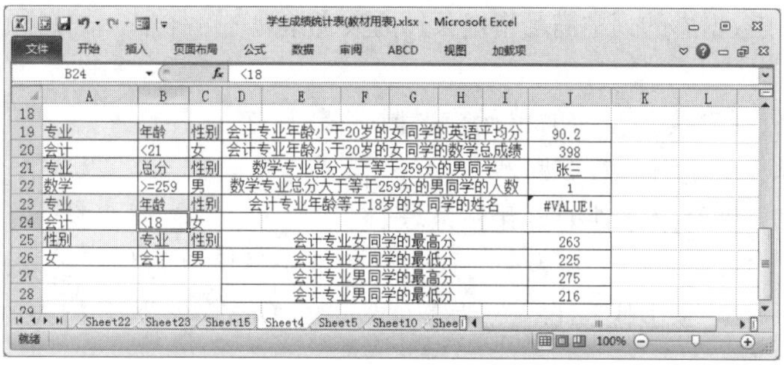

图 2-28　DMAX 和 DMIN 函数应用举例

② 求会计专业女同学的最高分和最低分，分别在 J25 和 J26 单元格中输入公式：

=DMAX(A2:J17,10,A25:B26)

=DMIN(A2:J17,10,A25:B26)

便能得到会计专业中女同学的最高分和最低分分别为 263 和 225。

③ 求男同学的最高分和最低分，分别在 J27 和 J28 单元格中输入公式：

=DMAX(A1:J16,10,B18:C19)

=DMIN(A1:J16,10,B18:C19)

便能得到会计专业中男同学的最高分和最低分别为：275 和 216。

操作结果如图 2-28 所示。

8. DPRODUCT

格式：DPRODUCT(database,field,criteria)

功能：返回数据清单或数据库的指定列中，满足给定条件单元格中的数值乘积。

参数说明：

Database：构成列表或数据库的单元格区域。

Field：指定函数所使用的数据列。

Criteria：一组包含给定条件的单元格区域。

例如，在图 2-29 所示的工作表中，若要求会计专业中英语成绩大于 90 分的女同学的年龄之积，可在单元格 L6 中输入公式"=DPRODUCT(A2:J17,6,L3:N4))"（其中区域 L3:N4 为条件），便能得到结果 7600，如图 2-29 所示。

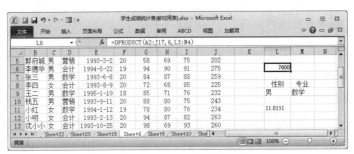

图 2-29　DPRODUCT 和 DSTDEV 函数应用举例

9. DSTDEV

格式：DSTDEV(database,field,criteria)

功能：将列表或数据库的列中满足指定条件的数字作为一个样本，估算样本总体的标准偏差。

参数说明：

Database：构成列表或数据库的单元格区域。

Field：指定函数所使用的数据列。

Criteria：一组包含给定条件的单元格区域。

例如，在图 2-29 所示的工作表中，求数学专业中男同学的英语成绩的标准偏差，可在单元格 L11 中输入公式（其中区域 L8:M9 为条件）：=DSTDEV(A2:J17,9,L8:M9)，结果为 11.0151。

10. DVAR

格式：DVAR(database,field,criteria)

功能：将数据清单或数据库的指定列中满足给定条件单元格中的数字作为一个样本，估算样本总体的方差。

参数说明：

Database：构成列表或数据库的单元格区域。

Field：指定函数所使用的数据列。

Criteria：一组包含给定条件的单元格区域。

11. GETPIVOTDATA

格式：GETPIVOTDATA (data_field, pivot_table, [field1, item1, field2, item2], ...)

功能：返回存储在数据透视表报表中的数据。如果报表中的汇总数据可见，则可以使用函数 GETPIVOTDATA 从数据透视表报表中检索汇总数据。

参数说明：Data_field 为包含要检索的数据的数据字段的名称（放在引号中）。Pivot_table 在数据透视表中对任何单元格、单元格区域或定义的单元格区域的引用，该信息用于决定哪个数据透视表包含要检索的数据。Field1,Item1,Field2,Item2 为 1 到 126 对用于描述检索数据的字段名和项名称，可以任意次序排列。

【例 2.12】某果园果树的高度、使用年数、产量与利润的统计数据表如图 2-30 所示，求：

① 有多少种苹果树的树高在 2～4 m 之间。

② 苹果树与梨树的最大利润值是多少。

③ 高度大于 2 m 的苹果树的最小利润是多少。

④ 苹果树的总利润。

⑤ 高度大于 2 m 的苹果树的平均产量。

⑥ 果园中所有树种的平均使用年数。

⑦ 求苹果树和梨树产量的估算标准偏差、真实标准偏差、估算方差、真实方差；计算结果依次放在单元格 G1～G7 中。

解题步骤：根据解题要求，先在 A9:F10 区域中建立相应的条件区域。

① 在 G1 单元格中输入公式：

=DCOUNT(A1:E7,2,A9:F10)　　　　　（计算结果为 1）

② 在 G2 单元格中输入公式：

=DMAX(A1:E7,5,A9:A11)　　　　　（计算结果为 135）

③ 在 G3 单元格中输入公式：

=DMIN(A1:E7,5,A9:E10)　　　　　（计算结果为 75）

④ 在 G4 单元格中输入公式：

=DSUM(A1:E7,5,A9:A10)　　　　　（计算结果为 255）

⑤ 在 G5 单元格中输入公式：

=DAVERAGE(A1:E7,4,A9:E10)　　　　（计算结果为 12.5）

⑥ 在 G6 单元格中输入公式：

=DAVERAGE(A1:E7,3,A9:A12)　　　　（计算结果为 13.8）

⑦ 求苹果树和梨树产量的估算标准偏差：在 G7 单元格中输入公式：

=DSTDEV(A1:E7,4,A9:A11)　　　（计算结果为 3.24）

计算真实标准偏差、估算方差、真实方差可以用函数：

=DSTDEVP(A1:E7,4,A9:A11)　　　（计算结果为 2.90）

=DVAR(A1:E7,4,A9:A11)　　　（计算结果为 10.50）

=DVARP(A1:E7,4,A9:A11)　　　（计算结果为 8.40）

操作结果如图 2-31 所示。

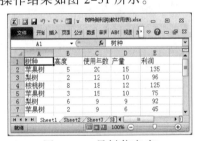

图 2-30　果树信息表

图 2-31　例 2.12 操作结果

提　示

① 条件区域必须具有列标志，且应与数据清单至少空一行。

② 函数中的参数 field 既可以是列名称，也可以是列序号。如求苹果树的总利润，可以用公式=DSUM(A1:E7,5,A9:A10)或=DSUM(A1:E7,"利润",A9:A10)，计算结果都是同样的。

2.2.9　测试函数

除以上介绍的函数外，还有两个比较常用的函数，一个是 IS 测试函数，一个是 TYPE 测试函数，它们都是用来测试指定数据的类型，但 IS 函数由多个函数组成，不同的 IS 函数测试不同的数据类型，而 TYPE 函数可以测试不同类型的数据，并根据类型的不同而给出不同的结果。

1. IS 类函数

IS 函数包括 ISBLANK、ISTEXT、ISERR、ISERROR、ISLOGICAL、ISNA、ISNONTEXT、ISNUMBER 和 ISREF 函数，统称为 IS 类函数，可以检验数值的数据类型并根据参数取值的不同而返回 TRUE 或 FALSE。例如，如果数值为对空白单元格的引用，函数 ISBLANK 返回逻辑值 TRUE，否则返回 FALSE。IS 类函数具有相同的函数格式和相同的参数，可表示为"=IS 类函数(value)"。

IS 类函数的格式及功能如表 2-1 所示。

表 2-1 IS 类函数简介

函数名	格　式	功　能	说　明
ISBLANK	ISBLANK(value)	测试 value 是否包含空格	① 参数 value 为需要进行测试的数值。分别为空白（空白单元格）、错误值、逻辑值、文本、数字、引用值或对于以上任意参数的名称引用 ② value 若存在则结果为 TRUE，反之则结果为 FALSE
ISTEXT	ISTEXT(value)	测试 value 是否为文本	
ISERR	ISERR(value)	测试 value 是否为任意错误值（#N/A 除外）	
ISERROR	ISERROR(value)	测试 value 是否为任意错误值（包括#N/A、#VALUE!、#REF!、#DIV/0!、#NUM!、#NAME? 或 #NULL!）	
ISLOGICAL	ISLOGICAL(value)	测试 value 是否为逻辑值	
ISNA	ISNA(value)	测试 value 是否为为错误值 #N/A（值不存在）	
ISNONTEXT	ISNONTEXT(value)	测试 value 是否不是文本的任意项（注意此函数在值为空白单元格时返回 TRUE）。	
ISNUMBER	ISNUMBER(value)	测试 value 是否为数值	
ISREF	ISREF(value)	测试 value 是否为引用	

2. TYPE 测试函数

TYPE 函数可以测试不同类型的数据，其函数格式为"=TYPE(value)"。

其中 Value 可以为任意类型的数据，如数值、文本、逻辑值等。函数的返回值为一数值，具体意义如下：

1——数值；

2——文本；

4——逻辑；

16——误差值；

64——数组。

如果某个值是一个单元格引用，它所引用的另一个单元格中含有公式，则 TYPE 函数将返回此公式结果值的类型。

2.3　数　组　公　式

Excel 除了公式和函数外，还有一个十分有趣的特点就是具有在公式中使用数组的能力，利用这一功能，可以创建非常雅致的公式，利用这些公式，可以完成非凡的运算功能。本节将介绍数组的概念、数组公式的建立与应用。

2.3.1　数组的概念

数组是一些元素的简单集合，这些元素可以共同参与运算，也可以个别参与运算。在 Excel 中，数组就是若干单元格的集合，它们可以是一维的，也可以是二维的，这些维对应着行和列。例如，一维数组可以存储在一行（横向数组）或一列（纵向数组）的范围内。二维数组可以存储在一个矩形的单元格范围内。

Excel 中的数组分为两种，一种是单元格数组，一种是数组常数。

单元格数组是存储在工作表范围内的数组。

数组常数不必保存在单元格范围内，而是保存在内存里。

将数组常数的元素用大括号括起来，便创建了一个数组常数。例如，{2,3,12,7,0,9,6}就是一个数组常数。

数组常数可以包含数值、文本、逻辑值或错误值等。数值可以是整数、小数或科学记数型；文本必须用双引号括起来（如"Tuesday"）。在同一个数组中，可以使用不同类型的值，例如{5,6,3,0,TRUE,FALSE,"计算机"}就是一个合法的数组。

数组常数不能包含公式、函数和其他数组。数字值不能包含美元符号、逗号、圆括号以及百分号。例如{SQRT(58),65.8%,$58.36,{5,4,2}}就是一个非法的数组常数。

数组常数可以分为一维数组和二维数组。一维数组包括行和列数组。一维行数组中的元素用逗号分隔，如{5,6,2,1,0,8}。一维列数组中的元素用分号分隔，如{9;6;14;20;8;4;18}。由于二维数组中包含行和列，所以，二维数组行内的元素用逗号分隔，行与行之间用分号分隔，用以将各行分开，如{6,5,3,2,8;7,4,9,3,6}为一个 2 行 5 列的二维数组常数。

2.3.2　数组公式的建立

数组公式是用于建立可以产生多个结果或对可以存放在行和列中的一组参数进行运算的单个公式。

它的特点就是可以执行多重计算，并返回一组数据结果。

使用数组公式可以把一组数据当成一个整体来处理，传递给函数或公式。可以对一批单元格应用一个公式，返回结果可以是一个数，也可以是一组数（每个数占一个单元格）。Excel 自动在数组公式外加上花括号{}。

数组公式最大的特征就是所引用的参数是数组参数，包括区域数组和常量数组。区域数组是一个矩形的单元格区域，如 $A$1:$D$5；常量数组是一组给定的常量，如{1,2,3}或{1;2;3}或{1,2,3;1,2,3}。对于参数为常量数组的公式，则在参数外有大括号{}，公式外则没有，输入时也不必按【Ctrl+Shift+Enter】组合键。

1．数组公式的输入

输入数组公式时，首先选择用来存放结果的单元格区域（可以是一个单元格），在编辑栏输入公式，然后按【Ctrl+Shift+Enter】组合键锁定数组公式，Excel 将在公式两边自动加上花括号"{}"。

> ── 注 意 ──
>
> 不要手动输入花括号，否则，Excel 认为输入的是一个正文标签。

对于 Excel 2010 中数组公式的应用，下面以"学生成绩表"中计算学生的总分为例进行讲解：

① 选定需要输入公式的单元格或单元格区域，此例为 F2:F16，如图 2-32 所示。

② 在单元格 F2 中输入公式：=C2:C16+D2:D16+E2:E16（注意：输完不要按【Enter】键）。

③ 按【Ctrl+Shift+Enter】组合键便能得到结果，如图 2-32 所示。

图 2-32 数组公式应用举例

此时，可以看到当单击 F2:F14 中的任意单元格，在编辑栏中都有会出现一个用{}括起来的公式，即{=C2:C16+D2:D16+E2:E16}。这就是一个数组公式，表示将 C2:E16 整个区域的数据当作一个整体（即一个单元格）来进行处理。

同理，计算平均分的方法与此相同，只需先选定 G2:G16 区域，并在 G2 单元格中输入公式=F2:F16/3，再按【Ctrl+Shift+Enter】组合键便能得到结果。

2. 数组公式的编辑

一个数组包含若干个数据或单元格，这些单元格形成一个整体，不能单独进行编辑。所以，要对数组进行编辑应先选定整个数组，然后再进行编辑操作。操作步骤如下：

① 选定数组：可以单击数组公式中的任一单元格，或选定数组公式所包含的全部单元格。

② 单击编辑栏中的数组公式，或按【F2】键，便可对数组公式进行修改（此时{}会自动消失）。

③ 完成修改后再按【Ctrl+Shift+Enter】组合键，此时可看到修改后的计算结果。

2.3.3 数组公式的应用

下面通过几个实例来进一步学习和掌握数组公式的应用。

【例 2.13】在图 2-33 所示的工作表中，用数组公式完成以下操作：

① 求每个学生的平均分，并保留 1 位小数。

② 统计"会计"和"营销"专业的总人数是多少（结果放在 L3 单元格内）。

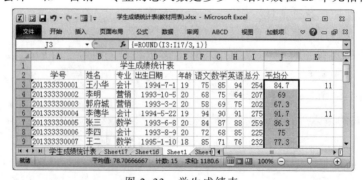

图 2-33 学生成绩表

① 用数组公式求平均，须先选定 K3:K17，然后在 K3 单元格中输入公式：=ROUND (J3:J17/3,1)。

再按【Ctrl+Shift+Enter】组合键便能得到结果，此时编辑栏中的公式变为"{=ROUND(J3:J17/3,1)}"，如图 2-33 所示。

② 分析：

求解此问题有多种方法，可以用前面已经学过的 COUNTIF 函数来实现，公式为"=COUNTIF(D3:D17,"会计")+COUNTIF(D3:D17,"营销")"，计算结果为 11。

现在用数组公式来完成：

首先在 L3 单元格中输入公式：=SUM(IF((D3:D17="会计")+(D3:D17="营销"),1,0))，再按组合键【Ctrl+Shift+Enter】便能得到结果 11。

公式"=SUM(IF((D3:D17="会计")+(D3:D17="营销"),1,0))"的意义是：外侧 SUM 表示求括号内各数的和；里面的"IF((D3:D17="会计")+(D3:D17="营销"),1,0)"的运算流程是：判别 D3:D17 区域内单元格的值是不是"会计"，如果是则结果为 1，否则结果为 0。因此公式的计算结果依次是"1、0、0、1、0、1、0、0、0、1、1、1、0、1、0"，由于第一个条件为真，第二个条件就为假，因为一个单元格不能同时等于"会计"和"营销"，所以第一个数组的元素就是"1、0、0、1、0、1、0、0、0、1、1、1、0、1、0"。这时再判别 D3:D17 区域内单元格的值是不是"营销"，如果是则结果为 1，否则结果为 0。因此公式的计算结果依次是"0、1、1、0、0、0、0、1、0、0、0、1、0、0"。中间的加号是将这两个数组相加，相加后的数组元素为"1、1、1、1、0、1、0、1、0、1、1、1、1、1、0"，然后由函数 SUM 求和，结果即是 11。

【例 2.14】根据图 2-34 所示的产品销售信息，完成以下操作。

① 求每种商品的销售数量，并根据"销售金额=单价*销售数量"用数组公式求每种商品的销售额。

② 用数组公式求"电视机"的销售总额。

图 2-34　产品销售信息表

解题步骤：

① 先计算销售数量。在图 2-34 所示的工作表中，在 I3 单元格中输入公式：=SUMIF(A$3:A$11,G3,C$3:C$11)，按【Enter】键，拖动填充柄，便能得到每种商品的销售数量。

再计算每种商品的销售总额：选定 J3:J6，在 J3 单元格中输入公式：=H3:H6*I3:I6，按【Ctrl+Shift+Enter】组合键便能得到每种商品的销售总额，如图 2-34 所示。

② 在 H9 中输入公式：=SUM(IF(A3:A11=G9,C3:C11*D3:D11,0))，按【Ctrl+Shift+Enter】组合键便能得到"电视机"的销售总额，结果为 307 400，如图 2-34 所示。

如果还要求其他商品的销售总额，只需修改公式中的条件 A3:A11=G9 即可。

上述数组公式使用了 3 个一维数组 A3:A11、C3:C11 和 D3:D11。其中 IF()函数用于比较第一个数组 A3:A10 中的值是否与 G9 单元格中的值相等，若相等则返回后两个数组 C3:C11 和 D3:D11 对应值的乘积，组成一个新的数组。SUM()函数将对新数组求和并将结果返回到事先选定的区域中。

提 示

① 输入数组公式之后，如果未按【Ctrl+Shift+Enter】组合键，那么公式将得到不正确的结果或返回#VALUE!。

② 使用快捷键【Ctrl+/】可以快速选择应用了相同数组公式的单元格。

③ 使用数组公式后，不能单独修改其中的某一个单元格。

④ 在数组公式中不能使用列引用（例如 "A:A"或"D:D"）。

⑤ 公式应用的区域内，行数必须相同。这是为了确保所有临时性的数组也有同样的长度。

【例 2.15】根据图 2-35 所示的股票信息表，完成以下操作：

① 求股价低于 10 元的股票只数及这些股票的总股数。

② 求股价高于 10 元的股票只数及这些股票的总金额数。

解题步骤：

① 依次在单元格 E2 和 F2 中输入公式：

=SUM(IF(C2:C8<10,1,0))　　按【Ctrl+Shift+Enter】组合键

=SUM(IF(C2:C8<10,D2:D8,0))　　按【Ctrl+Shift+Enter】组合键

② 依次在单元格 E5 和 F5 中输入公式：

=SUM(IF(C2:C8>10,1,0))

=SUM(IF(C2:C8>10,C2:C8*D2:D8,0))

输入完成后分别按【Ctrl+Shift+Enter】组合键便能得到结果，如图 2-35 所示。

图 2-35　例 2.15 操作结果

将以上公式写为 "=SUM((C2:C8>10)*(C2:C8)*(D2:D8))"，其计算的结果也是相同的。

若将问题改为求股价高于 10 元的上海股票的总金额，只须将上述公式改为 "=SUM((LEFT(A2:A8)="6")*(C2:C8>10)*(C2:C8)*(D2:D8))"，按【Ctrl+Shift+Enter】组合键结果为 15204.5。

以上公式的意义是：因为上海股票代码的第一位是"6"，先通过左截函数取得 A2:A8 中的第一个字符，并将它拿来依次与"6"作比较，若相等则结果为 True（即 1），若不相等则结果为 False（即 0）。由于公式里所有数组都是用乘积符号"*"，任何数乘以 1 都得任何数，任何数乘以 0 都等于 0。同理，条件(C2:C8>10)的结果也只能是 1 或 0。于是当前面两个条件

都成立时，原公式的意义将变为"=SUM(1*1*(C2:C8)*(D2:D8))"，即由股价*股票数求得股票金额；只要有一个条件不成立，则连乘式子中必有一个 0，乘积结果必为 0。

数组公式十分有用，效率也高，但真正理解和熟练掌握并不是一件容易的事，所以必须多多实践，从中找出规律，不断总结和提高。

2.4 数据分析与管理

Excel 不仅具有创建工作表，对数据进行计算和处理的功能，它还可以对数据进行查询、排序、汇总、分级显示，并能利用数据创建列表和数据透视表等。其操作简便，直观高效，比一般的数据库更胜一筹，充分发挥了它在表格处理方面的优势，使电子表格得到了广泛应用。

2.4.1 创建数据记录单

在 Excel 中，数据的管理模式与数据库文件相似，但是有所区别。数据记录单中的列就是数据库中的字段；数据记录单中的列标志就是数据库中的字段名；数据记录单中的每一行对应数据库中的一个记录。工作表中对数据的管理大多需要通过数据记录单来进行，因此在操作前应先创建好数据记录单。

数据记录单与电子表格相似，它的第一行为列标志，每列存放相同类型的数据；但电子表格可以包含表标题及表格以外的其他信息，如图 2-36 所示，已选择的区域 A3:L15 就是一个数据记录单，但包括表标题及纵向合计的整个区域就是工作表。

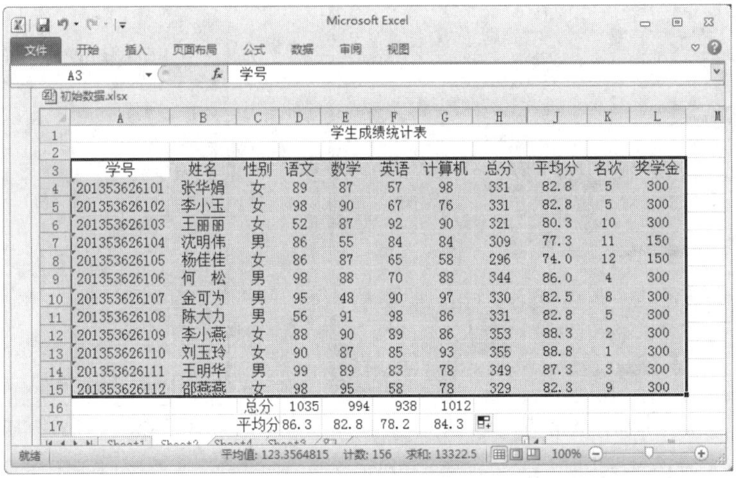

图 2-36 数据记录单与工作表的区别

在创建数据记录单时，应注意以下规则：

① 避免在同一个工作表上创建多个数据记录单。

② 工作表数据记录单与其他数据间至少留出一列或一行空白单元格。

③ 不要在数据记录单中插入空白行或空白列。

④ 不要将关键数据放到数据记录单的左右两侧。

⑤ 在数据记录单的第一行中创建列标志。

⑥ 单元格的开始处不要插入多余的空格。

⑦ 数据记录单中的每一列应包括相同类型的数据。

在了解一个数据记录单的基本结构和一些注意事项后，就可以建立数据记录单了。首先在数据记录单首行的每一列输入一个列标志，然后在列标志下的行中输入数据以形成一条记录。用户可以在工作表的任何区域创建数据记录单。

当一个数据记录单建立好以后，可以直接在工作表中对数据记录单中的数据进行编辑，这与工作表中数据的编辑方法完全一致。

Excel 为用户提供了一种方便的编辑数据记录单的工具，即"记录单"，但在 Excel 2010 中，默认情况下"记录单"命令属于"不在功能区的命令"，需要将它添加到"自定义功能区"中。添加步骤如下：在打开的 Excel 工作簿中单击"文件"按钮，在弹出的列表中单击"选项"按钮，弹出"Excel 选项"对话框；选择"自定义功能区"选项，再在"从下列位置选择命令"下拉列表框中选择"不在功能区的命令"，在下面的命令列表框中选择"记录单"选项，如图 2-37 所示。此处需先在"数据"选项卡中新建一个"新建组"并选择该组，然后单击"添加"按钮就可以将"记录单"命令添加到"数据"选项卡的"新建组"中。

用"记录单"编辑数据的步骤如下：

① 单击工作表中数据记录单中的任一单元格。

② 展开"Excel 选项"对话框右侧列表框中的"数据"按钮，然后右击，创建"新建组"，并单击"添加"按钮增加"记录单"按钮。然后单击功能区中的"数据"选项卡"新建组中的"记录单"按钮，弹出"记录单"对话框，如图 2-38 所示。

图 2-37 添加"记录单"步骤

图 2-38 "记录单"对话框

③ 根据要求选择需要修改的记录进行修改或删除。

④ 单击"新建"按钮，可以向记录单添加新的记录。

⑤ "记录单"还具有"条件查询"功能。例如，要查询"基本工资"大于或等于 800 的记录，只需单击"条件"按钮，并在"基本工资"栏中输入">=800"，再单击"下一条"或"上一条"按钮查看满足条件的记录。

2.4.2 数据排序

创建数据记录单时，它的数据排列顺序是依照记录输入的先后排列的，没有什么规律。

Excel 提供了数据记录单的排序功能，它可将数据记录单中的数据按某种特征重新进行排序。

1．单列内容的排序

如果要快速根据一列的数据对数据行排序，可以利用"开始"选项卡下"编辑"组提供的"升序"和"降序"按钮。具体操作步骤如下：

①　在数据记录单中单击某一字段名。例如，在图 2-39 所示的工作表中对"总分"进行排序，则单击"总分"单元格。

②　单击"开始"选项卡"编辑"组中的"排序和筛选"按钮，在弹出的列表中选择"升序"或"降序"按钮。例如，单击"降序"按钮将数据按递减（由大到小）顺序排列，反之则按递增（由小到大）顺序排列。图 2-39 所示为按"总分""降序"的排序结果。

2．复杂排序

遇到排序字段的数据出现相同值时，图 2-39 中的"张华娟"、"李小玉"和"陈大力"总分都是331，谁应该排在前面，这还得由其他条件来决定。由此可见，单列排序时，当排序字段的数据出现相同值时，无法确定它们的顺序。为克服这一缺陷，Excel 为用户提供了多列排序的方式来解决这一问题。

具体操作步骤如下：

①　选定要排序的数据记录单中的任意一个单元格。

②　单击"开始"选项卡 "编辑"组中的"排序和筛选"按钮，在弹出的列表中单击"自定义排序"按钮，弹出图 2-40 所示的"排序"对话框。

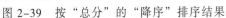

图 2-39　按"总分"的"降序"排序结果　　　　　图 2-40　"排序"对话框

③　单击"添加条件"按钮，在"主要关键字"和"次要关键字"下拉列表中选择排序的主要关键字和次要关键字。

④　在"排序依据"下拉列表中选择"数值"，在排序"次序"下拉列表中选择"降序"或者"升序"。

⑤　如果要以多列的数据作为排序依据，可以在"次要关键字"下拉列表中连续选择多个要排序的关键字段名和排序的方式。

⑥　如果要防止数据记录单的标题被加入到排序数据区中，则应在"排序"对话框中取消选择"数据包含标题"复选框。

⑦　如果要改变排序方式，可单击"排序"对话框中的"选项"按钮，选择需要的排序方式。

⑧　单击"确定"按钮，完成对数据的排序。

【**例 2.16**】将已建立的"学生成绩统计表"按"总分"递减排序，当"总分"相等时按"英语"递减排序。（注意：标题行不参加排序）

操作步骤如下：

① 选定要排序的数据记录单中的任意一个单元格。

② 单击"开始"选项卡"编辑"组中的"排序和筛选"按钮，在弹出的列表中单击"自定义排序"命令，弹出"排序"对话框。

③ 单击"添加条件"按钮，从"主要关键字"下拉列表中选择"总分"为排序的第一关键字；继续单击"添加条件"按钮，从"次要关键字"下拉列表中选择"英语"为排序的次要关键字。

④ 在"次序"下拉列表中都选择"降序"，即按递减方式排序。

⑤ 取消选择"数据包含标题"复选框，使标题不参加排序。

⑥ 单击"确定"按钮完成排序。

2.4.3　数据的分类汇总

分类汇总可以将数据记录单中的数据按某一字段进行分类，并实现按类求和、求平均值、计数等运算，还能将计算的结果分级显示出来。

1. 创建分类汇总

创建分类汇总的具体操作步骤如下：

① 先按分类字段进行排序，从而使同类数据集中在一起。如图 2-41 所示，把相同性别的记录排在一起。

② 先单击数据记录单中的任意单元格，再单击"数据"选项卡"分级显示"中的"分类汇总"按钮，弹出图 2-42 所示的"分类汇总"对话框。

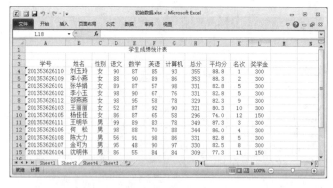

图 2-41　按"性别"排序后的结果　　　　图 2-42　"分类汇总"对话框

③ 在"分类字段"下拉列表中，选择分类字段（即步骤①中的排序字段）。

④ 在"汇总方式"下拉列表中，选择汇总计算方式。"汇总方式"分别有"求和"、"计数"、"平均值"、"最大值"、"最小值"、"乘积"、"数值计算"、"标准偏差"等共 11 项。其含义分别介绍如下：

"求和"：计算各类别的总和。

"计数"：统计各类别的个数。

"平均值"：计算各类别的平均值。

"最大值"（"最小值"）：求各类别中的最大值（最小值）。

"乘积"：计算各类别所包含的数据相乘的积。

"标准偏差"：计算各类别所包含的数据相对于平均值（mean）的离散程度。

⑤ 在"选定汇总项"列表框中，选择需要计算的列（只能选择数值型字段）。如选择"语文"、"数学"、"英语"、"计算机"等字段。若在步骤（4）中选择了"求和"，则此时表示对"语文"、"数学"、"英语"、"计算机"四个字段分别求和。

对话框下方有 3 个复选框，当选中后，其意义分别如下：

替换当前分类汇总：用新分类汇总的结果替换原有的分类汇总数据。

每组数据分页：表示以每个分类值为一组，组与组之间加上页分隔线。

汇总结果显示在数据下方：每组的汇总结果放在该组数据的下面。不选择时汇总结果放在该数据的上方。

⑥ 按要求选择后，单击"确定"按钮，完成分类汇总。若按图 2-42 中的选项选择，则汇总结果如图 2-43 所示。

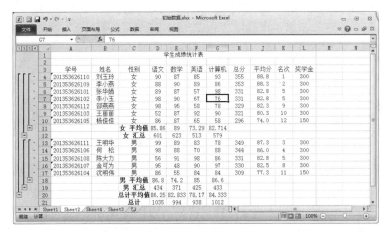

图 2-43　分类汇总结果示意

2．删除分类汇总

若要撤销分类汇总，可由以下方法实现：

① 单击分类汇总数据记录单中的任意一个单元格。

② 单击"数据"选项卡"分级显示"组中的"分类汇总"按钮，弹出"分类汇总"对话框，单击"全部删除"按钮，便能撤销分类汇总。

3．汇总结果分级显示

图 2-43 所示的汇总结果中，左边有几个标有"－"和"1"、"2"、"3"的小按钮，利用这些按钮可以实现数据的分级显示。单击外括号下的"－"按钮，则将数据折叠，仅显示汇总的总计，单击"+"按钮展开还原；单击内括号中的"－"按钮，则将对应数据折叠，同样单击"+"按钮还原；若单击左上方的"1"按钮，表示一级显示，仅显示汇总总计；单击"2"按钮，表示二级显示，显示各类别的汇总数据；单击"3"按钮，表示三级显示，显示汇总的全部明细信息。

2.4.4　数据筛选

数据筛选是在数据记录单中显示出满足指定条件的行，而暂时隐藏不满足条件的行。Excel 提供了"自动筛选"和"高级筛选"两种操作来筛选数据。

1．自动筛选

"自动筛选"是一种简单、方便的压缩数据记录单的方法，当用户确定了筛选条件后，它可以只显示符合条件的信息行。具体操作步骤如下：

① 单击数据记录单中的任意一个单元格。

② 单击"数据"选项卡"排序和筛选"组中的"筛选"按钮，此时，在每个字段的右边出现一个向下的箭头，如图 2-44 所示。

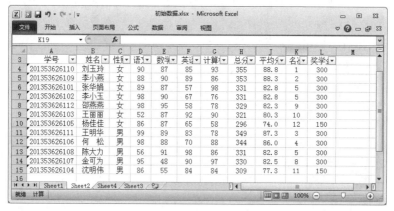

图 2-44　"自动筛选"示意图

③ 单击要查找列的向下箭头，弹出一个下拉列表，其中包含该列中的所有项目，如图 2-45 所示。

④ 选择需要显示的项目。如果筛选条件是常数，则直接单击该数选取；如果筛选条件是表达式，则单击"数据筛选"下的"自定义筛选"命令，弹出"自定义自动筛选方式"对话框，如图 2-46 所示。在对话框中输入条件表达式，然后单击"确定"按钮完成筛选。

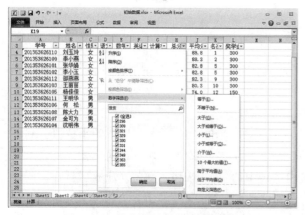

图 2-45　单击向下的筛选箭头

图 2-46　"自定义自动筛选方式"对话框

【例 2.17】在"学生成绩表"中，查找并显示总分大于等于 340 分且英语成绩在 85 分以上的记录。

具体操作步骤如下：

① 单击数据记录单中的任意一个单元格。

② 单击"数据"选项卡"排序和筛选"组中的"筛选"按钮。

③ 单击"总分"列的向下箭头，在弹出的下拉列表中单击"数据筛选"下的"自定义筛选"按钮，弹出"自定义自动筛选方式"对话框。

④ 在对话框中的左栏单击下拉按钮，选择"大于或等于"，在右栏中输入"340"，如图 2-47（a）所示。单击"确定"按钮，完成对总分的筛选，结果如图 2-48 所示。

⑤ 单击"英语"列的向下箭头，重复③、④步的操作，在对话框中选择"大于或等于"，并输入"85"，如图 2-47（b）所示。最后单击"确定"按钮完成操作，结果如图 2-49 所示。

 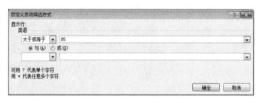

（a）"总分"筛选表达式　　　　　　　　　（b）"英语"筛选表达式

图 2-47　筛选表达式

 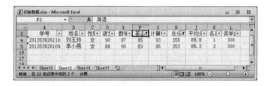

图 2-48　总分的筛选结果　　　　　　　图 2-49　英语的筛选结果

— 注　意 —

自动筛选完成后，数据记录单中只显示满足筛选条件的记录，不满足条件的记录将自动隐藏。若需要显示全部数据时，再次单击"数据"选项卡上的"筛选"按钮即可。

【例 2.18】在"学生成绩统计表"中，查找并显示总分在 340 分及以上或者总分在 300 分以下的记录。

分析：这里的条件是同一个字段中的逻辑"或"的关系，即总分大于等于 340 分，或者总分小于等于 300 分。用自动筛选时，只需在"自定义自动筛选方式"对话框中分别选择和输入大于等于 350，小于等于 300，并选择单选按钮"或"，如图 2-50 所示。其他操作方法与例 2.17 相同。

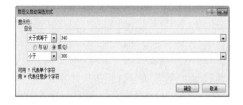

图 2-50　逻辑"或"条件选择操作示意

2．高级筛选

如果需要使用复杂的筛选条件，或者将符合条件的数据复制到工作表的其他位置，则使用高级筛选功能。使用高级筛选时，须先在工作表中远离数据记录单的位置设置条件区域。条件区域至少为两行，第一行为字段名，第二行以下为查找的条件。条件包括关系运算、逻辑运算等。在逻辑运算中，表示"与"运算时，条件表达式应输入在同一行；表示"或"运算时，条件表达式应输入在不同的行。

【例 2.19】将"学生成绩统计表"中各门功课有不及格的记录复制到以 M3 开头的区域中。

分析：所谓各门功课有不及格，从图 2-51 所示的数据记录单来看，其逻辑表达式就是"语文<60 或者 数学<60 或者 英语<60 或者 计算机<60"。在高级筛选时，应先在数据记录单的下方空白处创建条件区域，具体操作步骤如下：

① 将条件中涉及的字段名语文、数学、英语、计算机复制到数据记录单下方的空白处，然后不同字段隔行输入条件表达式，如图 2-51 所示。

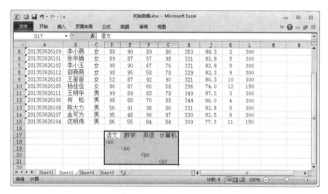

图 2-51 逻辑"或"条件区域的构造

② 单击数据记录单中的任意一个单元格。

③ 单击"数据"选项卡"排序和筛选"组中的"高级"按钮，弹出"高级筛选"对话框，如图 2-52 所示。

图 2-52 "高级筛选"对话框

④ 如果只须将筛选结果在原数据区域内显示，则选择"在原有区域显示筛选结果"单选按钮；若要将筛选后的结果复制到其他位置而不扰乱原来的数据，则选择"将筛选结果复制到其他位置"单选按钮，并在"复制到"文本框中指定筛选后复制的起始单元格。

⑤ 在"列表区域"文本框中已经指出了数据记录单的范围。单击文本框右边的区域数据选择按钮，可以修改或重新选择数据区域。

⑥ 单击"条件区域"文本框右边的区域选择按钮，选择已经定义好条件的区域（本题为 D17:G21）。

如果要取消高级筛选，则单击"数据"选项卡"排序和筛选"组中的"清除"按钮，即可。

⑦ 单击"复制到"文本框右边的区域选择按钮，确定复制筛选结果的首位置（本题为 M3）。

⑧ 单击"确定"按钮，其筛选结果便被复制到 M3 开头的数据区域中，如图 2-53 所示。

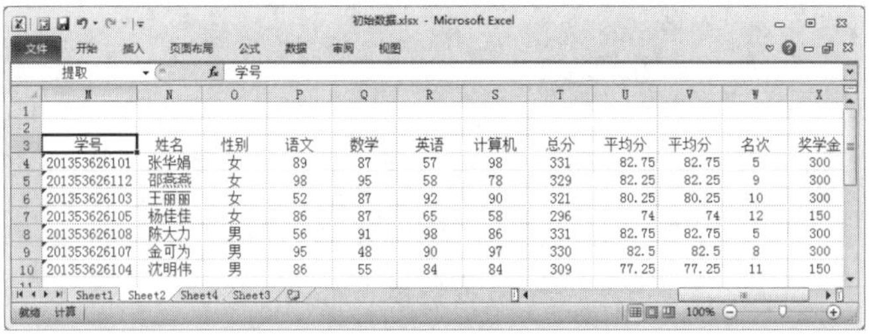

图 2-53　满足条件的筛选结果

2.4.5　数据透视表

数据透视表是一种对大量数据快速汇总和建立交叉列表的交互式表格。它不仅可以转换行和列以查看源数据的不同汇总结果，显示不同页面以筛选数据，还可以根据需要显示区域中的明细数据。使用数据透视表可以深入分析数值数据，并且可以回答一些预料不到的数据问题。如果要分析相关的汇总值，尤其是在要合计较大的数字列表并对每个数字进行多种比较时，通常使用数据透视表。

1. 创建数据透视表

创建数据透视表的操作步骤如下：

创建数据透视表可通过单击"插入"选项卡"表格"组中的"数据透视表"按钮，弹出"创建数据透视表"对话框，如图 2-54 所示，在对话框中按要求选择某些选项来创建数据透视表。

下面介绍通过单击"插入"选项卡中的"数据透视表"按钮来创建数据透视表，操作步骤如下：

① 单击用来创建数据透视表的数据记录单。

② 单击"插入"选项卡"数据透视表"下拉按钮，在弹出的列表中选择"数据透视表"选项，弹出图 2-54 所示的"创建数据透视表"对话框。若要同时创建基于数据透视表的数据透视图，则在下拉列表中选择"数据透视图"选项。

图 2-54　"创建数据透视表"对话框

③ Excel 会自动确定数据透视表的区域（即光标所在的数据区域），也可以输入不同的区域或用该区域定义的名称来替换。

④ 若要将数据透视表放置在新工作表中，并以单元格 A1 为起始位置，请选择对话框中的"新建工作表"单选按钮。若要将数据透视表放在现有工作表中的特定位置，请选择对话框中的"现有工作表"单选按钮，然后在"位置"文本框中指定放置数据透视表的单元格区域的第一个单元格。

⑤ 单击"确定"按钮。Excel 会将空的数据透视表添加至指定位置并显示数据透视表字段列表，以便添加字段、创建布局以及自定义数据透视表，如图 2-55 所示。

图 2-55　数据透视表布局窗口

⑥ 按要求将"选择要添加到报表的字段"列表中的字段分别拖到对应的"列标签"、"行标签"和"数值"框中。（例如将"专业"、"性别"和"计算机"分别拖到对应的"列标签"、"行标签"和"数值"框中，便能得到每个专业不同性别的计算机课程总分，如图 2-56 所示（即为所创建的数据透视表）。

图 2-56　按要求创建的数据透视表

2．修改数据透视表字段

创建数据透视表以后，还可以通过修改的方法来建立符合要求的数据透视表。具体操作步骤如下：

对已创建的数据透视表，如果要改变行标签、列标签或数值标签中的字段，可单击标签编辑框右端的按钮 ▼ ，在弹出的列表中选择"删除字段"，再重新到字段列表中拖动需要的字段到相应的标签框中即可。

3．更改字段的汇总方式

若要改变字段值的汇总方式，可单击"数值"标签框右端的按钮＿＿＿，在弹出的列表中选择"值字段的设置"，弹出图 2-57 所示的"值字段设置"对话框，在"计算类型"列表框中选择需要的计算类型，单击"确定"按钮完成修改，得到修改后的数据透视表。

4．创建数据透视图

Excel 2010 数据透视图是数据透视表的更深一层次应用，它可将数据以图形的方式表示出来，能更形象、生动地表现数据的变化规律。

建立"数据透视图"只需在"插入"选项卡下单击"数据透视表"按钮，在弹出的列表中选择"数据透视图"即可，与建立"数据透视表"相近。例如，创建一个显示各专业各门课程的总分的数据透视图如图 2-58 所示。

图 2-57　"值字段设置"对话框

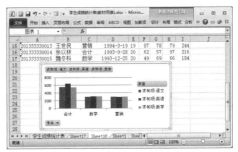

图 2-58　各专业各门课程总分的数据透视图

数据透视图是利用数据透视表制作的图表，是与数据透视表相关联的。若更改了数据透视表中的数据，则数据透视图中的数据也随之更改。

【例 2.20】在如图 2-59 所示的"学生成绩表"中，按要求分别建立以下两张数据透视表，并保存在当前工作表 K1 和 K8 开始的单元格中。

① 建立数据透视表，显示各专业三门课程的平均分，列标签为"专业"，行标签和数值为三门课程：语文、数学和英语，数值项为求平均值。

② 建立数据透视表，显示各专业三门课程的总分，行标签为"专业"，列标签和数值为三门课程：语文、数学和英语，数值项为求和。

图 2-59　按要求创建的数据透视表

操作步骤如下：

① 显示各专业三门课程的平均分：

- 创建数据透视表的数据记录单。
- 单击"插入"选项卡下的"数据透视表"按钮，在弹出的列表中选择"数据透视表"，弹出"创建数据透视表"对话框。
- 选择"现有工作表"单选按钮，并在"位置"框中选择或输入 K1，单击"确定"按钮。
- 在打开的"数据透视表字段列表"任务窗格中，将"专业"拖动到"列标签"中，将"语文"、"数学"、"英语"拖动到"数值"区中，将"Σ 数值"拖动到"行标签"中。
- 在"数值"区中，依次选择"语文"、"数学"、"英语"，并单击"值字段设置"。
- 在弹出的对话框中选择"平均值"，单击"确定"按钮完成设置，如图 2-59 所示。

② 显示各专业三门课程的总分，步骤与①中的基本相同，只需将"专业"拖动到"行标签"，其他拖动到"列标签"和"数值"框中，并在"值字段设置"中选择"求和"即可。

第 **3** 章　PowerPoint 2010 高级应用

PowerPoint 简称 PPT，是一种用于制作和演示幻灯片的工具软件，也是 Microsoft Office 系列软件的重要成员之一。利用 PowerPoint 做出来的作品叫演示文稿，演示文稿中的每一页叫幻灯片，每张幻灯片都是演示文稿中既相互独立又相互联系的内容。

PowerPoint 作为目前最流行的演示文稿制作与播放软件，支持的媒体格式非常丰富，编辑、修改、演示都很方便，在教育领域和商业领域都有着广泛的应用，如在公司会议、商业合作、产品介绍、投标竞标、业务培训、课件制作、视频演示等场合经常可以看到 PPT 的影子。

要做出一个专业的 PPT，并不是一件很容易的事情。本章将介绍 PowerPoint 制作原则和制作流程、图片与多媒体的应用、演示文稿的美化和修饰、动画的应用、演示文稿的放映与输出等内容。

3.1　PowerPoint 设计原则与制作流程

在做 PPT 之前，首先应弄清楚为什么要用 PPT? PPT 的用途主要有以下 3 种：

1. 阅读用

阅读用的 PPT 主要是给别人看的，里面一般包含大量的文字，不需要制作者解释观看者就看得懂。这种 PPT 适合于一个人面对计算机看。

2. 放映用

放映用的 PPT 自动播放，通常有配音和配乐，适用于会场过渡等场合。

3. 演示用

演示用的 PPT 主要用于演讲、培训、讲课等场合。这种 PPT 一定是通过投影打在大屏幕上，演讲者在前面讲。通常 PPT 的内容比较简单，关键是演讲者的"讲"。演讲者是中心，PPT 是辅助。

PPT 是用来表达自己思想的工具，只是一个工具而已。不同的是，PPT 是用一种全屏幕的独占式推送信息的方式，更加容易获得受众的注意力。因此，PPT 作为一种演示用的辅助工具，有着得天独厚的优势，演示用也是 PPT 最主要的用途。

要做出一个专业并且引人注目的演示文稿，在 PPT 的设计制作过程中，需要遵循一些基本的 PPT 设计原则。

3.1.1　PPT 设计原则

PPT 的设计非常重要，如何让设计者的幻灯片引起受众的兴趣而不是让他们昏昏欲睡，全靠 PPT 的设计。必须要注意的是，PPT 演示的目的在于传达信息，是用来帮助受众了解设计者讲述的问题，是一种辅助工具，而不是主题，所以千万不能以自我为中心。在设计 PPT 时，要经常站在受众的角度错位思考，看设计是否能够帮助受众更好地接受设计者要表达的信息，如果对于受众接受信息有帮助，那就保留，否则就应该放弃。

一个成功的 PPT 在设计方面需要把握以下几个原则：

1. 主题明确，内容精炼

在设计一个 PPT 之前，首先要明白两个问题：讲什么和讲给谁听？讲什么就是 PPT 的主题。再就是讲给谁听，即使同样的主题面对不同的受众，要讲的内容也是不一样的。需要考虑受众喜欢的演讲风格、知识水平，对该问题的了解程度等。因此，要根据讲授的对象来确定演示的内容。

演示的内容是一个 PPT 成功的基础，如果内容不恰当，无论 PPT 制作得多么好看，也只是枉费工夫。内容是否恰当、精练，需要在设计之初对内容本身以及对受众的需求和兴奋点有准确的理解和把握。

先看一张图 3-1 所示的幻灯片。在这张幻灯片中，文字充满了整张幻灯片，设想一下，作为受众，愿意看到这样的幻灯片吗？这种堆积了大量文字信息的"文档式 PPT"显然是不成功的，也是不受人欢迎的。这样的 PPT 演示也完全达不到辅助讲授的目的。

PPT 内容精练、观点鲜明、言之有物，才会受人关注。因此，需要对文字进行提炼——只留关键词，去掉修饰性的形容词、副词等。用关键词组合成短句子，直接表达页面主题。对图 3-1 所示的幻灯片进行提炼修改后可以得到图 3-2 所示的幻灯片。

图 3-1　充满了文字的幻灯片　　　　图 3-2　精练了内容的幻灯片

关于 PPT 的主题和内容，需要注意以下几点：

① 一张幻灯片只表达一个核心主题，不要试图在一张幻灯片中面面俱到。

② 不要把整段文字搬上幻灯片，演示是提纲挈领式的，显示内容越精练越好。

③ 一张幻灯片上的文字，行数最好不要超过 7 行，每行不多于 20 个字。

④ 除了必须放在一起比较的图表外，一张幻灯片一般只放一个图片或者一个表格。

2. 逻辑清晰，内容组织结构化

PPT 有了合适的内容，要怎么安排才能使受众易于接受呢？这就是所要强调的结构问题。一个成功的 PPT 必须有清晰的逻辑和完整的结构。清晰的逻辑能清楚地表达 PPT 的主题。逻辑混乱、结构不清晰的 PPT 演示，会让人摸不着头脑，也达不到有效传达信息的目的。

其实一场 PPT 演示就是在说一个故事。首先自我介绍，然后告诉受众将要听到一个什么样的故事，接下来把故事说给听众听，再强调一下故事的意涵，然后帮听众回忆一下今天听到了一个怎样的故事，最后当然是谢谢听众的参与！

通常一个完整的 PPT 文件应该包含封面页、目录页、过渡页、内容页、结束语页和封底页。目录页用来展示整个 PPT 的内容结构；过渡页（各部分的引导页）把不同的内容部分划分开，呼应目录保障整个 PPT 的连贯；结束语页用来做总结引导受众回顾要点、巩固感知；最后是封底页，用来感谢受众。

关于 PPT 的结构，需要注意以下几点：

① PPT 的结构逻辑要清晰、简明，一般使用图 3-3 所示的"并列"逻辑关系和图 3-4 所示的"递进"逻辑关系已经能够满足大多数情况的需要。

② 要有一张标题幻灯片，告诉受众你是谁，准备谈什么内容。

③ 要有目录页标示内容大纲，帮助受众掌握进度。

④ 通过不同层次的标题，标明 PPT 结构的逻辑关系。

⑤ 每个章节之间插入一个标题幻灯片用作过渡页。

⑥ 演示时按照顺序播放，尽量避免回翻、跳略，混淆受众的思路。

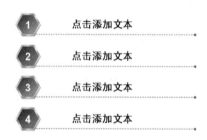

图 3-3 "并列"逻辑关系

图 3-4 "递进"逻辑关系

3．风格一致，页面简洁

一个专业的 PPT 风格应该保持一致，包括页面的排版布局、颜色、字体、字号等。统一的风格可以使幻灯片有整体感。实践表明，任何与内容无关的变化，都会分散受众对演示内容的注意力，因此，PPT 的风格应该尽量保持一致。

除了风格一致，幻灯片页面应该尽量简洁。简洁的页面会给人以清新的感觉，观看起来自然、舒服，不容易视觉疲劳，而文字信息太多的页面会失去重点，造成受众接收信息被动，直接影响PPT 的演示效果。

与文字相比，图片更加真实、直观。因此，在使用 PPT 幻灯片演示时，以恰当的图片强化内容，更容易在较短时间里让受众理解，并留下深刻印象。图 3-5 所示的幻灯片是介绍美国一家做篮子的公司，该公司的大楼居然是篮子形状的。在这里，

图 3-5 介绍美国一家做篮子公司的幻灯片

放一张照片比放一堆文字效果要好很多，也必然会给受众留下非常深刻的印象。

需要注意的是，PPT 设计时选择图片一定要与所表达的主题内容相关，这样才能起到比较好的效果。比较图 3-6 所示的两张幻灯片，很明显，第 2 张幻灯片中的信息传达效果更好。

图 3-6　幻灯片的图片相关性

关于风格和页面，需要注意以下几点：

① 不同场合的幻灯片应该有不同的风格，例如老师讲课用的幻灯片可以选择生动有趣的风格，而商业用的幻灯片则需要保守一些的风格。

② 所有幻灯片的格式应该一致，包括颜色、字体、背景等。

③ 应该避免全文字的页面，尽量采用文字、图表和图形的混合使用。合理的图文搭配更能吸引受众。

④ 字体不能太多，一般不超过 3 种，多了会给人混乱的感觉。

⑤ 字号要大于 18 磅，否则坐在后面的受众有可能看不清楚。

⑥ 注意字体色和背景色的搭配，蓝底白字、黑底黄字、白底黑字等都是比较引人注目的搭配。

在 PPT 演示中，使页面信息能够准确有效地传递是 PPT 设计的主要职责。因此，PPT 设计不仅仅是色彩和图形等美工设计，还包括结构、内容以及布局等规划设计。只有遵循以上 PPT 设计原则，才能设计出主题明确、内容精练，逻辑结构清晰、页面简洁美观的 PPT，这样的 PPT 才能真正成为讲授的得力助手。

3.1.2　PPT 制作流程

PPT 制作流程一般可分为以下几个步骤：

1. 提炼大纲

演示文稿的大纲是整个 PPT 的框架，只有框架搭好了，一个 PPT 才有可能成功。在设计之初应该根据目标和要求，对原始文字材料进行合理取舍、理清主次、提炼归纳出大纲。提炼大纲需要考虑以下几个方面：

① 讲什么？这个问题包括幻灯片的主题、重点、叙述顺序和各个部分的比重等，是最重要的一部分，应该首先解决。

② 讲给谁听？同样一个主题给不同的受众所讲的内容是不一样的，需要考虑受众的知识水平、对该主题的了解程度、受众的需求和兴奋点等。

③ 讲多久？讲授的时间决定了幻灯片的长度。一般一张幻灯片的讲授时间在 1～2 min 之间比较合适。

演示文稿的大纲拟定好以后，按照一个标题一页的原则，一个 PPT 的基本框架就搭好了。

2．充实内容

有了 PPT 的基本框架（此时每页只有一个标题），就可以充实每一张幻灯片的内容了。将适合标题表达的文字内容精练一下，做成带"项目编号"的要点。在这个过程中，可能会发现新的资料，非常有用，却不在大纲范围中，则可以进行大纲的调整，在合适的位置增加新的页面。

接下来把 PPT 中适合用图片表现的内容用图片来表现。像带有数字、流程、因果关系、趋势、时间、并列、顺序等内容，都可以考虑用图的方式来表现。如果有的内容无法用图表现时，可以考虑用表格来表现，其次才考虑用文字说明。

在充实内容过程中，需要注意以下几个方面：

① 一张幻灯片中，避免文字过多，内容尽量精简。

② 能用图片，不用表格，能用表格，不用文字。

③ 图片一定要合适，无关的、可有可无的图片坚决不要。

3．选择主题和模板

选用合适的主题和模板。利用主题和模板可以统一幻灯片的颜色、字体和效果，使幻灯片具有统一的风格。如果觉得 Office 自带的主题不合适，可以在母版视图中进行调整，添加背景图、Logo、装饰图等，也可以调整标题、文字的大小和字体，以及合适的位置。网络上也有很多免费的漂亮专业模板资源，可以下载直接使用。

4．美化页面

简洁大方的页面给人清新舒适的感觉。适当地放置一些装饰图可以美化页面，不过使用装饰图一定要注意必须符合当前页面的主题，图片的大小、颜色不能喧宾夺主，否则容易分散受众的注意力，影响信息传递的效果。

另外，可以根据母版的色调对图片进行美化，调整颜色、阴影、立体、线条，美化表格、突出文字等。在这个过程中要注意整个 PPT 的颜色不要超过 3 个色系，否则会显得很乱。

5．预演播放

设置播放过程的一些要素，如动画、幻灯片切换效果等。查看播放效果，检查是否有不合适的地方，遇到不合适或者不满意的就进行调整，特别要注意不能有错别字。

在这个环节，需要注意以下几点：

① 文字内容不要一下全部显示，需要为文字内容设定动画，一步一步显示，有利于讲授。

② 动画效果、幻灯片切换效果不宜太复杂，朴素一点的幻灯片更受欢迎。

③ 注意不能有错别字。

3.2　PowerPoint 2010 中图片的应用

在一个 PPT 中，图片比文字能够产生更大的视觉冲击力，也能够使页面更加简洁美观，因此在用 PowerPoint 制作演示文稿时，经常会使用图片，但有时图片又不符合设计者的要求，此时就需要对图片进行适当的处理，以达到更好的视觉效果。

3.2.1　图片的美化技巧

在幻灯片制作的过程中，图片的处理不一定要依靠 Photoshop 这类专门的图像处理软件，PowerPoint 2010 为设计者提供了强大的图像处理功能。在幻灯片中双击需要处理的图片，会出现图 3-7 所示的"图片工具" | "格式"选项卡，在此可以对图片进行删除背景、剪裁、柔化、锐化，修改亮度、饱和度、色调，重新着色等操作。

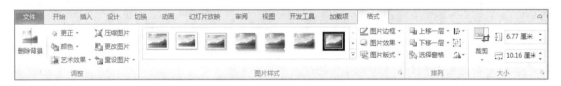

图 3-7　"图片工具" | "格式"选项卡

1．图片的裁剪

在 PPT 中很多地方都需要用到图片，但对图片的尺寸大小和形状却经常根据需要有不同的要求，因此裁剪图片是很常见的一个操作。在"格式"选项卡中单击"大小"组的"裁剪"按钮，弹出图 3-8 所示的列表。

选择"裁剪"选项，通过拖拉裁剪柄裁剪出想要的内容和尺寸，裁剪效果如图 3-9 所示。

图 3-8　"裁剪"列表　　　　　　　　　　图 3-9　"裁剪"效果

选择"裁剪为形状"选项，然后根据需要选择相应的形状，即可把图片裁剪成指定的形状。裁剪为"圆角矩形"、"椭圆"和"波形"的效果分别如图 3-10（a）、（b）、（c）所示。

（a）圆角矩形　　　　　　　　（b）椭圆　　　　　　　　（c）波形

图 3-10　"裁剪为形状"效果图

2．图片背景删除

图片背景删除功能是 PowerPoint 2010 中新增的功能之一，利用删除背景工具可以快速而精确地删除图片背景，无须在对象上进行精确描绘就可以智能地识别出需要删除的背景，使用起来非常方便。

例如，有一张图片的背景色与当前幻灯片的背景颜色不同，显得图片很突兀，此时需要删除该图片的背景，具体操作步骤如下：

① 选择需要删除背景的图片，如图 3-12（a）所示，单击"格式"选项卡"调整"组中的"删除背景"按钮，会出现图 3-11 所示的"背景消除"选项卡。

② 这时删除背景工具已自动进行了选择，如图 3-12（b）所示。洋红色部分为要删除的部分，原色部分为要保留的部分。如果要保留的部分没有被全部选中，可拖动控制柄让所有要保留的部分都包括在选择范围内，如图 3-12（c）所示。

图 3-11 "背景消除"选项卡

③ 可以看到图中有少量需要保留的部分（地球的白色部分）与背景色颜色相同，被错误地设置为洋红色，会与背景一起删除。这时可以单击"背景消除"选项卡"优化"组中的"标记要保留的区域"按钮，在地球的白色部分单击，添加保留标记（带圆圈的加号）以保留该区域。添加保留标记后的区域会变为原色，如图 3-12（d）所示。

④ 最后单击"背景消除"选项卡"关闭"组中的"保留更改"按钮完成背景删除。删除背景后的图片效果如图 3-12（e）所示。

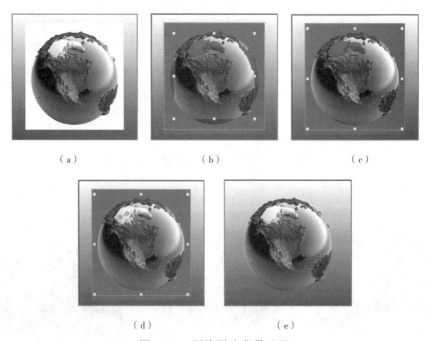

（a） （b） （c）

（d） （e）

图 3-12 删除图片背景过程

3. 图片给文字做背景

在许多情况下，在 PPT 中插入图片后，还需要在图片上加上一些文字说明。由于文字跟图片之间色彩的关系，可能会出现文字模糊或者不突出的情况，如图 3-13（a）所示。此时，可以右击文字的文本框，选择"设置形状格式"命令，再选择合适的填充颜色和透明度。通过文本框的背景颜色突出文字，效果如图 3-13（b）所示。

（a）文字不突出　　　　　　　　　　　　（b）利用文本框背景色突出文字

图 3-13　图片给文字做背景

4．为图片添加统一的边框

有时候为了统一风格，可以给 PPT 中的图片加上统一的边框，如图 3-14 所示。在 PowerPoint 2010 中，要给图片加上边框可以双击图片，在"格式"选项卡的"图片样式"组中选择合适的样式，或者单击"图片样式"组中的"图片边框"按钮对边框的粗细、颜色等进行设置。

图 3-14　图片统一加边框

另外，如果要调整图片的旋转角度，可以选定图片，在图片上方会出现一个绿色的小圆圈，这是用来控制旋转的控制点，拖动这个控制点就可以旋转选定的图片。

5．剪贴画的重新着色

利用 PowerPoint 制作演示文稿时，插入漂亮的剪贴画会为 PPT 增色不少，可并不是所有的剪贴画都符合设计者的要求，剪贴画的颜色搭配时常和幻灯片的颜色不协调，而且不加改变地使用微软自带的剪贴画会让人觉得不新鲜，产生视觉疲劳。如果对剪贴画进行重新着色，可以使剪贴画和幻灯片的色调一致，会让人有耳目一新的感觉。

给剪贴画重新着色，可以双击该剪贴画，在"格式"选项卡的"调整"组中单击"颜色"按钮，弹出图 3-15 所示的"重新着色"列表，选择合适的颜色对剪贴画进行重新着色即可。图 3-16 所示是对剪贴画选择了"灰度"进行重新着色以后的效果。

图 3-15　"重新着色"列表

图 3-16　剪贴画重新着色效果

6．使用 SmartArt 图形使文本变得生动

在 PPT 中使用图形比使用文本更加有利于受众记忆或理解相关的内容，但对于非专业人员来说，要创建具有设计师水准的图形是很困难的。PowerPoint 2010 提供的 SmartArt 功能可以很容易地创建出具有设计师水准的图形，使文本变得生动。

例如，把图 3-17 所示的幻灯片中的文本创建成图 3-18 所示的幻灯片中的 SmartArt 图形，具体操作步骤如下：

图 3-17　使用文本的幻灯片

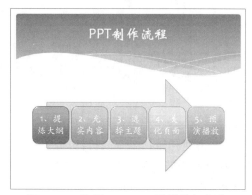

图 3-18　使用 SmartArt 图形的幻灯片

① 选择幻灯片中需要转换成 SmartArt 图形的文本，在文本上右击，选择"转换为SmartArt"命令或者在"开始"选项卡"段落"组中单击"转换为 SmartArt 图形"按钮，在图 3-19 所示的 SmartArt 图形列表中选择"连续块状流程"，效果如图 3-20 所示。

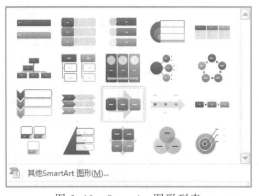

图 3-19　SmartArt 图形列表

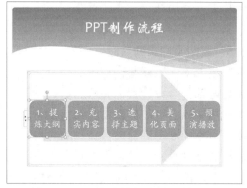

图 3-20　"连续块状流程"效果图

② 在图 3-21 所示的"设计"选项卡中，单击"SmarArt 样式"组中的"更改颜色"按钮，弹出图 3-22 所示的"更改颜色"列表，选择"彩色"组中的"彩色-强调文字颜色"，效果如图 3-23 所示。

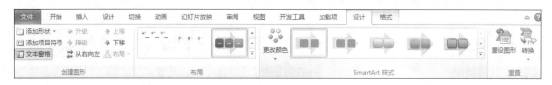

图 3-21　"SmartArt 工具设计"选项卡

③ 在"设计"选项卡的"SmartArt 样式"组中选择"文档的最佳匹配对象"中的"强调效果",使 SmartArt 图形具备三维的效果,如图 3-18 所示。也可以根据需要在"布局"组中更改布局的样式。

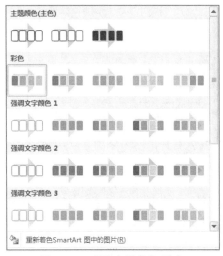

图 3-22　"更改颜色"列表

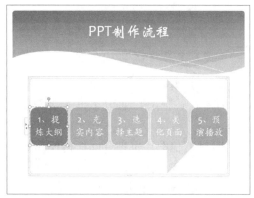

图 3-23　"彩色-强调文字颜色"效果

3.2.2　图片的巧妙切换

在用 PowerPoint 进行幻灯片设计时,常常需要这样的效果:单击小图片就可看到该图片的放大图,如图 3-24 所示。那么如何在 PowerPoint 中实现这种效果呢?

图 3-24　点小图,看大图

方法一:首先在主幻灯片中插入许多小图片,然后将每张小图片都与一张空白幻灯片相链接,最后在空白幻灯片中插入相应的放大图片。这样只须单击小图片就可看到相应的放大图片,如果单击放大图片还需返回主幻灯片,还应在放大图片上设置链接,链接回主幻灯片。

这种思路虽然比较简单,但操作起来很烦琐,而且完成后会发现设计出来的幻灯片结构混乱,很容易出错,尤其是不易修改,如果要更换图片,就得重新设置超链接。

方法二:通过在幻灯片中插入 PowerPoint 演示文稿对象实现,操作步骤如下:

① 建立一张新的幻灯片,单击"插入"选项卡"文本"组中的"对象"按钮,在"插入对象"对话框的"对象类型"列表框中选择"Microsoft PowerPoint 演示文稿",如图 3-25 所示,单击"确定"按钮。此时就会在当前幻灯片中插入一个"PowerPoint 演示文稿"的编辑区域,如图 3-26 所示。

图 3-25 "插入对象"对话框

图 3-26 插入"PowerPoint 演示文稿"对象

② 在此编辑区域中可以对插入的演示文稿对象进行编辑。在该演示文稿对象中插入所需的图片，把图片的大小设置为与幻灯片大小相同，退出编辑后，图片以缩小的方式显示。

③ 对其他图片也进行同样的操作。为了提高效率，也可以将这个插入的演示文稿对象进行复制，更改其中的图片，并排列它们之间的位置即可。

这样就实现了单击小图片，观看大图片的效果。其实，这里的小图片实际上是插入的演示文稿对象。单击小图片相当于对插入的演示文稿对象进行"演示观看"，而演示文稿对象在播放时就会自动全屏幕显示，所以看到的图片就好像被放大了一样，当单击放大图片时，插入的演示文稿对象实际上已被播放完了，会自动退出，也就返回到主幻灯片。

由此可见，在制作演示文稿时，可以利用插入 PowerPoint 演示文稿这一特殊手段来使整个演示文稿的结构更加清晰明。

3.2.3 电子相册的制作

制作电子相册的软件比较多，用 PowerPoint 也可以轻松地制作出专业级的电子相册。在 PowerPoint 2010 中，电子相册的具体制作过程如下：

① 新建一个空白演示文稿，在"插入"选项卡"图像"组中单击"相册"按钮。

② 弹出图 3-27 所示的"相册"对话框，可以选择从磁盘或是扫描仪、数码照相机这类的外围设备添加图片。

③ 选择插入的图片文件都会出现在"相册"对话框的"相册中的图片"列表框中，单击图片名称可在预览框中看到相应的效果。单击图片文件列表下方的"↑"、"↓"按钮可改变图片出现的先后顺序，单击"删除"按钮可删除被加入的图片文件。

④ 通过"预览"框下方提供的 6 个按钮，还可以旋转选中的图片，改变图片的对比度和亮度等。

⑤ 接下来是相册的版式设计。单击"图

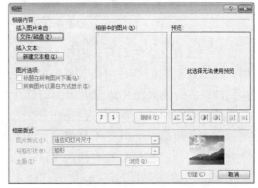

图 3-27 "相册"对话框

片版式"下拉列表，可以指定每张幻灯片中图片的数量和是否显示图片标题。单击"相框形状"下拉列表，可以为相册中的每一个图片指定相框的形状。单击"主题"文本框右侧的"浏览"按钮，可以为幻灯片指定一个合适的主题。

以上操作完成之后，单击对话框中的"创建"按钮，PowerPoint 就自动生成一个电子相册。如果需要进一步地对相册效果进行美化，还可以对幻灯片辅以一些文字说明，设置背景音乐、过渡效果和切换效果等。

3.3　PowerPoint 2010 中多媒体的应用

在用 PowerPoint 制作幻灯片时，使用恰当的声音、视频、Flash 动画等多媒体元素，可以使幻灯片更加具有感染力。本节将介绍在 PowerPoint 2010 中使用声音、视频和 Flash 动画的技巧。

3.3.1　声音的使用

恰到好处的声音可以使幻灯片具有更出色的表现力，在 PowerPoint 中可以向幻灯片中插入 CD 音乐、WAV、MID 和 MP3 文件以及录制旁白。

1. 连续播放声音

在某些场合，声音需要连续播放，如相册中的背景音乐，伴随着声音出现一幅幅图片，在幻灯片切换时需要声音保持连续。操作步骤如下：

① 把光标定位到要出现声音的第一张幻灯片，单击"插入"选项卡"媒体"组中的"音频"按钮，选择合适的声音文件插入幻灯片，幻灯片中出现图 3-28 所示的音频图标，在此可以预览音频播放效果，调整播放进度、音量大小等。

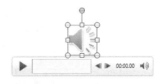

图 3-28　音频图标

② 确保选中刚刚插入的音频图标，在"音频工具"|"播放"选项卡"音频选项"组中选择"放映时隐藏"、"循环播放，直到停止"、"播完返回开头"复选框，在"开始"下拉列表中选择"跨幻灯片播放"，如图 3-29 所示。

图 3-29　"音频工具"|"播放"选项卡

③ 如果有需要，单击"音频工具"|"播放"选项卡"编辑"组中的"剪裁音频"按钮，在如图 3-30 所示的"剪裁音频"对话框中可以对音频进行剪裁。

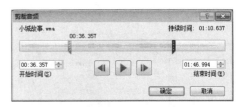

图 3-30　"剪裁音频"对话框

2. 在指定的几页幻灯片中连续播放声音

使用跨幻灯片播放声音的方式，能够使声音在切换幻灯片时保持连续，但是不能指定播放若干张幻灯片后停止播放。在一些特殊情况下，可能会想要声音在播放几张幻灯片后停止，其操作步骤如下：

① 把光标定位到要出现声音的第一张幻灯片，单击"插入"选项卡"媒体"组中的"音频"按钮，选择合适的声音文件插入幻灯片。

② 确保选中刚刚插入的音频图标，在"播放"选项卡的"音频选项"组中选择"放映时隐藏"、"循环播放，直到停止"、"播完返回开头"复选框，在"开始"下拉列表中选择"自动"。

③ 单击"动画"选项卡"高级动画"组中的"动画窗格"按钮，打开"动画窗格"任务窗格，单击该声音对象动画上的下拉列表，选择"效果选项"，如图 3-31 所示。

④ 弹出"播放音频"对话框，在"停止播放"组中设置在 4 张幻灯片后停止播放，如图 3-32 所示。这样，声音就会连续播放，播完 4 张幻灯片后停止播放。

图 3-31 "动画窗格"任务窗格

图 3-32 "播放音频"对话框

3．录制旁白

在 PowerPoint 中，可以为幻灯片放映录制旁白，对幻灯片进行解说配音，适用于某些需要重复放映幻灯片的场合。录制旁白的具体操作步骤如下：

① 在计算机上安装设置好麦克风。

② 单击"幻灯片放映"选项卡"设置"组中的"录制幻灯片演示"下拉按钮，选择"从当前幻灯片开始录制"，如图 3-33 所示。

③ 弹出图 3-34 所示的"录制幻灯片演示"对话框，选择"幻灯片和动画计时"和"旁白和激光笔"复选框，单击"开始录制"按钮，进入幻灯片放映状态，一边播放幻灯片一边对着麦克风讲解旁白。

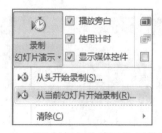

图 3-33 "录制幻灯片演示"下拉列表

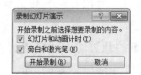

图 3-34 "录制幻灯片演示"对话框

④ 录制完毕后，在每张幻灯片的右下角会自动显示一个音频图标，可以在此试听每张幻灯片录制的效果。如果某张幻灯片不需要旁白，则可以将这张幻灯片中的音频图标删除。如果想删除所有幻灯片中的旁白，可以单击"幻灯片放映"选项卡"设置"组中的"录制幻灯片演示"下拉按钮，选择"清除"→"清除所有幻灯片中的旁白"选项。

3.3.2　视频的使用

可以在演示文稿中添加一些视频并进行相应的处理，从而使演示文稿变得更加美观。PowerPoint 2010 提供了超炫的视频处理功能，下面从以下几个方面介绍 PowerPoint 2010 中视频的使用方法。

1．插入视频

单击"插入"选项卡"媒体"组中的"视频"按钮，选择要插入幻灯片的视频文件，然后调整视频的大小，如图 3-35 所示。在 PowerPoint 2010 中，既可以在非放映状态下也可以在放映状态下控制视频的播放，进行播放进度、声音大小等调整。

为了进一步美观，可以对视频设置一些效果、形状。单击"格式"选项卡中的"视频形状"按钮，可以设置视频的外形，单击"格式"选项卡"调整"组中的"视频效果"按钮可以设置视频的效果。设置了"椭圆"形状和"半映像，4pt 偏移量"效果的视频播放效果如图 3-36 所示。

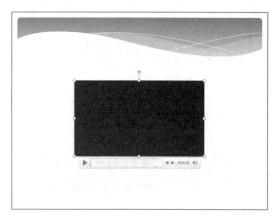

图 3-35　视频的默认形状和效果

图 3-36　设置了形状和效果的视频

2．为视频添加封面

当插入视频时，一般默认显示的是黑乎乎的屏幕，看起来十分不美观。为了使演示文稿更加专业，可以根据需要为插入到幻灯片的视频设计一个封面。视频的封面可以是事先制作的图片，也可以是当前视频中某一帧的画面。

若要把视频中某一帧的画面作为封面，可以先定位到该帧画面，然后单击"格式"选项卡中的"标牌框架"下拉按钮，在图 3-37 所示的"标牌框架"下拉列表中选择"当前框架"。这样，视频的封面就被设定为该帧画面，并在视频底下显示标牌框架已设定。

图 3-37　"标牌框架"下拉列表

若要恢复到以前的面貌，可以选择"重置"选项清除封面。

若要使用事先制作的图片作为封面，则可以选择"文件中的图像"，选择某一幅图片作为视频封面。

3．为视频添加书签

一个视频通常可以分为几个精彩片段，在演示文稿中观看视频时，可能会想要快速跳转到某个精彩片段。在 PowerPoint 2010 中，可以通过添加书签的功能轻松实现在视频中快速的跳转。

首先将鼠标定位到要跳转的位置，单击"播放"选项卡"书签"组中的"添加书签"按钮，便出现了黄色的书签圆点，可以根据需要添加多个书签，如图 3-38 所示。

在播放视频时，只需要单击书签就可以实现快速跳转。按快捷键【Alt+Home】可以快速定位到当前位置的前一个书签处开始播放，按快捷键【Alt+End】可以跳转到当前位置的下一个书签处开始播放。

如果想要删除书签，选择要删除的书签，单击"播放"选项卡"书签"组中的"删除书签"按钮即可。

4．剪辑视频

在 PowerPoint 2010 中，无需下载专业软件即可进行专业的视频剪辑。选中视频，单击"播放"选项卡"编辑"中的"剪裁视频"按钮，弹出图 3-39 所示的"剪裁视频"对话框，设置视频的开始和结束位置，单击"确定"按钮即可完成视频的剪辑。

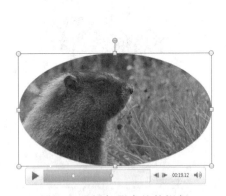

图 3-38　添加了书签的视频

图 3-39　"剪裁视频"对话框

3.3.3　Flash 动画

Flash 是 Macromedia 公司推出的一款功能强大的动画制作软件，可以制作出图文并茂、有声有色的 Flash 动画，在 PowerPoint 中插入 Flash 动画会使 PPT 增色。

1．直接插入 Flash 动画

在 PowerPoint 2010 中，可以直接插入格式为 SWF 的 Flash 动画。操作步骤如下：

① 单击"插入"选项卡"媒体"组中的"视频"按钮，在"插入视频文件"对话框中

把文件类型设为"Adobe Flash Media(*.swf)"，选择要插入的 Flash 动画文件，如图 3-40 所示。

② 单击"插入"按钮或者"插入"下拉按钮再选择"链接到文件"即可插入 swf 格式的 Flash 动画了。"插入"方式的好处是，Flash 动画保存在演示文稿文件中，当文件位置移动后，Flash 动画仍然可以播放，不存在链接丢失的现象，但演示文稿的体积相对较大。"链接到文件"方式的好处是，演示文稿的体积较小，但要注意 Flash 动画作为一个链接，要注意和演示文稿文件一起打包，避免链接丢失。

图 3-40　"插入视频文件"对话框

2．利用控件插入 Flash 动画

某些直接插入的 Flash 动画在 PowerPoint 2010 中播放会遇到问题，还可以利用"Shockwave Flash Object"控件插入 Flash 动画，具体操作步骤如下：

① 单击图 3-41 所示的"开发工具"选项卡"控件"组中的"其他控件"按钮。

图 3-41　"开发工具"选项卡

② 弹出图 3-42 所示的"其他控件"对话框，选择"Shockwave Flash Object"，在幻灯片上拖出一块合适大小的矩形区域，该区域就是 Flash 动画的播放窗口，如图 3-43 所示。

图 3-42　"其他控件"对话框

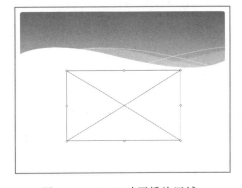

图 3-43　Flash 动画播放区域

③ 在该窗口上右击，从弹出的快捷菜单中选择"属性"命令，出现图 3-44 所示的"属性"设置面板，对以下属性进行设置：

● 在"Movie"属性中输入 Flash 动画的文件名。需要注意的是：插入的 Flash 动画必须

是 swf 格式，而且在插入之前先把演示文稿文件和 Flash 动画文件放在同一个文件夹中。

- "Playing" 属性：True 表示 Flash 自动播放，False 表示在播放第一帧后停止，需手动继续。
- "EmbedMovie" 属性：True 表示 Flash 动画文件完全嵌入 PPT，False 表示插入文件链接。

设置完毕后关闭"属性"面板返回，这样一个 Flash 动画就插入完成了。

图 3-44　"属性"设置面板

3.4　美化和修饰演示文稿

在用 PowerPoint 2010 制作演示文稿时，可以利用主题、幻灯片母版来统一幻灯片的风格，达到快速修饰演示文稿的目的。为了使幻灯片更加协调、美观，还可以对幻灯片进行一些美化和修饰，如背景设置等。

3.4.1　PowerPoint 主题

PowerPoint 主题是一组统一的设计元素，包括主题颜色、主题字体和主题效果等内容。利用设计主题，可以快速对演示文稿进行外观效果的设置。PowerPoint 2010 提供了一些内置主题供用户直接使用，用户也可以修改主题进一步满足自己的需求。

1. 主题的应用

一般情况下，一个演示文稿通常应用一个主题。可以在图 3-45 所示的"设计"选项卡"主题"组中单击合适的主题即可，也可以单击"主题"组中的"其他"按钮打开图 3-46 所示的主题库，这里有更多的主题供选择。在应用主题前可以看到实时预览，将指针停留在主题库的缩略图上，即可看到应用了该主题后的演示文稿效果。

图 3-45　"设计"选项卡

在一些特殊的情况下，演示文稿也可以包含两种或者更多的主题，具体的操作方法是：选中欲应用主题的幻灯片，右击"设计"选项卡"主题"组中合适的主题，在弹出的快捷菜单中选择"应用于选定幻灯片"命令即可。

在实际应用时，可以根据需要直接使用默认的主题，也可以在应用了某个主题后，再对"主题颜色"、"主题字体"和"主题效果"进行调整。如果希望长期应用，可以在图 3-46 所示的主题库中单击"保存当前主题"按钮把主题保存为自定义主题。

图 3-46　主题库

2．主题颜色

主题颜色包含了文本、背景、文字强调和超链接等颜色，修改主题颜色对演示文稿的更改效果非常明显。通过更改主题颜色可以很轻松地将演示文稿的色调从随意更改为正式或进行相反的更改。

单击"设计"选项卡"主题"组中的"颜色"按钮，可以打开图 3-47 所示的主题颜色库。主题颜色库显示了内置主题中的所有颜色组，单击其中的某个主题颜色即可更改演示文稿的整体配色。

若不想修改整个颜色文稿的配色，只想要修改部分幻灯片的颜色，可以先选中要设置颜色的幻灯片，然后单击"设计"选项卡"主题"组中的"颜色"按钮，右击主题颜色库中相应的主题颜色，在弹出的快捷菜单中选择"应用于选定幻灯片"命令。

若要创建自定义主题颜色，可以单击主题颜色库中的"新建主题颜色"按钮，弹出图 3-48 所示的"新建主题颜色"对话框，共有 12 种颜色槽可以设置。前 4 种颜色用于文本和背景，接下来的 6 种强调文字颜色，最后两种颜色用于超链接和已访问的超链接。

图 3-47　主题颜色库

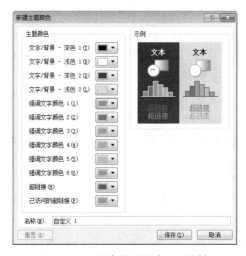

图 3-48　"新建主题颜色"对话框

3．主题字体

在幻灯片设计中，对整个文档使用一种字体始终是一种美观且安全的设计选择，当需要营造对比效果时，可以使用两种字体。在 PowerPoint 2010 中，每个内置主题均定义了两种字体：一种用于标题，另一种用于正文文本。两者可以是相同的字体，也可以是不同的字体。更改主题字体可以快速地对演示文稿中的所有标题和正文文本进行更新。

单击"设计"选项卡"主题"组中的"字体"按钮，可以打开图 3-49 所示的主题字体库。主题字体库显示了内置主题中的所有字体组，单击其中的某个主题字体即可更改演示文稿的所有标题和正文文本。

若要创建自定义主题字体，可以单击主题字体库中的"新建主题字体"按钮，弹出图 3-50 所示的"新建主题字体"对话框，设置好"标题字体"和"正文字体"之后单击"保存"按钮。

图 3-49　主题字体库　　　　　　　　图 3-50　"新建主题字体"对话框

4．主题效果

主题效果主要是设置幻灯片中图形线条和填充效果的组合，包含了多种常用的阴影和三维设置组合。主题效果可应用于图表、SmartArt 图形、形状、图片、表格、艺术字和文本。通过使用主题效果库，可以替换不同的效果以快速更改这些对象的外观。

用户不能创建自己的主题效果，但单击"设计"选项卡"主题"组中的"效果"按钮，可打开图 3-51 所示的主题效果库，然后选择要在自己的主题中使用的效果即可。

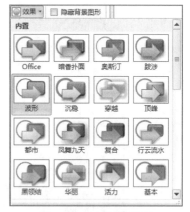

图 3-51　主题效果库

3.4.2　PowerPoint 母版

PowerPoint 的母版可以分成 3 类：幻灯片母版、讲义母版和备注母版。幻灯片母版是一种特殊的幻灯片，用于存储有关演示文稿的主题和幻灯片版式的信息，包括背景、颜色、字体、效果、占位符大小和位置等。讲义母版主要用于控制幻灯片以讲义形式打印的格式，备注母版主要用于设置备注幻灯片的格式。下面主要介绍幻灯片母版。

使用幻灯片母版的目的是使幻灯片具有一致的外观，用户可以对演示文稿中的每张幻灯片进行统一的样式更改。使用幻灯片母版时，由于无须在多张幻灯片上输入相同的信息，因此节省了时间。每个演示文稿至少包含一个幻灯片母版。

打开一个空白演示文稿，然后在"视图"选项卡"母版视图"组中单击"幻灯片母版"按钮，可以看到图 3-52 所示的幻灯片母版视图。这里显示了一个具有默认相关版式的空白幻灯片母版。在幻灯片缩略图窗格中，第一张较大的幻灯片图像是幻灯片母版，位于幻灯片母版下方的是相关版式的母版。

幻灯片母版能影响所有与它相关的版式母版，对于一些统一的内容、图片、背景和格式，可直接在幻灯片母版中设置，其他版式母版会自动与之一致。版式母版也可以单独控制配色、文字和格式等。

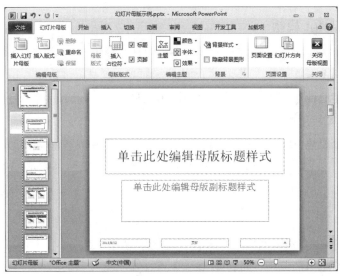

图 3-52　幻灯片母版视图

3.4.3　背景设置

在 PowerPoint 2010 中，可以为幻灯片设置不同的颜色、图案或者纹理等背景，不仅可以为单张或多张幻灯片设置背景，而且可对母版设置背景，从而快速改变演示文稿中所有幻灯片的背景。

改变幻灯片背景的具体操作步骤如下：

① 单击"设计"选项卡"背景"组中的"背景样式"按钮，在图 3-53 所示的"背景样式"列表中选择合适的背景样式，整个演示文稿的背景就设置好了。

② 若要对指定的幻灯片设置背景，可以先选中目标幻灯片，再单击"设计"选项卡"背景"组中的"背景样式"按钮，然后右击合适的背景样式，在弹出的快捷菜单中选择"应用于所选幻灯片"命令。

③ 若不想使用默认的背景样式，可以在"背景样式"列表中单击"设置背景格式"按钮，弹出图 3-54 所示的"设置背景格式"对话框，用户可以根据需要设置双色渐变、预设颜色、纹理、图案、图片等各种效果的背景。设置好需要的效果后，如果要将更改应用到当前选中的幻灯片，可单击"关闭"按钮。如果要将更改应用到所有的幻灯片，可单击"全部应用"按钮。

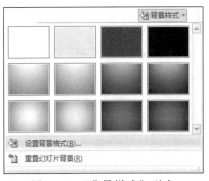

图 3-53　"背景样式"列表

图 3-54　"设置背景格式"对话框

3.4.4　PowerPoint 模板

模板是一种用来快速制作幻灯片的已有文件，其扩展名为".potx"，它可以包含演示文稿的版式、主题颜色、主题字体、主题效果和背景样式，甚至还可以包含内容。使用模板的好处是可以方便快速地创建一系列主题一致的演示文稿。

1．根据已有模板生成演示文稿

用户若想根据已有模板生成演示文稿，可以应用 PowerPoint 2010 的内置模板、自定义创建并保存到计算机中的模板、从 Office.com 或第三方网站下载的模板。具体的操作步骤如下：

① 单击"文件"按钮，在列表中单击"新建"按钮，打开图 3-55 所示的"新建演示文稿"任务窗格。

② 在"可用的模板和主题"下，可以选择以下操作：

- 若使用最近使用的模板，可以单击"最近打开的模板"。
- 若要使用 PowerPoint 2010 的内置模板，可以单击"样本模板"，再选择所需的模板。
- 若要使用自定义模板或者先前安装到本地驱动器上的模板，可以单击"我的模板"，再选择所需的模板。
- Office.com 上提供了数千个免费的 PowerPoint 模板，若想要使用这些模板，可以在"Office.com 模板"下单击模板类别，选择一个模板，然后单击"下载"按钮将该模板从 Office.com 下载到本地驱动器。

图 3-55　"新建"列表

2．创建自定义模板

在 PPT 制作过程中，直接应用微软提供的模板固然方便，但容易千篇一律，失去新意。一个自己设计，清新别致的模板更容易给受众留下深刻印象。具体的操作步骤如下：

① 打开现有的演示文稿或模板。

② 更改演示文稿或模板以符合需要。

③ 单击"文件"按钮，在弹出的列表中单击"另存为"命令。

④ 在"文件名"文本框中为设计模板输入名字。

⑤ 在"保存类型"下拉列表中，选择"PowerPoint 模板(*.potx)"类型。

演示文稿模板文件默认保存在"Microsoft\Templates"文件夹下。如果将模板文件保存在默认的文件夹下，新模板会出现在"新建演示文稿"任务窗格的"我的模板"中。如果改变了模板文件的保存位置，可以通过"打开"命令打开。

下面介绍一个创建用户自定义模板的例子。

① 首先准备好两张图片，一张用于"标题幻灯片"版式母版，如图 3-56 所示，一张用于幻灯片母版，如图 3-57 所示。打开 PowerPoint 2010 并新建一个空白的演示文稿文档。

　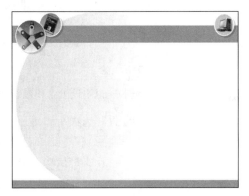

图 3-56　用于"标题幻灯片"版式母版的图片　　　图 3-57　用于幻灯片母版的图片

② 单击"视图"选项卡"母版视图"组中的"幻灯片母版"按钮，进入幻灯片母版视图。在幻灯片缩略图窗格中，右击第一张较大的幻灯片母版，在弹出的快捷菜单中选择"设置背景格式"命令，弹出"设置背景格式"对话框，选择用于幻灯片母版的图片作为背景，如图 3-58 所示。

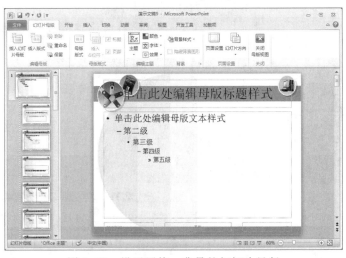

图 3-58　设置了统一背景的幻灯片母版

③ 右击"标题幻灯片"版式母版（幻灯片母版下的第一张），在弹出的快捷菜单中选择"设置背景格式"命令，弹出"设置背景格式"对话框，选择用于"标题幻灯片"版式母版的图片作为背景，如图 3-59 所示。

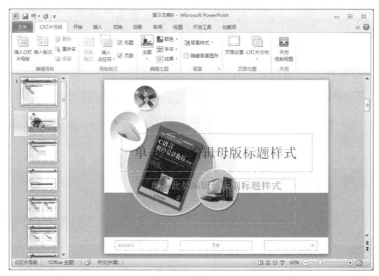

图 3-59　设置了单独背景的"标题幻灯片"版式母版

④ 单击"幻灯片母版"选项卡"编辑主题"组中的"字体"按钮，将主题字体设为"波形"，即标题字体为"华文新魏"，正文字体为"华文楷体"。

⑤ 在"标题幻灯片"版式母版中，调整占位符的大小和位置，把标题占位符的字体颜色设为"深蓝色"，把副标题占位符的字体颜色设为"白色"，取消选择"幻灯片母版"选项卡"母版版式"组中的"页脚"复选框。设置好后的"标题幻灯片"版式母版效果如图 3-60 所示。

⑥ 在"标题和内容"版式母版中，删除日期区和页脚区，调整占位符的大小和位置，把标题占位符和页码区的颜色设为"白色"，把正文占位符的颜色设为"深蓝色"。设置好后的"标题和内容"版式母版效果如图 3-61 所示。

图 3-60　设置好的"标题幻灯片"版式母版

图 3-61　设置好的"标题和内容"版式母版

⑦ 根据需要对其他版式的母版进行类似的设置。

⑧ 单击"幻灯片母版"选项卡中的"关闭母版视图"按钮。单击"文件"按钮，在弹出的列表中单击"保存"按钮，弹出"另存为"对话框，在"保存类型"下拉列表中选择"PowerPoint 模版(*.potx)"，"保存位置"采用默认，在"文件名"文本框中输入一个便于记忆的名字，单击"保存"按钮。

一个自定义模板就创建好了，新模板会出现在"新建演示文稿"任务窗格的"我的模板"中供用户使用。

3.5　动　画　设　置

制作演示文稿是为了有效地沟通。设计精美、赏心悦目的演示文稿，更能有效地表达精彩的内容。通过排版、配色、插图等方式进行演示文稿的装饰美化可以起到立竿见影的效果，而搭配上合适的动画可以有效增强 PPT 的动感与美感，为 PPT 的设计锦上添花。但动画的应用也不能太多，动画效果要符合 PPT 整体的风格和基调，不显突兀又恰到好处，否则容易分散受众的注意力。

3.5.1　设置动画效果

若要对文本或对象添加动画，一般的操作步骤如下：

① 在幻灯片中选中要设置动画的对象，在图 3-62 所示的"动画"选项卡的"动画"组中，从动画库中选择一个动画效果。

图 3-62　"动画"选项卡

② 若要更改文本或对象的动画方式，可以单击"动画"组中的"效果选项"按钮，再选择合适的效果。

③ 若要对同一个文本或对象添加多个动画，可以单击"高级动画"组中的"添加动画"按钮，再选择需要的动画效果。

④ 若要指定效果计时，可以使用"动画"选项卡"计时"组中的命令。

1．动画类型

在 PowerPoint 2010 的动画库中，共有 4 种类型的动画，分别是进入、强调、退出和动作路径。

- "进入"用于设置对象进入幻灯片时的动画效果。常见的进入效果如图 3-63 所示。
- "强调"用于已经在幻灯片上的对象为了强调而设置的动画效果。常见的强调效果如图 3-64 所示。

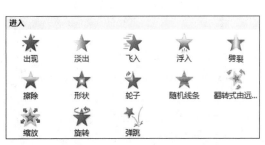

图 3-63　"进入"动画效果

图 3-64　"强调"动画效果

- "退出"用于设置对象离开幻灯片时的动画效果。常见的退出效果如图3-65所示。
- "动作路径"用于设置按照一定路线运动的动画效果。常见的动作路径效果如图3-66所示。

图3-65 "退出"动画效果

图3-66 "动作路径"动画效果

2．为动画添加声音效果

在幻灯片设计中，一般要尽量少用动画和声音，避免喧宾夺主。但在有的场合，适当地为动画配上声音也会取得不错的效果。要对动画添加声音效果，具体操作步骤如下：

① 单击"动画"选项卡"高级动画"组中的"动画窗格"按钮，打开"动画窗格"任务窗格，显示应用到幻灯片中文本或对象的动画效果的顺序、类型和持续时间。

② 单击要添加声音的动画效果右边的下拉按钮，选择"效果选项"，如图3-67所示。

③ 弹出相应的效果对话框，在图3-68所示的"效果"选项卡"声音"下拉列表中，选择合适的声音效果。单击"确定"按钮，幻灯片将播放加入了声音的动画预览。

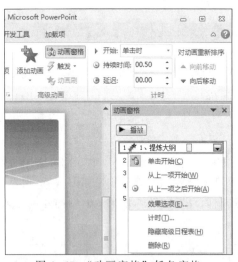

图3-67 "动画窗格"任务窗格

图3-68 "效果"选项卡

3．对动画重新排序

在图3-69所示的幻灯片上有多个动画效果，每个动画对象上显示了一个数字，表示对象的动画播放顺序。可以根据需要对动画进行重新排序，具体操作可以使用以下两种方式之一：

① 选中某个动画对象，单击"动画"选项卡"计时"组中"对动画重新排序"下的"向前移动"按钮或"向后移动"按钮。

② 在"动画窗格"任务窗格中，可以向上或向下拖动列表中的对象来更改顺序，也可以单击"重新排序"箭头。

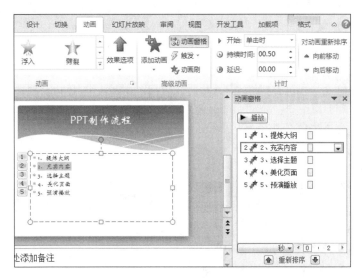

图 3-69　含有多个动画的幻灯片

4．动画刷

在演示文稿制作过程中，总会有很多对象需要设置相同的动画，实际操作中用户不得不大量重复相同的动画设置。PowerPoint 2010 提供了一个类似格式刷的工具，称为动画刷。利用动画刷可以轻松快速地复制动画效果，方便了对多个对象设置相同的动画效果。

动画刷的用法与格式刷类似，选择已设置了动画效果的某个对象，单击"动画"选项卡"高级动画"组中的"动画刷"按钮，然后单击要应用相同动画效果的某个对象，两者动画效果即完全相同。

单击"动画刷"只能复制一次动画效果，若想多次应用"动画刷"，可以双击"动画刷"按钮，再次单击"动画刷"或者按【Esc】键可取消动画刷的选择。

3.5.2　动画实例

1．滚动字幕

在 PowerPoint 2010 中制作一个从右向左循环滚动的字幕的具体步骤如下：

① 在幻灯片中插入一个文本框，在文本框中输入文字，如"滚动的字幕"，设置好字体、格式等。把文本框对象拖到幻灯片的最左边，并使得最后一个字刚好拖出。

② 在"动画"选项卡中，进入动画效果选择"飞入"，效果选项选择"自右侧"，"开始"选择"上一动画之后"，持续时间设为 10.00。

③ 单击"动画"选项卡中的"动画窗格"按钮，在"动画窗格"任务窗格中单击文本框动画效果右边的下拉按钮，选择"效果选项"，如图 3-70 所示。

④ 弹出对应效果的对话框在"计时"选项卡中把"重复"设为"直到下一次单击"，如图 3-71 所示。单击"确定"按钮，一个从右向左循环滚动的字幕就完成了。

图 3-70 "动画窗格"任务窗格

图 3-71 "计时"选项卡

2．动态图表

在幻灯片中要把表 3-1 所示的销售额比较表的数据以动态三维簇状柱形图的方式呈现，具体操作步骤如下：

① 单击"插入"选项卡"插图"组中的"图表"按钮，在图 3-72 所示的"插入图表"对话框中选择"三维簇状柱形图"，单击"确定"按钮。

② 把表 3-1 的数据输入相应的数据表中，退出数据编辑状态，生成三维簇状柱形图。

③ 在"动画"选项卡中，进入动画效果选择"擦除"，效果选项选择"自底部"和"按系列中的元素"，"开始"选择"上一动画之后"。

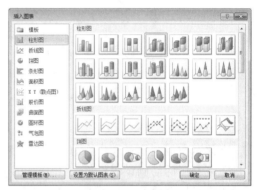

图 3-72 "插入图表"对话框

表 3-1 销售额比较表

姓　　名	张　　三	李　　四	王　　五
第一季度	20.4	30.6	45.9
第二季度	27.4	38.6	46.9
第三季度	30	34.6	45
第四季度	20.4	31.6	43.9

这样一个动态的图表设置就完成了，各数据柱形将以自底部擦除的形式逐步显现，效果如图 3-73 所示。

在图 3-74 所示的"动画窗格"中可以看到各个动画对象，如果想要三维簇状柱形图的背景不使用动画效果，删除背景的动画效果即可。也可以根据需要对各个对象设置不同的动画效果。

3．跳动的小球

要实现单击"开始跳动"按钮，让小球实现跳动的效果，操作步骤如下：

① 在一张空白幻灯片中，单击"插入"选项卡"插图"组中的"形状"按钮，在"形状"下拉列表中选择"动作按钮：自定义"，在幻灯片右下角拉出一个动作按钮，弹出"动作设置"对话框，设置"无动作"。右击该动作按钮，选择"编辑文字"命令，输入"开始跳动"，按钮制作完成。

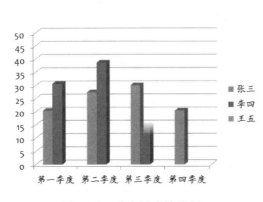

图 3-73　动态图表效果图　　　　　图 3-74　"动画窗格"任务窗格

② 单击"插入"选项卡"插图"组中的"形状"按钮，在"形状"下拉列表中选择"椭圆"，按住【Shift】键，绘制出圆形小球。

③ 选中小球对象，在"动画"选项卡的动画组中中，将动作路径设为"自定义路径"，在"效果选项"下拉列表中选择"曲线"，绘制出小球的运动路线，如图 3-75 所示。

④ 单击"动画"选项卡"高级动画"组中的"触发"按钮，在下拉列表中选择"单击"→"动作按钮：自定义 1"选项。

跳动的小球动画制作完成，播放时单击"开始跳动"按钮可以触发小球的动画。如果想要对该动画进行进一步设置，譬如要求小球重复跳动 3 次，可以在"动画窗格"任务窗格中单击椭圆动画效果右边的下拉按钮，选择"效果选项"，弹出图 3-76 所示的对话框，在"计时"选项卡中把重复次数设为 3。

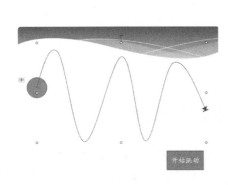

图 3-75　小球的运动路线　　　　　图 3-76　"计时"选项卡

4．生字书写笔顺

在小学语文教学当中，常常需要向学生演示生字书写笔顺。要求在幻灯片中演示"中"的书写笔顺，具体操作步骤如下：

① 单击"插入"选项卡"文本"组中的"艺术字"按钮，选择第一种艺术字样式，输入"中"字，字体设为"楷体"，利用"增大字号"按钮调整字体大小。

② 选中整个艺术字对象，右击，选择"剪切"命令。在"开始"选项卡"剪贴板"组中的"粘贴"下拉列表中选择"选择性粘贴"，弹出"选择性粘贴"对话框，选定"图片（Windows元文件）"选项，如图 3-77 所示，单击"确定"按钮。

③ 选中该图片，在"格式"选项卡"调整"组中，在"颜色"下拉列表中选择"设置透明色"，鼠标成笔状，单击文字有颜色的地方，得到"中"字的空心透明效果，如图 3-78 所示。

④ 单击"插入"选项卡"插图"组中的"形状"按钮，在"形状"下拉列表中选择"曲线"，然后按笔画先后画出每一个笔画的轮廓，为每个笔画设置线条和填充的颜色。注意："中"的第 2 笔是折，为了取得更好的效果可以把它分成横和竖 2 个笔画。各个笔画的最终效果如图 3-79 所示。

图 3-77 "选择性粘贴"对话框

图 3-78 "中"字的空心透明效果

⑤ 将所有笔画放在空心透明的"中"字上，选中第一笔，在"动画"选项卡"动画"组中，进入动画效果选择"擦除"，效果选项选择"自顶部"。

⑥ 接着选第二笔，动画效果选择"擦除"，效果选项选择"自左侧"。对后续的笔画进行类似的操作。全部完成后的动画效果如图 3-80 所示。

图 3-79 勾画出的各个分解笔画

图 3-80 书写中的"中"字

3.6 演示文稿的放映与输出

一个演示文稿创建后，可以根据演示文稿的用途、放映环境或受众需求选择不同的放映方式和输出形式。本节将介绍演示文稿的放映和输出方面的知识和技巧。

3.6.1 演示文稿的放映

在不同的场合，不同的需求下，演示文稿需要有不同的放映方式，PowerPoint 2010 为用户提供了多种幻灯片放映方式。

1．手动放映

手动放映是最为常用的一种放映方式。在放映过程中幻灯片全屏显示，采用人工的方式控制幻灯片。下面是手动放映时经常要用到的一些技巧。

（1）在幻灯片放映时的一些常用快捷键

- 切换到下一张幻灯片可以用：单击左键、【→】键、【↓】键、【Space】键、【Enter】键、【N】键。
- 切换到上一张幻灯片可以用：【←】键、【↑】键、【Backspace】键、【P】键。
- 到达第一张/最后一张幻灯片：【Home】键/【End】键。
- 直接跳转到某张幻灯片：输入数字按【Enter】键。
- 演示休息时白屏/黑屏：【W】键/【B】键。
- 使用绘图笔指针：【Ctrl+P】组合键。
- 清除屏幕上的图画：【E】键。
- 调出 PowerPoint 放映帮助信息：【Shift+?】组合键。

（2）绘图笔的使用

在幻灯片播放过程中，有时需要对幻灯片画线注解，可以利用绘图笔来实现。具体操作如下：

在播放幻灯片时右击，在弹出的快捷菜单中选择"指针选项"命令，再选择"笔"，如图 3-81 所示，就能在幻灯片上画图或写字了。要擦除屏幕上的痕迹，按【E】键即可。

（3）隐藏幻灯片

如果演示文稿中有某些幻灯片不必放映，但又不想删除它们，以备后用时，可以隐藏这些幻灯片。

具体操作如下：选中目标幻灯片，单击"幻灯片放映"选项卡中的"隐藏幻灯片"按钮即可。

幻灯片被隐藏后，在放映幻灯片时就不会被放映

图 3-81　绘图笔

了。要取消隐藏，单击"幻灯片放映"选项卡中的"隐藏幻灯片"按钮。

2．自动放映

自动放映一般用于展台浏览等场合，此放映方式自动放映演示文稿，不需要人工控制，大多数采用自动循环放映。自动放映也可以用于演讲场合，随着幻灯片的放映，同时讲解幻灯片中的内容。这种情况下，必须设置"排练计时"，排练放映时自动记录每张幻灯片的使用时间。

"排练计时"的设置方法如下：

单击"幻灯片放映"选项卡"设置"组中的"排练计时"按钮，此时开始排练放映幻灯片，同时开始计时。在屏幕上除显示幻灯片外，还有一个"预演"工具栏，如图 3-82 所示，显示有时钟，记录当前幻灯片的放映时间。当幻灯片放映结束，准备放映下一张幻灯片时，单击带有箭头的换页按钮，即开始记录下一张幻灯片的放映时间。如果认为该时间不合适，可以单击"重复"按钮，对当前幻灯片重新计时。放映到最后一张幻灯片时，屏幕上会显示一个确认的提示框，如图 3-83 所示，询问是否接受已确定的排练时间。

图 3-82 "预演"工具栏　　　　　　　　图 3-83 确认排练计时提示框

幻灯片的放映时间设置好以后，就可以按设置的时间进行自动放映。

3．自定义放映

自定义放映可以称作演示文稿中的演示文稿，可以对现有演示文稿中的幻灯片进行分组，以便给特定的受众放映演示文稿的特定部分。

创建自定义放映的操作步骤如下：

① 单击"幻灯片放映"选项卡"开始放映幻灯片"组中的"自定义幻灯片放映"按钮，在下拉列表中选择"自定义放映"，弹出"自定义放映"对话框，如图 3-84 所示。

② 单击"新建"按钮，弹出"定义自定义放映"对话框，如图 3-85 所示。在该对话框的左边列出了演示文稿中所有幻灯片的标题或序号。

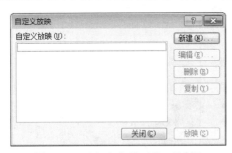

图 3-84 "自定义放映"对话框　　　　图 3-85 "定义自定义放映"对话框

③ 选择要添加到自定义放映的幻灯片后，单击"添加"按钮，这时选定的幻灯片就出现在右边框中。当右边列表框中出现多个幻灯片标题时，可通过右侧的上、下箭头调整顺序。

④ 如果右边框列表中有不想要的幻灯片，选中幻灯片后，单击"删除"按钮即从自定义放映幻灯片中删除，但它仍然在演示文稿中。幻灯片选取并调整完毕后，在"幻灯片放映名称"文本框中输入名称，单击"确定"按钮，返回"自定义放映"对话框

⑤ 在"自定义放映"对话框中，选择相应的自定义放映名称，单击"放映"按钮即可实现自定义的放映。

⑥ 如果要添加或删除自定义放映中的幻灯片，单击"编辑"按钮，重新进入"设置自定义放映"对话框，利用"添加"或"删除"按钮进行调整。如果要删除整个自定义的幻灯片放映，可以在"自定义放映"对话框中选择其中要删除的自定义放映名称，然后单击"删除"按钮，自定义放映即被删除，但原来的演示文稿仍存在。

4．交互式放映

放映幻灯片时，默认顺序是按照幻灯片的次序进行播放。可以通过设置超链接和动作按钮来改变幻灯片的播放次序，从而提高演示文稿的交互性，实现交互式放映。

（1）超链接

可以在演示文稿中添加超链接，然后利用它跳转到不同的位置。例如，跳转到演示文稿的某一张幻灯片、其他文件、Internet 上的 Web 页等。

插入超链接的步骤如下：

选择要创建超链接的对象，可以是文本或者图片。单击"插入"选项卡"链接"组中的"超链接"按钮，弹出"插入超链接"对话框，如图 3-86 所示。

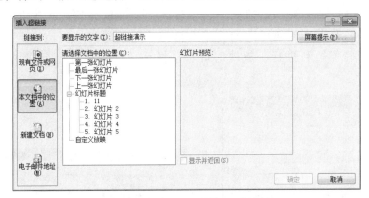

图 3-86　"插入超链接"对话框

根据需要，用户可以在此建立以下几种超链接：

① 链接到其他演示文稿、文件或 Web 页。

② 本文档中的其他位置。

③ 新建文档。

④ 电子邮件地址。

超链接创建好之后，在该超链接上右击，可以根据需要进行编辑超链接或者取消超链接等操作。

（2）动作按钮

动作按钮是一种现成的按钮，可将其插入到演示文稿中，也可以为其定义超链接。动作按钮包含形状（如右箭头和左箭头）以及通常被理解为用于转到下一张、上一张、第一张和最后一张幻灯片和用于播放影片或声音的符号。动作按钮通常用于自运行演示文稿，例如，在人流密集区域的触摸屏上自动连续播放演示文稿。

插入动作按钮的操作步骤如下：

单击"插入"选项卡"插图"组中的"形状"按钮，在下拉列表中的"动作按钮"区域选择需要的动作按钮，在幻灯片的合适位置拖出大小合适的动作按钮。然后在图 3-87 所示的"动作设置"对话框中进行相应的设置。

5．放映方式

设置幻灯片放映方式的操作步骤如下：

单击"幻灯片放映"选项卡"设置"组中的"设置幻灯片放映"按钮，弹出"设置放映方式"对话框，如图 3-88 所示。

在"设置放映方式"对话框中，可以进行以下设置：

（1）设置幻灯片的放映类型

- 演讲者放映：此方式是最为常用的一种放映方式。在放映过程中幻灯片全屏显示，演讲者自动控制放映全过程，可采用自动或人工方式控制幻灯片，同时还可以暂停幻灯片放映、添加记录、录制旁白等。

- 受众自行浏览：此放映方式适用于小规模的演示，幻灯片显示在小窗口内。该窗口提供相应的操作命令，允许移动、复制、编辑和打印幻灯片。通过该窗口上的滚动条，可以从一张幻灯片移到另一张幻灯片，同时打开其他程序。
- 展台浏览：这种方式一般适用于大型放映，如展览会场等，此方式自动放映演示文稿，不需专人管理便可达到交流的目的。用此方式放映前，要事先设置好放映参数，以确保顺利进行。放映时可自动循环放映，鼠标不起作用，按【Esc】键终止放映。

图 3-87 "动作设置"对话框

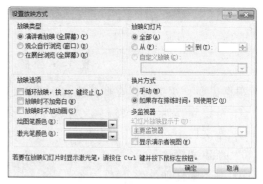

图 3-88 "设置放映方式"对话框

（2）设置幻灯片的放映选项

- 如果选择"循环放映，按 Esc 键终止"复选框，则循环放映演示文稿。当放映完最后一张幻灯片后，再次切换到第一张幻灯片继续进行放映，若要退出放映，可按【Esc】键。如果选择"在展台浏览（全屏幕）"单选按钮，则自动选择该复选框。
- 如果选择"放映时不加旁白"复选框，则在放映幻灯片时，将隐藏伴随幻灯片的旁白，但并不删除旁白。
- 如果选择"放映时不加动画"复选框，则在放映幻灯片时，将隐藏幻灯片上的对象所加的动画效果，但并不删除动画效果。

（3）设置幻灯片的放映范围

- 在放映"幻灯片"区域中，如果选择"全部"单选按钮，则放映整个演示文稿。
- 如果选放映"从"单选按钮，则可以在"从"数值框中指定放映的开始幻灯片编号，在"到"数值框中，指定放映的最后一张幻灯片编号。
- 如果要自定义放映，则可以选择"自定义放映"单选按钮，然后在下拉列表框中选择自定义放映的名称。

（4）设置幻灯片的换片方式

- 需要手动放映时，选择"手动"单选按钮。
- 需要自动放映时，在进行过"计时排练"的基础上选择"如果存在排练时间，则使用它"单选按钮。

6．幻灯片切换

幻灯片切换效果是指在幻灯片放映过程中，当一张幻灯片转到下一张幻灯片上时所出现的特殊效果。为演示文稿中的幻灯片增加切换效果后，可以使演示文稿放映过程中的幻灯片之间的过渡衔接更加自然、流畅。

PowerPoint 2010 提供了很多超炫的幻灯片切换效果。选中一个或多个要添加切换效果的幻灯片，在图 3-89 所示的"切换"选项卡中进行以下设置：

① 选择合适的切换方式及切换效果。

② 设置幻灯片的切换速度和声音。

③ 在"换片方式"区域可选择幻灯片的换页方式。

④ 如果要将幻灯片切换效果应用到所有幻灯片上则单击"全部应用"按钮。

图 3-89　"切换"选项卡

3.6.2　演示文稿的输出

演示文稿制作完成以后，PowerPoint 2010 提供了多种输出方式，可以将演示文稿打包成CD、转换为视频、在 Internet 上广播幻灯片等。

1．将演示文稿打包成 CD

为了便于在未安装 PowerPoint 的计算机上播放，需要把演示文稿打包输出，包括所有链接的文档和多媒体文件，以及 PowerPoint 播放机程序。PowerPoint 2010 提供了把演示文稿打包成 CD 的动能，可打包演示文稿、链接文件和播放支持文件等，并能从 CD 自动运行演示文稿。具体操作步骤如下：

① 打开要打包的演示文稿，将空白的可写入 CD 插入到刻录机的 CD 驱动器中。

② 在"文件"列表中单击"保存并发送"按钮，再单击"将演示文稿打包成 CD"下的"打包成 CD"按钮，弹出图 3-90 所示的"打包成 CD"对话框。

③ 在"将 CD 命名为"文本框中，为 CD 输入名称。

④ 若要添加其他演示文稿或其他不能自动包括的文件，可以单击"添加"按钮。默认情况下，演示文稿被设置为按照"要复制的文件"列表框中排列的顺序进行自动运行，若要更改播放顺序，请选择一个演示文稿，然后单击向上按钮或向下按钮，将其移动到列表中的新位置；若要删除演示文稿，选中后单击"删除"按钮。

⑤ 若要更改默认设置，可以单击"选项"按钮，弹出图 3-91 所示的"选项"对话框，然后执行下列操作之一：

- 若要包含链接的文件，可以选择"链接的文件"复选框。
- 若要包括 TrueType 字体，可以选择"嵌入的 TrueType 字体"复选框。
- 若在打开或编辑打包的演示文稿时需要密码，可以在"增强安全性和隐私保护"区域中设置要使用的密码。

图 3-90　"打包成 CD"对话框

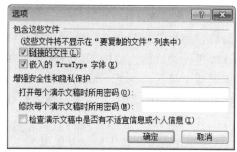
图 3-91　"选项"对话框

⑥ 在"打包成 CD"对话框中，单击"复制到 CD"按钮。

⑦ 如果计算机上未安装刻录机，可使用以上方法将一个或多个演示文稿打包到计算机或某个网络位置上的文件夹中，而不是在 CD 上。在"打包成 CD"对话框中，单击"复制到文件夹"按钮，弹出"复制到文件夹"对话框，然后提供相应的文件夹信息，单击"确定"按钮即可。

2．将演示文稿转换为视频

在 PowerPoint 2010 中，可以把演示文稿保存为 Windows Media 视频（.wmv）文件，这样可以确保演示文稿中的动画、旁白和多媒体内容可以顺畅播放，即使观看者的计算机没有安装 PowerPoint，也能观看。

在将演示文稿录制为视频时，可以在视频中录制语音旁白和激光笔运动轨迹，也可以控制多媒体文件的大小以及视频的质量，还可以在视频中包括动画和切换效果。即使演示文稿中包含嵌入的视频，该视频也可以正常播放，而无须加以控制。

根据演示文稿的内容，创建视频可能需要一些时间。创建冗长的演示文稿和具有动画、切换效果和多媒体内容的演示文稿，可能会花费更长的时间。

将演示文稿转换为视频的操作步骤如下：

① 打开欲转换为视频的演示文稿，单击"文件"按钮，再单击列表中的"保存并发送"按钮，然后单击"创建视频"按钮，如图 3-92 所示。

图 3-92　"保存并发送"列表

② 在"计算机和 HD 显示"下拉列表中有 3 种质量的视频供选择。若要创建高质量的视频（文件会比较大），可以选择"计算机和 HD 显示"；若要创建具有中等文件大小和中等质量的视频，可以选择"Internet 和 DVD"；若要创建文件最小的视频（质量低），可以选择"便携式设备"。

③ 在"不要使用录制的计时和旁白"下拉列表中可以根据需要选择是否使用录制的计时和旁白。

④ 每张幻灯片的放映时间默认设置为 5 s，可以根据需要调整。

⑤ 单击"创建视频"按钮，弹出"另存为"对话框，设置好文件名和保存位置，然后单击"保存"按钮。创建视频可能会需要几个小时，具体取决于视频长度和演示文稿的复杂程度。

3. 广播幻灯片

广播幻灯片是 PowerPoint 2010 提供的一个新功能，允许演示者远程放映幻灯片，而观看者只需要通过 Web 浏览器即可观看与演示者同步放映的幻灯片。

广播幻灯片需要 PowerPoint 广播服务的支持，此服务仅适用于拥有 Windows Live ID 的人员。因此，要使用广播幻灯片功能，必须有一个 Windows Live ID。

广播幻灯片的操作步骤如下：

① 单击"幻灯片放映"选项卡"开始放映幻灯片"组中的"广播幻灯片"按钮。弹出"广播放映幻灯片"对话框。

② 选择广播服务后，单击"启动广播"按钮。输入 Windows Live ID 之后，PowerPoint 会为用户的演示文稿创建一个 URL。

③ 把该演示文稿的 URL 发送给访问群体，在访问群体收到 URL 后，单击"开始放映幻灯片"以开始广播。

④ 演示完毕结束广播时，可以按【Esc】键退出幻灯片放映视图，然后单击"结束广播"按钮。

需要注意的是，广播幻灯片功能还有一些限制，观看者在浏览器中听不到幻灯片中的声音、旁白，看不到幻灯片中播放的视频，也看不到演示者的墨迹等。

第 4 章　Outlook 2010 高级应用

Office Outlook 2010 是 Microsoft office 套装软件的组件之一，为广大的 Office 用户提供了高级商业和电子邮件管理工具。Outlook 功能非常强大，可以用来收发电子邮件、管理联系人信息、记日记、安排日程、分配任务。使用该软件可以花更少的时间处理邮件通信、议程安排，高效地管理每一天。本章将通过实例介绍，让用户熟悉软件功能，掌握基本用法，并根据实际需要，将 Outlook 2010 灵活应用于日常事务管理中。

4.1　配 置 账 户

Outlook 2010 不是电子邮箱的提供者，它是 Windows 操作系统的一个收、发、写、管理电子邮件的自带软件，即电子邮件的管理工具。通常在某个网站注册了自己的电子邮箱后，须登入该网站，进入电邮网页，输入账户名和密码，然后进行电子邮件的收、发、写操作。若有多个邮箱，要逐一打开，需多次重复上述操作，很浪费时间、精力，高效的 Outlook 2010 工具则轻轻松松解决了这个问题。

特别要注意在打开 Outlook 2010 前，请先到自己的 Internet 邮箱中开启相应的 POP3 功能，才可以进行收信。在登录邮箱后都有一个邮箱设置，里面就有 POP3 选项，选择开启或启用即可，如图 4-1 所示。

图 4-1　以网易邮箱为例开启 POP3、
SMTP、IMAP 服务

4.1.1　账户类型

1. POP3 账户

POP3 是 Post Office Protocol 3 的简称，即邮局协议的第 3 个版本，它规定如何将个人计算机连接到 Internet 的邮件服务器和下载电子邮件的电子协议。POP3 允许用户从服务器上把一邮件存储到本地主机（即自己的计算机）上，同时删除保存在邮件服务器上的邮件，而 POP3 服务器则是遵循 POP3 协议的接收邮件服务器，用来接收电子邮件的。

2. SMTP 账户

SMTP 的全称是 Simple Mail Transfer Protocal，即简单邮件传输协议。它是一组用于从源地址到目的地址传输邮件的规范，通过它来控制邮件的中转方式。SMTP 服务器就是遵循 SMTP 协议的发送邮件服务器。

3．IMAP 账户

IMAP 的全称是 Internet Mail Access Protocal，即交互式邮件存取协议，它是跟 POP3 类似邮件访问标准协议之一。不同的是，开启了 IMAP 后，用户在电子邮件客户端收取的邮件仍然保留在服务器上，同时在客户端上的操作都会反馈到服务器上。如删除邮件、标记已读等，服务器上的邮件也会作相应动作。所以无论从浏览器登录邮箱或者客户端软件登录邮箱，看到的邮件以及状态都是一致的。

IMAP 与 POP3 有什么区别？POP3 协议允许电子邮件客户端下载服务器上的邮件，但是在客户端的操作（如移动邮件、标记邮件等），不会反馈到服务器上。而 IMAP 提供 Webmail 与电子邮件客户端之间的双向通信，客户端的操作都会反馈到服务器上，对邮件进行的操作，服务器上的邮件也会作相应的动作。

本章重点讨论 POP3 工作方式。

4.1.2　配置账户

1．自动配置账户

首次启动 Outlook 2010 会出现配置账户向导，如图 4-2 所示。每一个账号对应一个邮箱，用户必须注册邮件账号才能发送、接收邮件。设置的内容是用户注册的网站电子邮箱服务器及本人的账户名和密码等信息。操作步骤如下：

① 启动 Outlook 2010，弹出"添加新账户"对话框，选择"电子邮件账户"单选按钮，单击"下一步"按钮，进入"自动账户设置"界面。

② 单击"电子邮件账户"单选按钮，输入"您的姓名"、"电子邮件地址"、"密码"、"重复键入密码"等内容，单击"下一步"按钮，如图 4-3 所示。

图 4-2　首次进入 Outlook 2010 自动账号设置

图 4-3　"自动账号设置"界面

③ 自动配置账户时，系统将显示进程状态，如图 4-4（a）所示，配置过程需要一定的时间。成功后出现图 4-4（b）所示的界面。

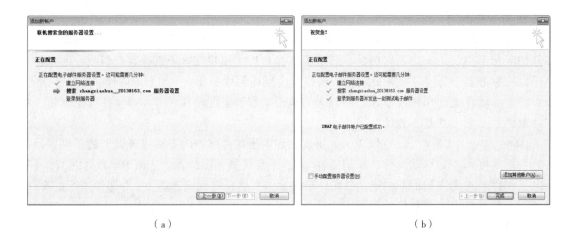

（a） （b）

图 4-4 自动配置邮件服务器过程

2. 手动配置账户

若自动配置不成功，或再需要添加新账户，可以选择手动配置账户。操作步骤如下：

① 单击"文件"按钮，在列表中单击"信息"→"添加新账户"按钮，弹出图 4-5（a）所示的对话框，选择"手动配置服务器设置或其他服务器类型"单选按钮，单击"下一步"按钮，进入设置界面。

② 在"用户信息"区域中输入姓名、电子邮件地址、服务器名等信息后，若选择"记住密码"复选框，则每次收发邮件时无需输入密码，如图 4-5（b）所示。

（a） （b）

图 4-5 手动新账户服务器配置初始界面

③ 在图 4-5（b）中，单击"其他设置"按钮，弹出"Internet 电子邮件设置"对话框。选择"发送服务器"选项卡，选择"使用与接收邮件服务器相同的设置"单选按钮，要求发送服务器（SMTP）验证，如图 4-6（a）所示。

④ 在"高级"选项卡中针对 POP3 选择"在服务器上保留邮件副本"复选框，这样即使客户端上删除了邮件，也不会影响服务器上的副本，如图 4-6（b）所示。

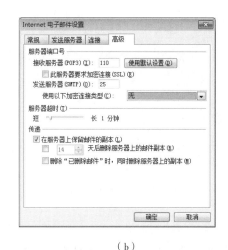

（a） （b）

图 4-6 Internet 电子邮件设置

⑤ 在图 4-6（b）对话框中单击"确定"按钮后，重新回到图 4-5（b）界面，单击"测试账户设置…"按钮，弹出"测试账户设置"对话框，如图 4-7（a）所示。单击"关闭"按钮，弹出测试成功的界面，如图 4-7（b）所示。单击"完成"按钮，即成功设置新账户。

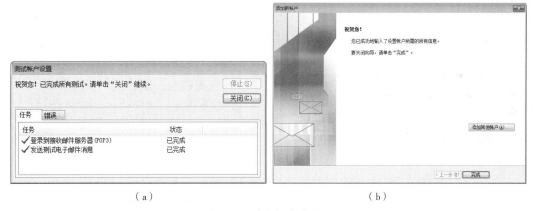

（a） （b）

图 4-7 测试新账户设置

4.1.3 Outlook 2010 数据文件

Outlook 2010 数据文件(.pst)是用户通过客户端接收往来邮件的数据库。它保存了用户当前计算机中的所有邮件信息，POP3、IMAP 账户类型都使用.pst 文件。首次运行 Outlook 2010，系统自动创建一个默认的 Outlook 数据文件,Outlook 也可以为用户创建独立的账户数据文件。若信息量不大，可以选择将所有账户的电子邮件保存在一个数据文件中，也可以为每个账户指定一个唯一的数据文件。保存通常数据文件在 "C:\Users\Administrator\Documents\Outlook 文件"目录中。

打开"控制面板"窗口，双击"用户账号与安全"→"邮件"选项，弹出"邮件设置-Outlook"对话框，如图 4-8（a）所示。单击"数据文件…"按钮，可以改变存储的位置，保护它的安全，如图 4-8（b）所示。一旦 C 盘重装，不会丢失数据文件。

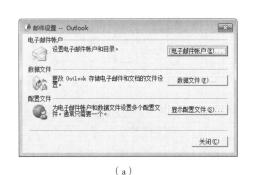 

（a） （b）

图 4-8 通过控制面板设置 Outlook 2010 数据文件属性

例如，某机器上有多个邮件账户，单击"文件"按钮，在列表中单击"信息"→"账户设置"命令，弹出对话框，数据文件如图 4-9 所示，其中只有一个默认账户。

在图 4-9 中选定某个账号的数据文件，单击"设置（s）"按钮，可以对数据文件进行属性设置，包括名称、密码（须重新启动，设置有效）等，如图 4-10 所示。

 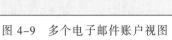 

图 4-9 多个电子邮件账户视图 图 4-10 默认邮件账户数据文件及属性设置

1. 自动存档功能

经过一段时间的多账户邮件发送、接收，数据文件变得越来越大，Outlook 运行缓慢，容易出现运行错误，一旦发生问题将丢失邮件信息。为了克服这个困难，用户可以利用 Outlook 存档功能拆分数据文件、提高效率，避免发生问题。操作步骤如下：

① 单击"文件"按钮，在列表中单击"信息"按钮，如图 4-11 所示。在"清理工具"下拉列表中选择"存档（R）…"项，弹出"存档"对话框。

② 在"存档"对话框中，单击"将该文件夹及其子文件夹存档"按钮，选定某一子文件夹，设置好存档条件、存档文件存放的路径，单击"确定"按钮存档，如图 4-12 所示。

③ 在"存档文件"地址栏中，直接修改存档文件的文件名，即可新增文件夹。

例如，默认存档文件为 archive1.pst，若改为 archive2.pst，即等于新建了一个 archive2.pst 存档文件。拆分到多个存档文件夹时，可以通过"浏览"按钮来切换不同的存档文件夹。

图 4-11　"信息"列表

图 4-12　"存档"对话框

2．拆分数据文件

要避免产生庞大的数据文件，除了存档功能外，目前以创建.pst 文件的办法比较实用。邮件多的用户，建议半年或 1 年新建一个.pst 文件。

例如，系统原有数据文件"我的 Outlook 数据文件（1）"，要求将账户 lixiaomei_2013@163.com 的新邮件存到新的.pst 数据文件中，其操作步骤如下：

① 创建一个新的.pst 文件。单击"文件"按钮，在列表中单击"信息"→"账户设置"按钮，弹出图 4-13 所示的对话框。在"电子邮件"选项卡中，选中目前正在使用的邮件账户，然后单击"更改文件夹"按钮，弹出"新建电子邮件送达位置"对话框。

② 在"新建电子邮件送达位置"对话框中，单击"新建文件夹"按钮，输入文件夹名，同时选中新建的数据文件，然后单击"确定"按钮，如图 4-14 所示。

图 4-13　更改邮件送达的位置

图 4-14　指定数据文件夹位置

现在，账户 lixiaomei_2013@163.com 的新邮件就会自动发送到新建的数据文件夹"我的 Outlook 数据文件（2）"。若每隔一段时间换一个.pst 数据文件，就再不用担心数据文件过大了。

3．系统默认存档设置

系统提供默认自动存档功能对数据文件进行存档。操作步骤如下：

① 单击"文件"按钮，在列表中单击"选项"按钮，弹出"Outlook 选项"对话框，单击"自动存档设置"按钮，如图 4-15（a）所示。

② 弹出"自动存档"对话框，按实际需要更改工作方式。例如，设置存档的间隔时间、存档前是否提示、对过期项目进行删除等要求，如图 4-15（b）所示。

　　　（a）"Outlook 选项"对话框　　　　　　　　　（b）"自动存档"对话框

图 4-15　自动存档选项设置

4.2　联　系　人

联系人其实是外部邮件系统用户的别名，作用在于把一些外部邮件系统用户的邮件地址在 Outlook 2010 中进行登记。Outlook 2010 既能统一管理这些账户的信息，也方便当前账户和他们进行邮件交流，联系人信息一般存放在数据文件中，图 4-16 所示为某机器当前的联系人状态。

图 4-16　当前联系人状态

4.2.1　新建联系人

1．利用 Outlook 主窗格新建联系人

在 Outlook 主窗格的左下方，有联系人管理功能项。操作步骤如下：

① 单击"开始"→"新建联系人"按钮，弹出"联系人"界面，如图 4–17 所示，填写具体内容，如姓名、电子邮件等信息，单击"保存并关闭"按钮即可建立一个新联系人。

② 单击"开始"→"新建联系人组"按钮，弹出"联系人组"界面。输入"联系人组名称"，单击"添加成员"按钮，输入各成员名称、邮件地址等信息，将同类型的联系人放在一个组内进行管理，如图 4–18 所示。

图 4-17　"联系人"界面

2．利用收到的邮件创建联系人

利用接收到的邮件可以创建新联系人，操作步骤如下：

在"邮件"视图下，打开接收到的相关邮件，右击发件人姓名，在弹出的快捷菜单中选择"添加到 Outlook 联系人"命令，如图 4–19 所示。

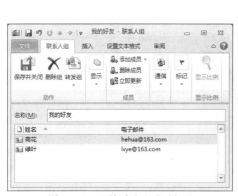

图 4-18　"联系人组"界面

图 4-19　根据收到的邮件创建联系人

4.2.2　建议联系人

默认情况下，创建的联系人信息直接存储在默认数据文件的联系人文件夹中，但如果有多个账户数据文件，那么会配备相应的"建议联系人"。

"建议联系人"是指通过某个账户发邮件时，收件人的地址不在已有联系人列表中，而是通过手工输入邮件地址，Outlook 自动将该地址列入"建议联系人"文件夹中，如图 4–20 所示。

若某收件人地址偶尔使用，不希望自动纳入"建议联系人"，也可利用"联系人选项"命令取消该功能，如图 4–21 所示。

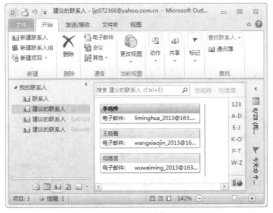 

图 4-20　指定账户的建议联系人　　　　　图 4-21　联系人选项设置

4.2.3　联系人的导入与导出

Outlook 2010 提供了联系人导入和导出功能，用户可以备份 Outlook 通讯录，或将其他邮箱中的联系人信息导入 Outlook。操作步骤如下：

1．联系人导出

① 单击"文件"按钮，在列表中单击"打开"按钮，如图 4-22 所示。单击"导入"按钮，弹出"导入和导出向导"对话框，选择"导出到文件"选项，如图 4-23 所示。

 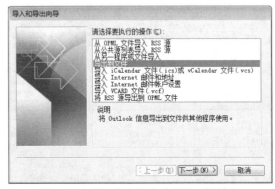

图 4-22　单击"打开"按钮　　　　　图 4-23　"导入和导出向导"对话框

② 单击"下一步"按钮，选择"Microsoft Excel 97-2003"，指定生成的文件类型，如图 4-24（a）所示。

③ 单击"下一步"按钮，弹出图 4-24（b）所示的对话框，选择导出文件夹的位置，单击"下一步"按钮，弹出图 4-24（c）所示的对话框。

④ 单击"映射自定义字段…"按钮，指定导出文件中包含的内容字段，如图 4-25 所示。单击"确定"按钮，即生成导出文件，如图 4-26 所示，Excel 文件中包含了联系人信息。

（a）　　　　　　　　　（b）　　　　　　　　　（c）

图 4-24　"导出到文件"对话框

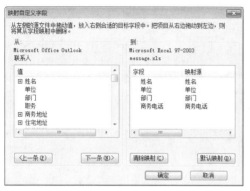

图 4-25　"映射自定义字段"对话框

图 4-26　导出的 Excel 表格文件

2. 联系人导入

① 单击"文件"按钮，在列表中单击"打开"按钮，如图 4-22 所示。单击"导入"按钮，弹出"导入和导出向导" 对话框，如图 4-23 所示。

② 选择"从另一程序或文件导入"选项，单击"下一步"按钮，弹出"导入文件"对话框。在导入文件类型列表框中选择"Microsoft Excel 97-2003"选项，如图 4-27（a）所示。

③ 单击"下一步"按钮，通过"浏览"按钮指定导入的文件，如图 4-27（b）所示。单击"下一步"按钮，弹出对话框，如图 4-27（c）所示，用户可以修改导入目标位置、指定相关映射字段，最后单击"完成"按钮，成功导入电子表格文件。

（a）　　　　　　　　　（b）　　　　　　　　　（c）

图 4-27　"导入文件"对话框

如图 4-28（a）所示，见导入数据前联系人状态，一共有 3 个联系人信息，将图 4-28（b）所示文件 message.xls 中的通讯录信息导入账号 lixiaomei_2013@163.com 文件下的"建议的联系人"中，结果如图 4-28（c）所示，联系人变成了 6 位。

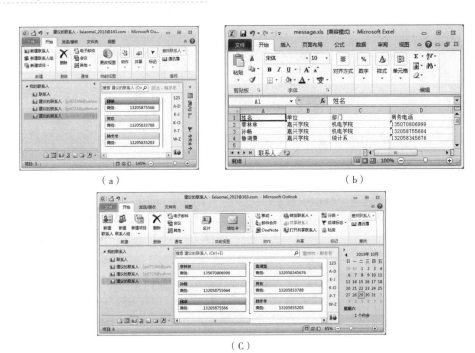

（a）　　　　　　　　　　　　　（b）

（C）

图 4-28　信息导入完成视图

4.3　邮　　件

Outlook 2010 为用户提供了丰富的邮件操作功能，除了常规的邮件收发，还提供了日历传递、会议邀请和答复、意见征询投票、快速步骤等功能。

4.3.1　创建新邮件

在 Outlook 2010"邮件"视图下，单击"开始"选项卡下的"新建电子邮件"按钮，弹出"新邮件"界面，如图 4-29（a）所示。输入发件人、收件人（可以从联系人地址簿选取）、主题、正文、附件等相关信息，单击"发送"按钮完成，如图 4-29（b）所示。

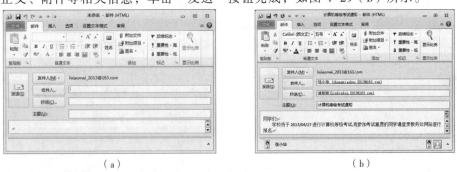

（a）　　　　　　　　　　　　　（b）

图 4-29　"新邮件"界面

1. 正文内容设置

正文中可以插入文字、图像、表格、附件等很多元素。文本格式、主题的设置类似 Word，如图 4-30 所示。

图 4-30　邮件正文中可以插入的元素

1）个性化签名

一般在正文的最后发件人会署名。可以用键盘输入，也可以插入"个性化"签名进行署名。操作步骤如下：

① 单击"文件"按钮，在列表中单击"选项"按钮，再单击"邮件"→"撰写邮件"→"签名"按钮，弹出"签名和信纸"对话框，如图 4-31（a）所示。

② 在"签名和信纸"对话框中选择"电子邮件签名"标签卡，单击"新建"按钮，输入"签名名称"（如 lixiaomei_1），在"编辑签名"文本框中输入文字（如"李小梅"），并设置文字的格式，或者插入图片、联系人名片等，如图 4-31（b）所示。编写邮件时在信件的尾部单击"插入"选项卡中的"签名"按钮，即可完成。

（a）　　　　　　　　　　　　　　　　（b）

图 4-31　编辑账号签名

2）电子名片

电子名片是一种联系人视图，与纸质名片类似，它捕获联系人的特定信息并允许用户与其他人以一种辨识度极高的形式共享该信息，图 4-32 所示为联系人以名片形式显示。

（1）创建电子名片

创建新联系人时同时创建一个与该联系人关联的电子名片。此外，对联系人进行的任何更改也会反映在电子名片中。图 4-33 所示为创建联系人"鼠弟弟"的电子名片。

图 4-32　联系人以名片形式显示　　　　图 4-33　创建联系人"鼠弟弟"的电子名片

（2）插入电子名片

创建新邮件时，输入相关信息，将鼠标定位到正文的末端，单击"插入"选项卡中的"名片"按钮，在弹出的对话框中选择"鼠弟弟"，如图 4-34（a）所示。插入完成后，附件栏中会出现名片文件，邮件中将显示"鼠弟弟"的电子名片，如图 34（b）所示。

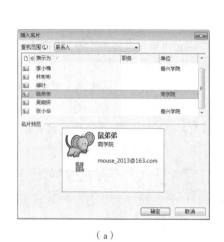

（a）   （b）

图 4-34　邮件中插入名片

（3）在邮件中收到电子名片

这是一种在 Outlook 中快速添加联系人信息的方法。从电子邮件中保存电子名片时，将创建一个新联系人。如果已经有同名的联系人，则可以将重复的联系人另存为新联系人或更新原始联系人。操作步骤如下：

① 打开收到的邮件，在正文中右击"名片"，在弹出的快捷菜单上选择"添加到 Outlook 联系人"命令，如图 4-35（a）所示。新联系人将在联系人窗体中打开，单击"保存并关闭"按钮，即添加了新联系人，如图 4-36 所示。

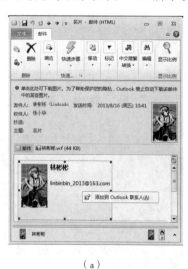

（a）   （b）

图 4-35　根据电子名片创建联系人

　　若已有同名的联系人，Outlook 会检测到重复的联系人，选择"更新所选联系人的信息"。将列出现有的重复联系人。双击该联系人进行更新并保存。

　　② 可以右击邮件头中附加的.vcf 文件，在弹出的快捷菜单中选择"打开"命令，添加联系人，如图 4-35（b）所示。新增的联系人信息视图如图 4-36 所示。

图 4-36　新增的联系人信息视图

2．插入日历

　　通过添加日历，可以与他人共享日历信息，合理安排事务日程。日历可以方便地插入到要发送的邮件中，并可由收件人直接打开检查，利于进行日程比对。例如账户"李小梅"向"张小华"发送日历的操作过程如下：

　　① 如图 4-37 所示，在"新邮件"界面中单击"邮件"选项卡"添加"组中的"附加项目"下拉列表，选择"日历"，在弹出的"通过电子邮件发送日历"对话框中进行日程选项设置，包含指定的日历、日期范围等信息。

　　② 设置完成后，单击"确定"按钮，邮件中插入了指定的日历，如图 4-38 所示。

图 4-37　在邮件中插入日历

图 4-38　日历以附件形式添加到邮件

　　③ 通过电子邮件接收日历的 Outlook 2010 用户可以选择在 Outlook 中打开日历快照。这样可以使日历快照和收件人的当前日历以并排模式或日历重叠模式显示，如图 4-39 所示。

图 4-39　收件人当前日历与默认日历重叠、并排模式显示

4.3.2　跟踪电子邮件

添加邮件跟踪功能可以使发件人及时了解邮件的到达、阅读情况。其中，"送达"回执表示发送的电子邮件已经送达收件人的邮箱，但不表示收件人已经看到或阅读它。"已读"回执表示发送的邮件已经被打开。

在 Outlook 2010 中，邮件收件人可以选择拒绝发送"已读"回执，还存在不发送"已读"回执的其他情况。例如收件人的电子邮件程序不支持"已读"回执。

1．跟踪所有发送的邮件

单击"文件"按钮，在列表中单击"选项"按钮弹出"Outlook 选项"对话框，选择"邮件"，在右侧"跟踪"区域，选择"送达"复选框，确认邮件已送达收件人的电子邮件服务器；或选择"已读"复选框，确认收件人已查看邮件，如图 4-40 所示。

2．跟踪单个重要邮件

在"新建邮件"界面中，选择"选项"选项卡"跟踪"组中的"请求送达回执"或"请求已读回执"复选框。单击"跟踪"组右下角的对话框启动器按钮，弹出"属性"对话框，如图 4-41 所示，可以对邮件作进一步跟踪设置。

图 4-40　"Outlook 选项"对话框

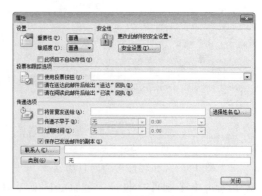

图 4-41　"属性"对话框

3．跟踪回执响应

打开随其发送"送达"或"已读"回执请求的邮件原件，该邮件通常位于"已发送邮件"文件夹中。打开该邮件，弹出图 4-42 所示的对话框，询问是否发送"回执"请求。当收件人第一次打开邮件时，发件人的收件箱中就收到了一个回执，如图 4-43 所示。

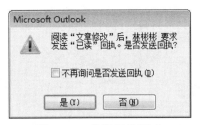

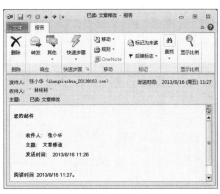

图 4-42　发送回执请求　　　　　　　　　图 4-43　发件人得到的邮件回执

4.3.3　添加"投票"按钮

Outlook 2010 提供了令人爱不释手的"投票"功能。当我们需要对某件事情进行表决时，可以利用投票功能实现并统计出结果。

1．发件人发起投票主题

① 首先撰写一份新邮件，在"收件人"文本框中输入所有参与投票的成员的邮箱地址（也可以是成员的群发地址），输入主题，输入邮件正文，如说明投票要求、最终截止时间等。

② 接下来，选择合适位置单击"选项"选项卡中的"使用投票按钮"按钮，这样就可以在邮件中使用投票功能。

③ 最后在邮件的主题区填写投票的标题，像写普通邮件一样写好内容，然后发送，如图 4-44 所示。

④ 系统已经默认了 3 种投票类型，如果默认的候选人按钮不够，可以单击"自定义…"按钮，弹出"属性"对话框，自行添加新的投票按钮。例如添加"同意；不同意"按钮，如图 4-45 所示。

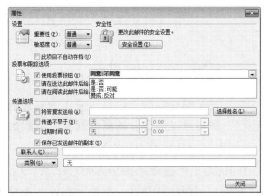

图 4-44　"选项"选项卡　　　　　　　　　图 4-45　自定义投票按钮

2．收件人开始投票

当各个收件人接收并打开邮件后，通过"邮件"选项卡"响应"组中的"投票"下拉列表，选择相应项进行投票，如图 4-46 所示。发件人会分别收到返回的结果，图 4-47 所示为发件人收到投票人的回执。

 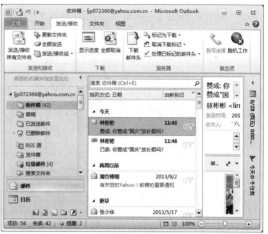

图 4-46　收件人投票　　　　　　　　图 4-47　发件人收到邮件回执

3．发件人查看投票结果

收件人投票后，发件人可以在"已经发送的邮件"中打开原邮件，单击"邮件"选项卡"显示"组中的"跟踪"按钮，可以看到所有"投票人"的意见，如图 4-48 所示。

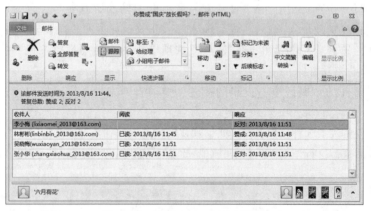

图 4-48　发件人查看投票结果

4.3.4　标记邮件操作

标记电子邮件有助于跟踪对发送的邮件响应以及对收到的邮件执行后续工作。无论是哪种情况，都还可以包含一条提醒通知，设置的邮件标志显示在电子邮件视图中。

1．标记默认标志

Outlook 提供的常用的默认标志有"今天"、"明天"、"本周"等。

方法一：创建新邮件，单击"邮件"选项卡"标记"组中的"标记"下拉按钮，在下拉列表中选择某个默认标志为邮件做标记。

方法二：在邮件列表（如用户的收件箱）中，单击指定邮件右侧的"标志"按钮以设置所需的默认标志，如图 4-49 所示。

图 4-49 设置所需的默认标志

2．标记自定义标志

① 在打开的邮件中，单击"邮件"选项卡"标记"组中的"标志"下拉按钮，在下拉列表中选择"自定义"选项，弹出"自定义"对话框，如图 4-50 所示。

② 在"自定义"对话框中，选择"为我标记"复选框，对"标志"、"开始日期"、"截止日期"进行设置，若需要提醒，则选择"提醒"复选框，设定日期与时间，如图 4-51 所示。

③ 也可以用同样的方法为收件人设置标记和提醒，如图 4-51 所示。

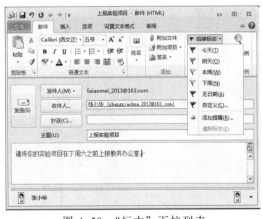

图 4-50 "标志"下拉列表

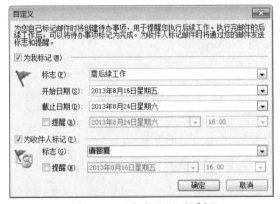

图 4-51 "自定义"对话框

3．查看设置标志结果

① 发件人在"已发送邮件"文件夹中打开做过标记的邮件，在信息栏中可以看到设置的所有"标记"，如图 4-52 所示。

② 收件人打开接收到的邮件，在信息栏处可以看到发件人设置的"标志"，如图 4-53 所示。

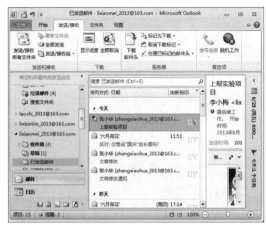

图 4-52 设置了后续标志的已发送邮件　　　图 4-53 收件人查看设置了后续标志的邮件

4.3.5 会议答复

当用户需要发起某个会议邀请与会者参加，想知道哪些人接受了邀请，哪些人拒绝了或者是暂定，哪些人没有反应时，Outlook 2010 提供的"会议答复"功能可满足这个要求。

1. 发件人发起会议邀请

① 单击"开始"选项卡"新建"组中的"新建项目"下拉按钮，选择"会议"，打开图 4-54 所示的界面。

② 填写"收件人"账号、"主题"、"地址"，设置会议"开始时间"、"结束时间"，输入正文输入需要的文本。图 4-54 左下角显示目前与会者的状态均为"未答复"状态。

2. 收件人答复邀请

发件人发出会议邀请后，受邀请者会收到会议邀请邮件，可以直接在阅读窗格中进行答复，也可以打开邮件进行答复，方式有接受、暂定、拒绝，并以邮件的形式发送给组织者，如图 4-55 所示。

图 4-54 发件人发起会议邀请　　　　图 4-55 与会者接收到会议邀请

4.3.6　创建快捷步骤

作为 Outlook 2010 的新功能，"快速步骤"使用户能够一次执行多个操作,完成多条指令命令。例如，经常将邮件移动到某个特定文件夹；创建"新邮件"为指定人发送；邮件的答复、转发等都可以使用快捷步骤，只需一键即可实现该操作。

任何时候在 Outlook 2010 中重复执行相同步骤时，就可以尝试创建一个快速步骤，以提高效率。

1．默认的快捷步骤

系统提供默认的快捷方式供用户调用，如"移至：？"、"给经理"、"小组电子邮件"、"完成"、"答复和删除"、"新建"，用户可以根据实际情况进行编辑。

若配置"移至:?"快捷步骤"将邮件移动到指定文件夹下"，操作步骤如下：

① 单击"开始"选项卡"快捷步骤"组中的"移至:?"按钮，弹出"首次安装"对话框，如图 4-56（a）所示。

② 选择文件夹"工作备份-zhangxiaohua_2013@163.com"作为目标位置，如图 4-56（b）所示。

③ 单击"保存"按钮，设置的前后效果如图 4-57 所示。

（a）　　　　　　　　　　　　　　　　　　（b）

图 4-56　首次安装默认快速步骤

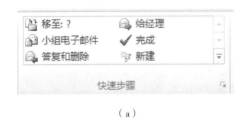

（a）　　　　　　　　　　　　　　　　　　（b）

图 4-57　快速步骤设置前后的效果

2．自定义快捷步骤

创建"给李小梅发邮件"快速步骤：

① 单击"开始"选项卡"快速步骤"组中的"新建"按钮，弹出"编辑快速步骤"对话框，默认"名称"为"我的快速步骤"，"选择一个操作"下拉列表中显示所有可供选择的操作，如图 4-58 所示。

② 在下拉列表中选择"新邮件"，弹出图 4-59 所示的对话框。在"收件人"后面的文本框中输入收件人地址，单击"显示选项"按钮,弹出更详细的选项，可以设置"添加抄送"、

"添加密件抄送"、邮件主题、标志、内容等。（这里要手动输入，不要在通讯簿中选择，因为通讯簿中的账户名一般不能创建）

图 4-58　"编辑快速步骤"对话框

图 4-59　邮件的详细设置

③ 设置完成后，可以单击"追加操作"按钮，定义多个操作。通过"快捷键"下拉列表设置快捷键，单击"完成"按钮返回 Outlook 2010 主界面，这时在"快捷步骤"组中就能看见已创建的"给李小梅的邮件"快速步骤名称。单击"给李小梅的邮件"快速步骤，即实现快速向"李小梅"发送邮件。

4.3.7　管理邮件

Outlook 2010 提供多种视图和工具来管理邮件，"搜索文件夹"和"使用规则"是经常用到的管理工具，可以减少用户手动归档邮件的位置。

1．创建搜索文件夹

用户有时需要搜集保存于不同文件夹中的信息。例如，设置了标记的邮件存放在不同文件夹中，若手动查找带标记的邮件，效率十分低下。通过创建"搜索文件夹"，根据要求定义条件就能快速将带标记的邮件查找出来。所以针对收到的大容量邮件，搜索文件夹是一个很好的方法，能够使用户快速区分来自不同发件人的邮件。

（1）系统提供的常用搜索文件夹

下面为账号 wuxiaoyan_2013@163.com 创建"搜索文件夹"，操作步骤如下：

① 在"文件夹"选项卡中选择账号 wuxiaohua_2013@163.com，单击"新建"组中的"新建搜索文件夹"按钮，弹出"新建搜索文件夹"对话框，如图 4-60 所示。

② 在"新建搜索文件夹"对话框中选择"来自特定人员发来的邮件"。

③ 在"自定义搜索文件夹"区域中，单击"选择（H）"按钮，通过联系人通讯录选择"特定人员(李小梅）的账号"。

④ 在"搜索邮件位置"下拉列表中选择 wuxiaoyan_2013@163.com 文件夹，单击"确定"按钮。图 4-61 所示为指定账号下对应搜索条件的所有发件人为"李小梅"的邮件。

图 4-60　"新建搜索文件夹"对话框　　　　图 4-61　搜索文件夹视图

（2）自定义搜索文件夹

Outlook 2010 除了常用的搜索模式，还提供了"自定义此搜索文件夹"功能，可以满足用户的特殊要求，实现有条件地搜索。操作步骤如下：

① 单击"文件夹"选项卡"新建"组中的"新建搜索文件夹"按钮，弹出"新建搜索文件夹"对话框，如图 4-60 所示。

② 单击"自定义"下的"创建自定义搜索文件夹"选项，弹出"自定义搜索文件夹"对话框，如图 4-62 所示，在"名称"文本框中输入文件夹名，单击"条件"按钮，弹出"搜索文件夹条件"对话框，进行搜索设置。

③ 在"搜索文件夹条件"对话框中，选择"邮件"选项卡，输入"查找文字"、文字出现的"位置"、"发件人"、"收件人"信息，注意不要单击"发件人（R）"和"收件人（O）"按钮从联系簿中选择联系人，必须手工输入才有效。还可以设置"时间"限制，如图 4-63 所示。

图 4-62　自定义搜索文件夹设置　　　　图 4-63　"搜索文件夹条件"对话框

④ 单击"确定"按钮，返回图 4-62 所示的对话框，单击"浏览"按钮，弹出"选定文件夹"对话框，如图 4-64 所示。选择指定的文件夹，单击"确定"按钮，再次返回图 4-62 所示的对话框。

⑤ 所有设置完成后，单击"确定"按钮，在邮件窗格中，单击刚刚定义的搜索文件夹（"关于运动会"），即显示满足条件的邮件，每封邮件主题均包含"运动会"文字，如图 4-65 所示。

图 4-64　设置"选定文件夹"

图 4-65　搜索文件夹工作结果

2. 使用规则

所谓规则，就是 Outlook 2010 对满足规则指定条件的到达或发送的邮件自动执行的操作。用户可以通过使用"规则向导"选择多个条件和操作，使整个客户端保持有序、最新状态。

（1）最常用的规则模板

① 保持有序状态。这些规则帮助用户对邮件归档和执行后续操作。例如，创建规则：将指定账户发来的邮件做后续处理移至特定文件夹下。

② 保持最新状态。这些规则在用户收到特定邮件时获得某种方式的通知。例如，创建规则：当用户收到来自一个家庭成员的邮件时，自动向用户的移动电话发送通知。

（2）利用模板创建规则

① 如图 4-66 所示，单击"开始"选项卡"移动"组中的"规则"下拉按钮，在下拉列表中选择"管理规则和通知"，弹出"规则和通知"对话框，如图 4-67 所示。

图 4-66　选择"管理规则和通知"选项

图 4-67　"规则和通知"对话框

② 如果有多个电子邮件账户，须在"将更改应用于此文件夹"下拉列表中选择所需的"收件箱"。单击"新建规则"按钮，弹出"规则向导"对话框，如图 4-68（a）所示。

③ 在规则向导"步骤 1：选择模板"下，从"保持有序状态"或"保持最新状态"模板集合中选择所需的模板，如选择"收到某人发来的邮件播放声音"。

④ 在规则向导"步骤 2：编辑规则说明"下，单击某个带下划线的值进行设置。例如，单击"声音"链接时，将弹出"选择播放声音"对话框指定声音文件，单击"下一步"按钮

可弹出"想要检测何种条件"对话框，如图 4-68（b）所示。

⑤ 在"步骤 1：选择条件（c）"下，选择对其应用规则的邮件要满足的条件。例如，"只发给我"，"主题或正文中包含特定词语"。

⑥ 在"步骤 2：编辑规则说明"下，单击某个带下划线的值（若未设置）进行设置（如主题中包含特定词语设置为"论文"），单击"下一步"按钮，弹出"如何处理该邮件"对话框，如图 4-68（c）所示。

⑦ 在"步骤 1：选择操作（c）"下，选择满足特定条件时用户希望规则采取的操作。例如，选择"将它移动到指定文件夹"复选框。

⑧ 在"步骤 2：编辑规则说明"下，单击某个带下划线的值进行设置（如果尚未单击）。例如，将接收到满足条件的邮件移动到指定的文件夹设置为"论文邮件箱"，如图 4-68（d）所示。单击"确定"按钮，返回图 4-68（c），单击"下一步"按钮，弹出图 4-68（e）所示的对话框。

⑨ 在"步骤 1：选择例外"下，选择规则的例外情况。如"被标记为重要性时除外"，单击"下一步"按钮，弹出"完成规则设置"对话框，如图 4-68（f）所示。

图 4-68　"规则向导"对话框

⑩ 在图 4-68（f）对话框中，为规则输入一个名称，选择所需的其他选项，完成创建规则。

若需要对某个文件夹中的已有邮件运行此规则，选择"立即对已在"论文邮件箱"中的邮件运行此规则"复选框。若需要对所有电子邮件账户以及与每个账户相关联的"收件箱"应用此规则，请选择"在所有账户上创建此规则"复选框。

⑪ 单击"完成"按钮，弹出"规则和通知"对话框，如图 4-69 所示，创建完成。

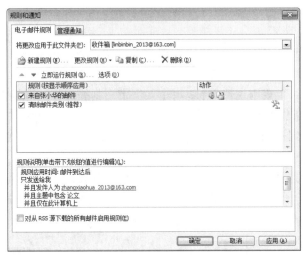

图 4-69 "规则和通知"对话框

4.4 日 历

Outlook 2010 日历组件充分集成了电子邮件、联系人和其他功能，为用户提供了全新的"日程安排视图"，使用它可以轻松的安排时间并将日程与同事进行共享。全新的"分组日程视图"实现了用户并排查看多个日历或者统一保存频繁使用的日历组要求。

4.4.1 个人约会日程

"个人约会"是个人在日历中计划的活动，不涉及邀请他人。通过将每个约会的时间段指定为"忙"、"闲"、"暂定"或"外出"，用户可为自己的日常生活安排提供依据，还可以利用声音或消息来提醒自己的约会、会议和事件，避免由于繁忙而疏漏了某项日程安排。

用户也可以将自己的日历作为电子邮件发送给其他收件人，或接收别人的日历，大家相互了解彼此的日程安排，保证了组织会议、活动日程时间不冲突。

创建约会的操作步骤如下：

① 在"日历"视图中，单击"开始"选项卡"新建"组中的"新建约会"按钮；也可右击日历网格中的时间，在弹出的快捷菜单中选择"新建约会"命令；若要从 Outlook 的任意文件夹中创建约会，按快捷键【Ctrl+Shift+A】，如图 4-70 所示。

② 在弹出的"约会"对话框中输入"主题"、"地点"、"开始时间"、"结束时间"、"正文"信息。若约会全天时间，则选择"全天事件"复选框。

③ 若要向他人表明用户在此期间的空闲状况，可在"约会"选项卡的"选项"组"显

示为"下拉列表中选择"闲"、"暂定"、"忙"或"外出"，如图 4-71 所示。

图 4-70　日历视图

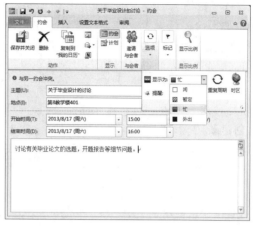
图 4-71　新建约会

④ 若要将约会设置为定期约会，可在"约会"选项卡的"选项"组中单击"定期"按钮，弹出"约会周期"对话框，如图 4-72 所示。单击想让约会重复发生的频率（"按天"、"按周"、"按月"、"按年"），设置定期模式，单击"确定"按钮，完成向约会中添加约会周期。

⑤ 默认情况下，在约会开始前 15 min 就会显示提醒。若要更改提醒的显示时间，可在"约会"选项卡的"选项"组中单击"提醒"下拉按钮设置新的提醒时间。若要关闭提醒，则选择"无"。

⑥ 在"约会"选项卡的"动作"组中单击"保存并关闭"按钮。新建约会出现在日历视图中，如图 4-73 所示。

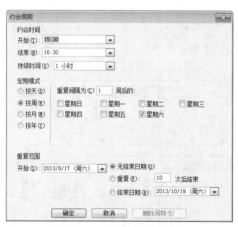
图 4-72　约会周期设置

图 4-73　新建约会日历视图

4.4.2　与他人关联的会议

用户选择日历上的某个时间，创建会议要求，并选择要邀请的人。Outlook 可帮助用户查找所有应邀者都空闲的最早时间。

通常用户通过电子邮件发送会议要求，应邀者打开收到的邮件，单击"接受"、"暂时接受"或"拒绝"按钮表明态度。若会议要求与应邀者日历上的项目有冲突，Outlook 会显示通知。如果会议组织者允许，应邀者可建议备选会议时间。

组织者在"已发送的邮件"文件夹下打开会议邀请邮件，跟踪"谁接受"、"谁拒绝"或"谁建议了另外的会议时间"。创建会议步骤如下：

① 与创建"约会"类似，选择"日历"主窗口，在"开始"选项卡的"新建"组中单击"新建会议"；或从 Outlook 中的任何文件夹创建新会议要求；或按快捷键【Ctrl+Shift+Q】，均可创建新"会议"。

② 在弹出的"创建会议"对话框中，输入会议"主题"、"地点"、"开始时间"、"结束时间"。如果要根据其他时区安排会议，请在"会议"选项卡的"选项"组中单击"时区"按钮。

③ 在会议要求正文中，输入要与收件人共享的所有信息。另外还可以附加文件，如图 4-74 所示。

④ 在"会议"选项卡的"显示"组中单击"计划"按钮，显示参加会议各成员的忙闲状态，帮助组织者查找会议的最佳时间，如图 4-75 所示。

⑤ 若要设置定期会议，请在"会议"选项卡的"选项"组中单击"重复周期"按钮，选择所需的定期模式选项，然后单击"确定"按钮。添加定期模式后，"会议"选项卡将变为"定期会议"选项卡。

⑥ 若要更改会议的提醒时间，可在"会议"选项卡的"选项"组中单击"提醒"下拉按钮，选择所需的时间。若选择"无"，则关闭提醒。

组织者也可以通过更改会议邀请上的提醒时间来设置收件人的提醒时间。如果组织者没有更改邀请上的默认提醒时间，则收件人将分别使用他们自己的默认提醒。

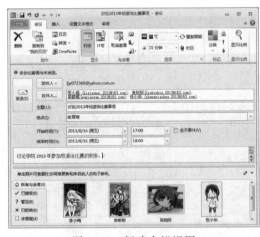

图 4-74　新建会议视图

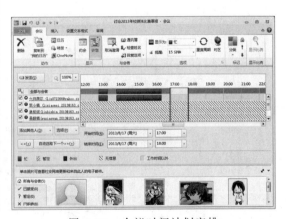

图 4-75　会议时间计划安排

4.4.3　附加日历

假设用户需要管理或跟踪他人的日程表，如正在休假的同事的日程表、会议日程安排、家庭成员每日活动等，不想将所有内容都输入到自己的工作日历中，但希望在一个位置跟踪它们，那么利用 Outlook 2010 可以轻松实现跟踪多个日历。

1．创建其他 Outlook 日历并使它们与主日历分开

单击导航窗格中的"日历"时，"我的日历"下列出的"日历"为主日历或默认日历。该日历始终命名为"日历"。主日历始终存在，但也可以同时存在其他日历。

如图 4-76 所示，单击"开始"选项卡"管理日历"组中的"打开日历"按钮，在列表项中选择"新建空白日历（b）…"，弹出"新建文件夹"对话框。输入日历文件夹名称，指定新日历所在的位置，如图 4-77 所示，单击"确定"按钮，即创建了"我的业余活动安排"日历，如图 4-78 所示。

Outlook 2010 所有内容都保存在文件夹中，包括日历条目。因此，要创建新日历，应首先创建一个用于存储新日历条目的文件夹。

图 4-76 单击"打开日历"下拉按钮

图 4-77 "新建文件夹"对在框

图 4-78 "我的业余活动安排"日历一周内容

2．使用多个日历并对它们所包含的日程表进行比较

如果 Outlook 中有要查看的其他日历，这些日历将在导航窗格中列出，如果有多个日历，对日历用不同名称命名有助于区分它们。Outlook 根据用户在导航窗格中选择日历复选框的顺序来为日历分配颜色。用户可以以并排模式查看多个日历，如图 4-79 所示。

有时用户可能希望在两个日历中都显示某个约会，Outlook 可以非常方便地将约会从一个日历复制到另一个日历。用户只要在并排模式中单击约会选中它，然后将它拖到目标日历中即可，需注意的是要将副本准确地放置到相同时间的空档中。

用户还可以通过重叠模式查看日历，这是一种"透明"模式，可以以一个日程表的形式查看多个日程表，如图 4-80 所示，打开"日历"视图，单击"视图"选项卡上的"覆盖"按钮，Outlook 将其中的两个日历进行重叠。

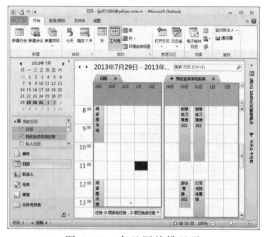

图 4-79　多日历并排显示

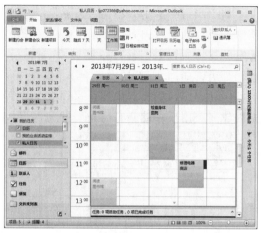

图 4-80　重叠排列日历

3．通过电子邮件将日历发送给任何人

可以将日历作为 Internet 日历发送给邮件收件人，同时对要共享的信息量保持控制。通过电子邮件共享的日历以电子邮件附件的形式发送到收件人的收件箱中，邮件正文中显示日历快照。发件人可在发送之前编辑日历快照，例如，可以更改字体或突出显示日期或约会。

通过电子邮件发送日历的操作步骤如下：

① 在"开始"选项卡的"共享"组中，单击"电子邮件日历"按钮，弹出"通过电子邮件发送日历"对话框，如图 4-81 所示。

② 在对话框中，通过"日历"下拉列表指定日历。

③ 在"日期范围"下拉列表中，单击想让日历显示的时间段。

④ 输入或选择所需的任何其他选项，然后单击"确定"按钮，弹出邮件窗口，对正文中的日历内容进行编辑，发送邮件。

通过电子邮件接收日历的用户可以选择在 Outlook 中打开日历快照，如图 4-82 所示。

图 4-81　"通过电子邮件发送日历"对话框

图 4-82　日历以邮件形式发送

4.5　任　务

4.5.1　建立任务

日常生活中，经常需要计划自己的工作进程、安排待办事项。若用手工操作，效率低下，而且也得不到提醒，一旦忘了应该在某时间段处理的事项，可能会造成一定的损失。

Outlook 2010 提供了"任务"功能，对每一项工作进程建立"任务"，指定开始日期、截止日期，并按执行时所需的顺序对各个任务进行组织。随着任务的进展，及时更新"完成级别"。并且系统自动提醒、任务进度跟踪功能还避免了手工操作而可能造成的纰漏，为用户高效管理日常事务提供了保证。

1．创建任务

① 单击"开始"选项卡"新建"组中的"新建任务"按钮，或按快捷键【Ctrl+Shift+K】，都可建立新任务。

② 弹出"任务"界面，在"主题"文本框中输入任务的名称，并添加更多详细信息。

③ 在"任务"选项卡的"动作"组中单击"保存并关闭"按钮，如图 4-83 所示。

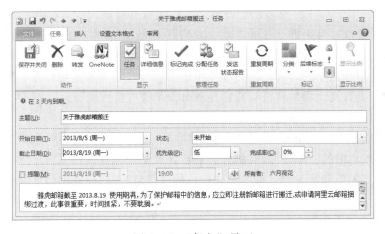

图 4-83　"任务"界面

④ 创建完成后，Outlook 2010 新建任务显示在以下 3 个位置：

- 显示在"任务"栏下；
- 显示在"待办事项栏"栏下，如图 4-84 所示，注意此栏中还包含已经处理完成的任务。
- 显示在"日历"中的"日常任务列表"中。

"日常任务列表"仅出现在 Outlook"日历"中的"日视图"和"周视图"中。若只显示当前任务的数量，请在"日历"中"视图"选项卡的"布局"组中单击"日常任务列表"按钮，然后单击"最小化"即可。

图 4-84　新建任务显示在"待办事项列表"下

2. 将 Outlook 项目创建为任务

以邮件项目为例，Outlook 2010 可将联系人、日历项目和注释等其他项目拖动到导航栏，以创建任务。

（1）从"导航栏"创建任务

导航栏位于 Outlook 窗口左下角，使用户能够快速导航到"邮件"、"日历"、"联系人"和"任务"视图。

① 若想根据电子邮件的内容创建任务，用户无须重新输入所有信息。单击该邮件，然后将其拖动到"导航栏"上的"任务"栏，弹出图 4-85 所示的界面。

② 将邮件内容（除附件）复制到新任务的正文。这种创建任务的方式和从草稿创建任务的方式相同，但却能节约时间，因为邮件中的内容会自动添加到新任务。其他任务相同，用户可以设置到期日期，添加提醒，或将任务分配给他人。

（2）将项目拖到"待办事项栏"中创建任务

① 右击导航栏中的"任务"，选择"在新窗口打开"命令，弹出一个任务视图窗口。

② 单击导航栏中的"邮件"，在邮件列表中选择某个邮件。

③ 在新打开的任务视图中，单击导航栏中的"任务"，在导航栏的上方显示"待办事项栏"、"任务"。

④ 并排邮件和任务两个界面，将选中的邮件拖动到另一界面的"待办事项栏"下合适的位置，出现一条带双箭头的红线，释放鼠标，如图 4-86 所示。

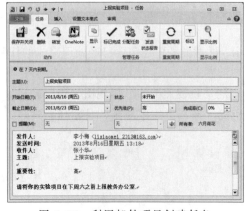

图 4-85　利用邮件项目创建任务

图 4-86　拖动项目到"待办事项栏"创建任务

⑤ 任务创建完成后，新的任务出现在"待办事项栏"栏中。

在对某电子邮件添加标记后，Outlook 2010"任务"的"待办事项列表"中和"任务"视图上会显示该邮件。但如果删除邮件，该邮件将从"任务"的"待办事项列表"和"任务"视图中消失。为邮件添加标记并不会创建单独的任务。

4.5.2　管理任务

"任务"包含了用户所创建的任务以及标记的邮件。使用文件夹列表可以在"已标记项目和任务"与"任务"之间切换。Outlook 2010 提供了很多管理任务列表的工具。

1．设置显示方式

单击导航栏中的"任务"，通过"开始"选项卡中的"管理任务"、"当前视图"、"标记"等组，可以对任务列表中的任务做各种设置。用户还可以使用任务列表顶部的排序功能来选择要看的显示顺序，如图 4-87 所示。可以按图标、优先级、附件、任务主题、状态、截止日期等排序。

图 4-87　任务管理视图

2．创建新的颜色类别

使用颜色类别可以方便地在 Outlook 中标识相关项目，对其进行分组。如将颜色类别指定给一组相关的项目（便笺、联系人、约会和电子邮件），用户能快速跟踪和组织它们。

用户可以直接使用系统提供的类别，也可自定义颜色类别。创建颜色类别的操作步骤如下：

① 在"任务"视图中，单击"开始"选项卡"标记"组中的"分类"下拉列表，包含颜色类别，如图 4-88 所示。

② 选择"所有类别（A…）"，弹出"颜色类别"对话框，如图 4-89 所示。用户可以新建、重命名、删除指定的颜色类别。

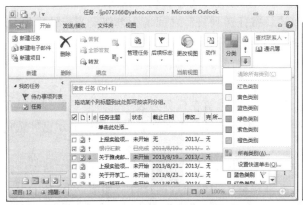

图 4-88　"分类"下拉列表　　　　图 4-89　"颜色类别"对话框

3．自定义外观

Outlook 2010 中可以为任务指定外观，包括指定任务的"排序"方式、"是否显示"已完成的任务，也可以选择表示"过期"任务或"已完成"任务的颜色等。

（1）按任务优先级排序

若要依据优先级顺序对任务进行排序，首先必须指定每个任务的优先级。优先级级别有重要性-高、重要性-低、私密，默认情况下，任务设置为"普通"优先级别。

① 打开需要更改优先级的任务。

② 选择"开始"→"标记"，在"优先级"框中，单击"高/低/普通"选项分配优先级，返回任务列表重新排序，如图 4-90 所示，按优先级高-低排序。

（2）更改所显示的任务数

Outlook 允许更改"待办事项栏"、"日常任务列表"中显示的任务数。

① 在"待办事项栏"中请执行下列操作之一：

- 在"视图"选项卡上的"布局"组中，单击"待办事项栏"，然后单击"日期选择区"、"约会"或"快速联系人"，以清除用于指示功能已启用的复选标记。这会从"待办事项栏"中删除相应功能。若要重新启用功能，单击还原复选标记，如图 4-91 所示。

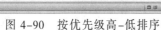

图 4-90　按优先级高-低排序

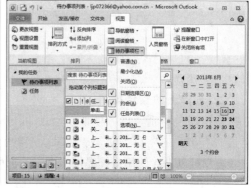

图 4-91　"待办事项栏"调整显示任务数

- 指向"约会"区域和任务列表之间的任务栏。当指针变形时，向上或向下拖动任务栏可增加或减小区域的大小。当释放鼠标按钮时，所显示的任务数将会增加或减少以填充可用空间。对"任务"和"快速联系人"之间的任务栏执行相同的操作。

② 在"日常任务列表"中指向日历和"日常任务列表"之间的分割线。当指针变形时，向上或向下拖动日常任务列表可增加或减小其大小。所显示的任务数将会增加或减少以填充可用空间。

（3）是否显示已完成的任务

默认情况下，将某个项目标记为已完成时，它将保留在任务列表上并带有删除线。"待办事项栏"是例外，默认不显示已完成的任务。用户选择是否要在各种视图中显示已完成的任务，有以下几种方法：

① 对于"任务视图"中的列表，单击"开始"选项卡"当前视图"组中的"活动"、"今天"、"随后 7 天"或"过期"按钮，以排除标记为已完成的任务，如图 4-92 所示。

② 对于"待办事项栏"中的任务列表，在空白处右击"排列方式"，选择"视图设置"，

弹出"高级视图设置：详细的"对话框，单击"筛选"按钮，选择满足要求的任务，如图 4-93 所示。

图 4-92　管理已完成的任务

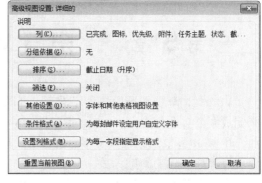

图 4-93　"高级视图设置：详细的"对话框

（4）更改过期或已完成任务的颜色

更改过期或完成任务的颜色可以方便查看、识别不同种类的任务。具体操作如下：

① 在"任务"视图下，单击"文件"按钮，在列表中单击"选项"按钮，弹出"Outlook 选项"对话框窗口，如图 4-94 所示。

② 选择"任务"，在"任务选项"区域中单击打开"过期任务的颜色（O）"下拉按钮，选择所需的颜色。

③ 若要返回到之前的视图，请单击"文件"按钮。

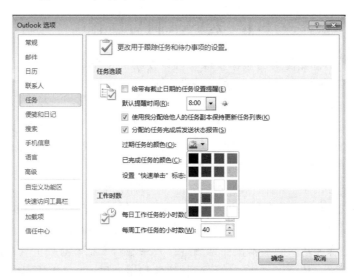

图 4-94　"Outlook 选项"对话框

第 5 章　宏与 VBA 高级应用

VBA 是微软公司开发的程序语言，可以嵌入 Office 办公软件中，实现一些自定义的功能来完成办公自动化工作。Office 程序如 Word、Excel、PowerPoint、Access 等都支持 VBA。例如，在 Word 中，可以加入文字、进行格式化处理或者进行编辑；在 Excel 中，可以由用户自定义过程嵌入到工作簿。

VBA 使操作更加快捷、准确并且节省人力。除了能使手动操作成自动化操作外，VBA 还提供了交互界面——消息框、输入框和用户窗体。这些图形界面用来制作窗体和自定义对话框。VBA 可以在软件中生成用户自己的应用程序。例如，可以在 Word 中自定义一个程序使得其中的文字转换到 PowerPoint 中。

与学习其他编程语言一样，对于初学者来说，学习 VBA 也是具有很大难度的。不过初学者可以通过学习 Office 软件中的宏录制功能（在 Word 软件或 Excel 软件中）来减少学习难度。

本章主要介绍宏录制和 VBA 简单的入门基础和实例，以宏录制功能作为学习编程的起点。

5.1　宏的录制与运行

宏是一连串可以重复使用的操作步骤，可以使用一个命令反复运行宏。例如，可以在 Word 中录制一个宏，能够自动对文档进行格式处理；可以在打开文档时手动或自动运行该宏。

5.1.1　宏基础

宏是一种子过程，有时也称子程序。宏有时候被看作是录制的代码，而不是写入的代码。本章采用宽泛的定义，将写入的代码也看作宏。

在支持录制宏的软件（Word 和 Excel）中，有两种方法生成宏：

① 打开宏录制器，然后进行用户所需的一系列操作，直到关闭录制器。

② 打开 Visual Basic 编辑器，在相应的代码窗口中编写 VBA 代码。

可以用宏录制器录制一些基本操作，然后打开录制的宏把不必要的代码删除。在对宏进行编辑时，还可以加入其他用户所需的代码、控件和用户界面等，这样宏可以实现人机交互功能。

5.1.2　录制宏

打开宏录制器，选择某个使用宏的方法（按钮和组合键等）继续进行操作，然后关闭宏录制器，在用软件进行操作时，宏录制器将操作命令以 VBA 编程语言的形式录制下来。

1. 计划宏

在录制宏之前，首先要明确宏应该完成的操作。一般情况下，首先要设计好宏步骤，然后将操作命令录制下来。

2. 打开宏录制器

单击"文件"按钮，在列表中单击"选项"按钮，在弹出对话框的"自定义功能区"选项中，勾选右侧列表框中的"开发工具"，单击"确定"按钮，功能区中即可显示"开发工具"选项卡，其中包含了"代码"组和宏命令，如图 5-1 所示。

打开宏录制器的步骤是：单击"开发工具"选项卡"代码"组中的"录制宏"按钮，弹出"录制宏"对话框，如图 5-2 所示。在对话框中，给出了默认的宏名（宏 1，宏 2 等）以及相关说明，用户可以默认接受它们或者更改它们。

图 5-1 Word 中的"代码"组　　　　图 5-2 "录制宏"对话框

一般情况下，必须指明宏存放的位置和宏的使用方式。如图 5-2 所示，一种方式是将宏指定到"按钮"，第二种方式是将宏指定到"键盘"。前者的宏使用方式为"按钮"方式，后者的宏使用方式为"组合键"方式。当"将宏指定到"设定为"按钮"时，可以将按钮存放在快速访问工具栏上，也可以将按钮存放在自定义选项卡内（如果经常用宏工作，则建议采用自定义选项卡来存放所有的宏按钮）。

3. 设定宏的运行方式

在完成宏的命名，给出宏说明并选择存放宏的位置后，Word 和 Excel 还要求指定宏的运行方式：组合键方式、按钮方式、图形方式和控件按钮方式等。本书简单介绍前两种方式。

在设定宏的运行方式时，无论在 Word 还是 Excel 中都需要按下面的方法来操作。

（1）指定宏在 Word 中的运行方式

① 在"录制宏"对话框中，单击"按钮"按钮，弹出"Word 选项"对话框。

② 在"Word 选项"对话框中，可以看到左侧文本框内默认选中"快速访问工具栏"，中间的"从下列位置选择命令（C）"下拉列表中默认选中了"宏"，如图 5-3 所示。

③ 在"自定义快速访问工具栏（Q）"下拉列表中可将宏用于默认的所有文档。选择"Normal.Newmacros.宏 1"，单击"添加（A）>>"按钮，即将"Normal.Newmacros.宏 1"命令按钮存放在快速访问工具栏上。

④ 如果将宏按钮设定到选项卡内，则必须将宏指定在自定义的选项卡内。在"Word 选项"对话框的左侧文本框内选择"自定义功能区"，然后单击"从下列位置选择命令（C）"

下拉列表，选中其中的"宏"命令，则出现图 5-4 所示的"Word 选项"对话框。在右边"自定义功能区（B）"下拉列表可选择"主选项卡"，在右下角分别单击"新建选项卡（W）"和"新建组（N）"按钮。然后，选择新生成的"新建组（自定义），选择"Normal.Newmacros.宏 1"，单击中间的"添加"按钮，则出现图 5-5 所示的界面，可以分别对选项卡名、新建的组名和录制的宏名进行重命名。

图 5-3　指定宏的运行方式　　　　　图 5-4　新建选项卡和新建组

⑤ 在图 5-5 中，选择"新建组"下的"宏 1"，单击"重命名（M）"按钮，将"宏 1"改为"GGS"，然后，单击"确定"按钮，再单击"Word 选项"对话框的"确定"按钮，此时，在功能区可以看到新建的选项卡，在该选项卡内，可以看到新建的组和宏的命令按钮。

将宏指定到组合键的方法可以在"录制宏"对话框中单击"键盘"按钮，弹出"自定义键盘"对话框，如图 5-6 所示。在"请按新快捷键"框内单击，再输入想要的快捷键，如 Ctrl+Q等。单击"指定"按钮，以便将组合键指定给宏。

图 5-5　更改"宏 1"的名称　　　　　图 5-6　Word"自定义键盘"对话框

（2）指定宏在 Excel 中的运行方式如下

在 Excel 中录制宏只是需要指定一个【Ctrl】键来运行它。如果想增加宏命令按钮到选项卡，则必须在录制宏完成之后进行添加新建选项卡等工作，类似于图 5-5 的操作。

指定【Ctrl】键来运行所录制的宏的操作步骤如下：

① 在"快捷键"文本框中输入该字母。如果希望快捷键中有【Shift】键，则按【Shift】键的同时，输入该字母。

② 在"将宏保存在"下拉列表中，指明让宏录制器把宏保存在什么位置。可以选择如下几种：

- 当前工作簿：它将宏保存在活动工作簿内。
- 个人宏工作簿：把宏和其他自定义内容保存在"个人宏工作簿"里，就能使这些宏为所有过程使用，类似于 Word 中的 Normal.dot。

图 5-7　"代码"组

- 单击"确定"按钮，以启动宏录制器。当所有操作完成后，单击"开发工具"选项卡，单击"代码"组内的"停止录制"按钮，类似于 Word 中的操作，如图 5-7 所示。

5.1.3　运行宏

运行已录制的宏，可以使用下面的任何一种方法：

① 如果录制的宏指定运行方式，则可按照指定的方式运行，如工具栏按钮等。

② 如果未指定控件，单击"视图"选项卡或"开发工具"选项卡"宏"组中的"宏"按钮，在弹出的列表中选择"查看宏"，弹出"宏"对话框。在对话框中选择某个宏，单击"运行"按钮。

5.1.4　在 Word 中录制宏

在录制宏之前，首先设计一个宏以便完成以下一些操作：设置字体大小、字体、颜色和段落首行缩进 2 个字符。具体操作步骤如下：

① 打开一个空白 Word 文档，单击"开发工具"选项卡，在"代码"组中单击"录制宏"，弹出"录制宏"对话框，如图 5-1 所示。

② 在对话框中输入宏名 GGS，然后单击"按钮"按钮，将建立的宏指定在选项卡上运行，具体设置如图 5-4 所示。

③ 单击"确定"按钮。

④ 开始录制：

- 单击"开始"选项卡"字体"组右下角的对话框启动器按钮，弹出"字体"对话框，设置字体为"楷体"，大小为"四号"，颜色为"红色"，单击"确定"按钮。
- 单击"段落"组右下角的对话框启动器按钮，弹出"段落"对话框，然后单击"特殊格式"下拉列表，选择"首行缩进"，磅值为 2 个字符，单击"确定"按钮。

⑤ 单击"开发工具"选项卡"代码"组中的"停止录制"按钮，如图 5-7 所示。至此，一个宏名为 GGS 的宏录制完成，并指定了它的运行方式是选项卡按钮方式。

5.1.5　在 Excel 中录制宏

1. 创建个人宏工作簿

在 Excel 中录制宏，一般需要一个"个人宏工作簿"，如果在创建宏之前没有个人宏工作簿存在，则首先需要建立"个人宏工作簿"。

建立"个人宏工作簿"的步骤如下：

① 单击"开发工具"选项卡"代码"组中的"录制宏"按钮，弹出"录制新宏"对话框，如图 5-8 所示。

② 在"保存在"下拉列表中选择"个人宏工作簿"，单击"确定"按钮。

③ 单击"开发工具"选项卡"代码"组中的"停止录制"按钮。

④ 单击"视图"选项卡"窗口"组中的"取消隐藏"按钮，弹出"取消隐藏"对话框，选择 PERSONAL.XLSX，并单击"确定"按钮。

⑤ 单击"开发工具"选项卡"代码"组中的 "宏"按钮，弹出"宏"对话框，选择刚才录制的宏，并单击"删除"按钮。至此，一个可以供用户使用"个人宏工作簿"创建完成。

2．在 Excel 中录制样本宏

在 Excel 中录制宏，首先也需要设计一组操作：新建一个工作簿，从 B2 单元格开始，B3、B4 等依次输入星期一、星期二等，字体颜色为红色，大小为 20，字体为"华文行楷"。录制宏的操作步骤如下：

① 单击"开发工具"选项卡"代码"组中的"录制宏"按钮，弹出"录制新宏"对话框，如图 5-8 所示。在"宏名"文本框中输入 Excel_GGS，在"快捷键"文本框中输入 q，在"保存在"列下拉表框中选择"个人宏工作簿"。

② 单击"确定"按钮，退出"录制新宏"对话框，自动启用录制宏功能。

③ 选中 B2 单元格，输入"星期一"，利用填充操作，向下填充到星期日，并将文字设置为红色，大小为 20，字体为"华文行楷"，如图 5-9 所示。

图 5-8 "录制新宏"对话框

图 5-9 录制的宏的操作结果

④ 单击快速访问工具栏上的"保存"按钮。将该文档命名为 Excel_GGS，并保存在合适的位置。单击"停止录制"工具栏上的"停止录制"按钮。同时，也保存"个人宏工作簿"，最后全部关闭。

⑤ 至此，宏录制完成，保存文档，可运行该宏，看看有什么结果。

5.1.6 指定宏的运行方式

在前面设置和录制宏的过程中，同时也指定了运行方式。如果未指定宏的运行方式，只是录制了某个宏，可以将现有的宏指定到选项卡上。

1．将宏指定到选项卡按钮

因为这种宏运行方式在 Word 软件环境中的设置步骤与 Excel 环境中的设置步骤是一样的，所以这里仅介绍 Word 环境中的操作步骤和效果。

① 打开"Word 选项"对话框：单击"文件"按钮，在列表中单击"选项"按钮，弹出图 5-4 所示的对话框。选中左侧的"自定义功能区"，然后单击"从下列位置选择

命令（C）"下拉列表，选中其中的"宏"；在右边"自定义功能区（B）"内可选择"主选项卡"，右下角分别单击"新建选项卡（W）"和"新建组（N）"。然后，选中新生成的"新建组（自定义），单击选择需要指定的宏（如"Normal.Newmacros.GGS"），再单击"添加"按钮。最后，将新建的选项卡名改为"VBA"，新建的组名改为"基本 VBA"，如图 5-10 所示。

② 单击"确定"按钮，生成新建的选项卡和新建的组，如图 5-11 所示。

图 5-10　"Word 选项"对话框

图 5-11　新建选项卡，新建组效果图

2．将宏指定到组合键

在 Word 中将存在的宏指定到组合键的操作步骤如下：

在 Word 中，打开"Word 选项卡"对话框，选中左侧的"自定义功能区"，单击"从下列位置选择命令（C）"下拉列表，选中其中的"宏"，然后单击"自定义（T）…"按钮，弹出"自定义键盘"对话框。在"自定义键盘"对话框中输入需要的快捷键，如图 5-12 所示。

在 Excel 中将存在的宏指定到组合键的操和步骤如下：

① 单击"开发工具"选项卡"代码"组中的"宏"按钮，弹出"宏"对

图 5-12　"自定义键盘"对话框

话框，如图 5-13 所示。在"宏"对话框中，选中相应的宏名，单击"选项"按钮，弹出"宏选项"对话框，如图 5-14 所示。

② 在"宏选项"对话框中可以看到需要设置运行方式的宏的名字，同时可以设置运行宏的快捷键，单击"确定"按钮完成。

图 5-13　"宏"对话框　　　　　　　　　　图 5-14　"宏选项"对话框

5.1.7　删除宏

删除不需要的宏的操作步骤如下：

① 单击 Word 或者 Excel 环境中的"开发工具"选项卡"代码"组中的"宏"按钮，弹出"宏"对话框，如图 5-13 所示。（也可以在"视图"选项卡的"宏"组中单击"宏"按钮）

② 在"宏名"列表框中选择需要删除的宏，单击"删除"按钮。

③ 在弹出的警告提示框内，单击"是"按钮即可。

5.2　Visual Basic 编辑器

Visual Basic 编辑器（VBE）是微软提供的一个工具，用以实现 VBA 代码和用户窗体一起工作。作为 VBA 宿主的所有应用程序，都可以使用 Visual Basic 编辑器。本节主要对 Visual Basic 开发环境的各个组成部分进行介绍，以便修改和编写 VBA 代码。

5.2.1　打开 Visual Basic 编辑器

打开编辑器主要有 3 种方法：

1. 利用宏的关联性打开 Visual Basic 编辑器

本例中，使用 Word 打开在前面录制的宏 GGS。

（1）打开 Word 应用程序，单击"开发工具"选项卡"代码"组中的"宏"按钮，弹出"宏"对话框。

（2）在"宏"对话框中，选择宏 GGS，然后单击"编辑"按钮。Word 将打开 Visual Basic 编辑器显示出相应的宏代码，如图 5-15 所示。

2. 直接打开 Visual Basic 编辑器

打开 Word 应用程序，单击"开发工具"选项卡"代码"组中的"Visual Basic"按钮，将显示 Visual Basic 编辑器环境。

3. 利用快捷键打开 Visual Basic 编辑器

在 Word 应用程序中，利用快捷键【Alt+F11】可以直接打开 Visual Basic 编辑器。

以上打开 VBE 的 3 种方法中，除了第一种方法可以直接打开需要编辑的宏代码外，另外两种方法需要进行一个引导宏的操作，具体操作如下：

直接打开 Visual Basic 编辑器后，使用工程资源管理器窗口可以引导到宏。当正在 Visual Basic 编辑器中工作时，也可以使用工程资源管理器在几个打开的工程和模块之间进行切换。

以下为引导到宏 GGS 的步骤：

① 在 Visual Basic 编辑器左上角的工程资源管理器窗口内，找到对应于 Normal 的项，单击名称左边的 "+" 号展开。

② 双击 "模块" 对象展开。

③ 双击 NewMacros 模块（在此模块中，Word 已自动创建了录制的宏），在 Visual Basic 编辑器在右边的 "代码" 窗口中显示出该模块的内容。

④ 如果模块中包含一个以上的宏，必须选中打算与之工作的那个宏。例如在代码页面上选择需要修改的宏名：GGS，如图 5-16 所示。

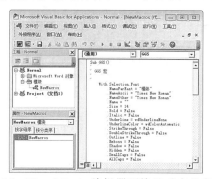

图 5-15　Visual Basic 编辑器环境及对应的宏代码

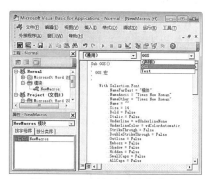

图 5-16　选择需要操作的宏

5.2.2　Visual Basic 编辑器主窗口

Visual Basic 编辑器的主窗口主要包括以下几部分：

1. 工程资源管理器

工程资源管理器是在 Visual Basic 编辑器内各个组成部分之间进行导引的工具，图 5-15 所示为 Word 中的 Visual Basic 编辑器的工程资源管理器。

根据主应用程序及其功能的不同，每个工程包含如下内容的一部分或全部：

① 用户窗体。

② 包含宏、过程以及函数模块。

③ 类模块（类模块用来定义对象的属性和值）。

④ 引用其他工程或库文件（如 DLL 等文件）。

⑤ 与应用有关的对象。例如，每个 Word 文档和模板都包含有 Microsoft Word Objects 文件夹，该文件夹内有 This Document 的类对象。This Document 让人访问对应此文档或模板的属性和事件。

对于大多数主应用程序，每个打开的文档和模板都可以视为一个工程，并显示为工程树的一个根。工程树还包含有全局宏存储，例如 Word 中的 Normal.dot 模板或 Excel 中的个人宏工作簿。

工程资源管理器有 3 个按钮，如图 5-17 所示。

① 查看代码按钮：位于左边第一个，单击该按钮，就显示选中对象的代码窗口，如图 5-15 所示。

② 查看对象按钮：位于中间的按钮，显示出包含被选中的对象的窗口。在选择到一个可显示的对象（如用户窗体、文件或文件内的对象）之前，该按钮的颜色是灰色的，表示不可用。如果选中的对象是用户窗体，单击该按钮之后，在主应用程序的窗口内就显示出该用户窗体；如果选中的对象是文件或文件内的一个对象，单击该按钮之后，就在主应用程序的窗口中显示出该对象。例如，选择对应于 Word 文档的 This Document 对象，并单击"查看对象"按钮，就在 Word 窗口中显示该 Word 文档。

③ 切换文件夹按钮：位于最右边。在工程资源管理器中切换对象的视图，在"文件夹视图"和"文件夹内容"视图之间进行切换。

2．对象浏览器

Visual Basic 编辑器提供了一个全对象浏览器，可以帮助浏览 VBA 中所有的可用对象。如图 5-18 所示，可查看到 Normal 对象中的成员，包括类和方法成员。单击"视图"选项卡中的"对象浏览器"按钮可以打开该窗口。

图 5-17　工程资源管理器窗口

图 5-18　"对象浏览器"窗口

3．代码窗口

Visual Basic 编辑器中每个打开的工程提供了代码的显示，工程内可以保护代码的每个文档片段，以及工程内的每个代码模块和用户窗体。每个代码窗口以工程名、工程内模块名以及括号中的"代码"来标识。如图 5-19 所示，在代码窗口中有两个下拉列表框。

① 代码窗口左上角的为"对象"下拉列表，提供了在不同对象之间切换的方法。

② 代码窗口右上角的为"过程"下拉列表，使用户能够在当前模块内各个过程之间切换。

4．属性窗口

属性窗口可以查看和修改 VBA 对象，如工程、模块或类、用户窗体和控件的属性。图 5-20 所示为 Word 文档的 Visual Basic 编辑器中的属性窗口，显示出当前选中文档的全部属性，查看和修改属性可以通过"按字母序"和"按分类序"两种方法来找到属性。为了更改某一属性的值，需要单击含有该属性名称的小格子，然后在更改这个属性的值。

5．立即窗口

除了工程资源管理器、代码窗口以及属性窗口外，还有两个重要的窗口是对象浏览器和立即窗口。如图 5-21 所示，立即窗口是一个很小的简洁的窗口。将代码行内需要测试的代码输入到立即窗口并按【Enter】键时，Visual Basic 编辑器便执行改代码。

单击"视图"选项卡中的"立即窗口"按钮，就可打开该窗口。

图 5-19　代码窗口

图 5-20　VBE 的属性窗口

图 5-21　"立即窗口"窗口

5.2.3　设置工程属性

建立 VBA 工程时，有必要对工程进行属性设置，包括工程名称、说明等。例如，对于 Word 中某一模板的属性对话框，可以标识为"Project—工程属性"，而对应于 Excel 工作簿的属性对话框，可以标识为"VBAProject—工程属性"。图 5-22 所示显示的是 Excel 工作簿的"工程属性"对话框。

在该"工程属性"对话框的"通用"选项卡上可以实现如下操作：

① 在"工程名称"文本框中设置工程名。这个名称确保是唯一的。名称中不可以用空格。

② 在"工程说明"文本框中输入工程的说明，帮助用户了解该工程为内容。

③ 在"帮助文件名"文本框中输入文件名称和路径。可以单击右边的省略号按钮，在弹出的对话框中进行文件的选择。

④ 在"工程帮助上下文标识符"文本框中为工程指定"帮助"上下文的主题代码。"帮助"上下文（Context）指的是与帮助主题相关的内容在"帮助"文件中的位置。默认的"帮助"上下文是 0，它使得"帮助"文件被调用时显示的内容与该文件在资源管理器中被双击打开时显示的内容是相同的。

选择图 5-23 中的"保护"选项卡，可以实现如下操作：

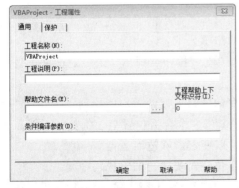

图 5-22　"工程属性"对话框

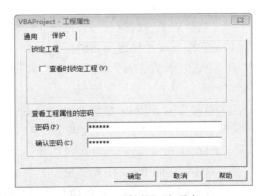

图 5-23　"保护"选项卡

① 选择"查看时锁定工程"复选框，打开工程时需要输入密码。

② 在"查看工程属性的密码"组合框内分别输入需要设置的密码，单击"确定"按钮。

—— 注 意 ——

如果在"密码"文本框和"确认密码"文本框内输入密码，但是未选择"查看时锁定工程"复选框时，则密码无效，仍然能被打开和修改。

5.2.4 关闭 Visual Basic 编辑器

关闭 Visual Basic 编辑器，选择"文件"→"关闭并返回到应用程序"命令，或单击 Visual Basic 编辑器窗口的"关闭"按钮即可。

5.3 编辑已录制的宏

在 Visual Basic 编辑器中针对宏进行操作主要有以下几个原因：

① 为了改正已录制的宏过程中出现的错误或者确定出现的问题。

② 为了向宏添加更多的代码，以使其操作有所不同。这是了解 VBA 的重要的途径。

③ 为了用 Visual Basic 编辑器中编写宏的方式，而不是录制宏的方式来创建宏。可以根据实际情况，从头开始编写新宏，或是利用已有宏的部分成果来编写新宏。

5.3.1 在 Visual Basic 编辑器中测试宏

如果从主应用程序运行一个宏遇到错误，可以在 Visual Basic 编辑器中打开这个宏，进行编辑修改。操作步骤如下：

① 在主应用程序中，单击"开发工具"选项卡"代码"组中的"宏"按钮，弹出"宏"对话框，或者按【Alt+F8】组合键。

② 选中宏，单击"编辑"按钮。Visual Basic 编辑器中显示该宏的代码以便编辑。

③ 按【F5】键或者单击"运行"按钮，或单击编辑器中"标准"工具栏上的"运行子过程/用户窗体"按钮，运行该宏。

④ 如果宏出错和崩溃，VBA 会在屏幕上显示错误消息框，并在代码窗口中显示有错的语句，进行相应的修改即可。

1. 单步执行宏

单步执行宏是一次执行一条命令，这样就能知道每条命令的操作效果，虽然这样做很麻烦，但是它能发现和确定问题的所在。单步执行的步骤如下：

① 单击"开发工具"选项卡"代码"组中的"宏"按钮，弹出"宏"对话框，选中需要修改的宏，单击"编辑"按钮。

② 排列 Visual Basic 编辑器窗口和主应用程序的窗口，使两者均能看到。

③ 根据宏的需要，将插入点定位在应用程序窗口一个合适位置上。例如，可能需要将插入点定位在一个特定的地方，或选择一个对象，以使宏能够适当运行。

④ 单击 Visual Basic 编辑器窗口，将插入点定位在需要运行的宏代码中间。

⑤ 按【F8】键，以便逐条命令地单步执行宏，每按一次【F8】键，VBA 代码就执行一

行。当执行某行时，Visual Basic 编辑器使该行增亮。所以，用户可以在应用程序窗口中观察执行效果并发现问题。图 5-24 所示提供了单步执行录制在 Word 里的宏的例子。接下来，简单介绍设置断点和在代码行中插入注释。

2. 设置断点

断点是程序人员设置在代码行里的暂停开关。使用断点，可以在运行宏时快速略过宏的部分功能，而停在程序员想要开始监视代码逐语句执行的地方。为了切换断点，在一个可执行代码行内右击，在弹出的快捷菜单中选择"切换"命令，然后单击"断点"按钮，也可以在紧挨该代码的边界标识条内单击。按默认方式，设有断点的那一行的颜色会变深。断点本身以边界标识条内一个深色圆圈来指明，如图 5-25 所示。

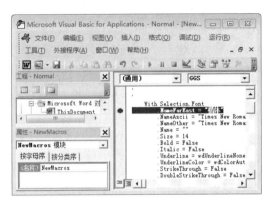

图 5-24 Word 中单步调试宏代码

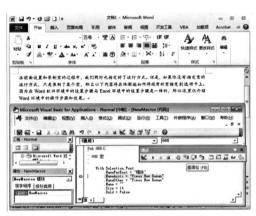

图 5-25 设置断点

3. 插入注释行

和大多数编程语言一样，VBA 让程序人员在代码中添加注释，以使代码易于理解。在创建代码时，注释是很有意义的；当程序员很久之后再次看自己以前的代码时，会忘记该代码的具体含义——或者更多时，看别人的代码时根本搞不懂什么含义时，对代码的注释就很有意义。可以把那些不想让 Visual Basic 编辑器执行的代码行设置成注释行。

要用手工方法来指明某一行是注释，只需要在该代码行前面输入单引号。通常，把注释放在一行的起始处是最容易的。也可以使用 Rem 来代替注释符。如要用手工方法来解除注释行，删除注释符或 Rem 即可。

Visual Basic 编辑器提供"设置注释块"和"解除注释块"命令，以自动进行有关注释设置和解除操作。选择代码行，然后单击"编辑"工具栏上的"设置注释块"按钮，以便在每行的起始处放置注释符；要解除注释行，需要单击"解除注释块"按钮。需要注意的是："设置注释块"和"解除注释块"命令只针对注释符操作，不能对 Rem 行起作用。如果用了 Rem，则必须用手工的方法设置和解除注释行。

4. 跳出宏

一旦已经发现和确定了宏里面的问题，用户可能不愿意再逐条命令地去执行剩下的代码。如果只是想运行这个宏的余下部分，然后再返回单步执行调用这个宏，就使用"跳出"命令。这个命令可以全速结束当前宏或过程的执行。但是，如果此后代码随另一个过程继续的话，Visual Basic 编辑器便返回中断模式，以便让用户能够考察这个过程的代码。

要执行"跳出"命令，可按【Ctrl+Shift+F8】组合键，或者单击"调试"工具栏上的"跳出"按钮，或者选择"调试"→"跳出"命令。

5.3.2 编辑 Word 宏

现在来编辑 Word 中录制的宏 GGS，并使用它来构建另外一个新的宏。

首先，在 Visual Basic 编辑器中打开该宏，具体步骤如下：

① 启动 Word 应用程序，按【Alt+F8】组合键，或者单击"开发工具"选项卡"代码"组中的"宏"按钮，弹出"宏"对话框。

② 选中 GGS 宏，单击"编辑"按钮。

程序清单 5-1

```
1.  Sub GGS()
2.  '
3.  ' Word_GGS 宏
4.  '
5.  Selection.Extend
6.  Selection.MoveDown Unit:=wdLine, Count:=4
7.  Selection.Font.Size=14
8.  Selection.Font.Bold=wdToggle
9.  With Selection.ParagraphFormat
10.     .LineSpacingRule=wdLineSpace1pt5
11.     .Alignment=wdAlignParagraphJustify
12.     .WidowControl=False
13.     .KeepWithNext=False
14.     .KeepTogether=False
15.     .PageBreakBefore=False
16.     .NoLineNumber=False
17.     .Hyphenation=True
18.     .FirstLineIndent=CentimetersToPoints(0.35)
19.     .OutlineLevel=wdOutlineLevelBodyText
20.     .CharacterUnitLeftIndent=0
21.     .CharacterUnitRightIndent=0
22.     .CharacterUnitFirstLineIndent=2
23.     End With
24.     Selection.Font.Name="华文行楷"
25.     Selection.MoveUp Unit:=wdLine,Count:=3
26.     Selection.MoveRight Unit:=wdCharacter,Count:=2
27.     Selection.MoveRight Unit:=wdCharacter,Count:=12, Extend:=wdExtend
28.     Selection.Copy
29.     Selection.MoveRight Unit:=wdCharacter,Count:=14
30.     Selection.MoveLeft Unit:=wdCharacter,Count:=13
31.     Selection.MoveRight Unit:=wdCharacter,Count:=2
32.     Application.Run MacroName:="MathTypeCommands.UIWrappers.EditPaste"
33. End Sub
```

在代码窗口中，能看到类似于程序清单 5-1 的代码，只是没有出现行号，行号是人为加上去的，是为了提高代码的讲解效率。

行 1 以 Sub GGS ()来表示宏的开始，说明这个宏的名字是 GGS，在行 33 以 End Sub 语句来表示宏的结束；也就说 Sub 和 End Sub 分别表示宏的开始和结束。

行 2 和行 4 表示空白的注释行，宏录制器插入这些注释行是为了宏便于阅读。可以在宏里面使用任意多的空白注释行，以便把语句分成若干组。

行 3 内有宏的名称，录制时间和录制人员，对应于"宏录制"对话框中的信息。

行 5 到行 32 为代码行，其中 Selection 表示选中的对象（这里指文字）。行 5 的 Extend 表示按【F8】键的扩展操作，行 6 表示插入点移动单位是"行"，共 4 个位置。行 7 表示选中的对象的字体大小为 13，行 8 表示选中的对象的字体为加粗。

行 9 到行 23 是对"段落"对话框的一些设置（这里删除了部分无效的内容），在这些代码中，体现了"段落"对话框中所具有的信息，因此比较庞大和臃肿。在这里，只是设置了段落的首行缩进 2 个字符，由代码行 22 来执行。行 23 表示对"段落"对话框执行的结束标识。

行 24 说明了选中的对象的字体为"华文行楷"，行 25 表示向上移动 3 行，行 26 表示插入点向右边移动 2 个字符，行 27 表示向右移动 12 字符同时进行扩展选中移动的范围的文字对象，行 28 行表示对选中对象进行复制操作，行 29 表示插入点向右移动 14 个字符，行 30,31 类似操作，行 32 表示粘贴操作。

1．单步执行 GGS 宏

使用"调试"对话框，对录制的宏 GGS 进行单步调试。

① 排列窗口，使得 Word 窗口和 Visual Basic 编辑器能同时被看到，可以右击任务栏，选择快捷菜单中的"横向平铺窗口"或"纵向平铺窗口"命令。

② 在 Visual Basic 编辑器内单击，然后将插入点置于代码窗口内的 GGS 宏里面。

③ 按【F8】键以单步执行代码，每次执行一个活动行，可以注意到，VBA 跳过空白行和注释行，因为他们不是活动行。当按【F8】键时，VBA 使当前语句增亮，同时能观察到 Word 窗口内的操作。

到达宏的结束处时（本例是行 33 的 End Sub 语句），Visual Basic 编辑器关闭中断模式。可以通过单击"标准"工具栏或"调试"工具栏上的"重新设置"按钮，或选择"运行"→"重新设置"命令来实现，也可以在任何时刻退出中断模式。

2．运行 GGS 宏

如果该宏在单步执行时工作正常，用户可能想从 Visual Basic 编辑器来运行它，这就要单击"标准"工具栏或"调试"工具栏上的"运行子过程/用户窗体"按钮，也可以单击这个按钮，从中断模式来运行该宏，它从当前的指令开始运行。

3．创建 Word_GGS 宏

现在可以对 GGS 宏进行少量的调整，就可以创建一个新的宏，实现一些新的功能，以此来创建一个新的宏 Word_GGS。

① 在代码窗口中，选中 GGS 宏的所有代码，右击，选择"复制"命令。

② 将插入点移动到 GGS 宏的 End Sub 代码的下面一行或几行，插入点不允许在其他代码内部。

③ 右击，选择"粘贴"命令，将 GGS 所有的内容复制过来。

④ 编辑 Sub 行，将宏的名字改为 Word_GGS。

⑤ 对于注释行也可以根据需要进行改动，如宏名的改变等。

⑥ 现在需要做的就是根据原来的宏，对于需要改变的功能进行修改或者增加或者删除部分功能。

⑦ 这里可以将宏 GGS 中对于"段落"对话框中默认的部分进行删除，然后增加部分功能（如文字效果为"礼花绽放"，该效果是 2010 版的隐藏效果，只能编程实现），改变字体的颜色（红色）、字形（华文中宋）和字体大小（Size 的值为 10）等。

至此根据录制的宏 GGS，来得到需要的宏，程序清单如 5-2 所示。

程序清单 5-2

```
1.Sub Word_GGS()
2.' Word_GGS 宏
3.  Selection.Extend
4.  Selection.MoveDown Unit:=wdLine, Count:=4
5.  Selection.Font.Size=10
6.  Selection.Font.Bold=wdToggle
7.  Selection.Font.Color=wdColorRed
8.  With Selection.Font
9.  .Animation=wdAnimationSparkleText
10. End With
11. With Selection.ParagraphFormat
12. CharacterUnitFirstLineIndent=2
13. End With
14. Selection.Font.Name="华文中宋"
15. Selection.MoveRight Unit:=wdCharacter,Count:=1
16. Selection.MoveUp Unit:=wdLine,Count:=3
17. Selection.MoveRight Unit:=wdCharacter,Count:=2
18. Selection.MoveRight Unit:=wdCharacter,Count:=12, Extend:=wdExtend
19. Selection.Copy
20. Selection.MoveRight Unit:=wdCharacter,Count:=14
21. Selection.MoveLeft Unit:=wdCharacter,Count:=13
22. Selection.MoveRight Unit:=wdCharacter,Count:=2
23. Application.Run  MacroName:="MathTypeCommands.UIWrappers.EditPaste"
24. End Sub
```

在程序清单 5-2 中，对于"段落"对话框和"文字"对话框中默认的内容全部删除，只保留进行改变或者设置的内容的代码如行 9（礼花绽放），行 12（首行缩进 2 个字符）。

通过程序清单 5-1 和 5-2 的对比，会发现有些内容改变了，有些增加了，比如行 5 和行 7，分别改变了字体的大小和字体的颜色设置。在行 9 中增加了字体的文字效果为"礼花绽放"。行 14 中，改变了字体的字形为"华文中宋"。

4. 保存宏

当完成上述工作之后，可以运行这个宏，如果允许效果和设计的一样，那么接下来就可以保存这个宏了。保存宏的方法很多，可以在 Visual Basic 编辑器中选择"文件"→"保存"命令，或者直接在编辑器中的工具栏上单击"保存"按钮。

5.3.3 编辑 Excel 宏

这里需要将前面 Excel 中录制的宏 Excel_GGS 进行修改以便得到一个想要的宏。和 Word 中的宏一样，可以进行功能的修改、增加和删除。

1. 取消隐藏个人宏工作簿

在编辑 Excel 宏之前，如果个人工作簿当前是被隐藏的话，必须取消隐藏：

① 选择"视图"选项卡，单击"窗口"组中的"取消隐藏"按钮，弹出"取消隐藏"对话框。

② 选择 PERSONAL.XLSX，并单击"确定"按钮。

2. 打开宏

采用以下步骤可以打开宏：

① 选择"开发工具"选项卡，单击"代码"组中的"宏"按钮，弹出"宏"对话框。

② 选择需要打开的宏的名字 Excel_GGS，单击"编辑"按钮。

③ 在 Visual Basic 编辑器中显示出该宏的代码，如代码清单 5-3 所示。

程序清单 5-3

```
1.Sub Excel_GGS()
2.'
3.' Excel_GGS 宏
4.'快捷键: Ctrl+q
5.'
6. Workbooks.Add
7. Range("B2").Select
8. ActiveCell.FormulaR1C1="星期一"
9. Range("B2").Select
10. Selection.AutoFill Destination:=Range("B2:B8"), Type:=xlFillDefault
11. Range("B2:B8").Select
12. Selection.Font.ColorIndex=3
13. End Sub
```

说明：

① 行 1 的 Sub 和行 13 的 End Sub 表示宏 Excel_GGS 的开始和结尾，在行 1 中 Excel_GGS 表示该宏的名称。

② 行 2 和行 5 表示空白注释行，行 3 到行 5 为注释行。其中行 3 给出宏的名称，说明它是一个宏；行 4 表示在"录制新宏"对话框中的快捷键设置。

③ 行 6 表示在 Workbooks 集合对象上使用 Add 方法来创建一个新的空白工作簿。所谓一个集合对象，或者更简洁地说，一个集合，也是一个对象，它又包含某一给定类型的若干对象。

④ 行 7 表示选中 Range 对象 A1，使单元格 A1 为活动单元格。

⑤ 行 8 在该活动单元格内输入"星期一"。注意：如果输入日期，宏录制器已经保存了分拆的日期值，而不是被输入的整个文本。同样，单元格里显示的日期，其格式可能不同于 MMMM—YYYY。

⑥ 行 9 表示 Range 对象 B2 被选中，B2 为活动单元格；行 10 表示自动填充 B2 到 B8，填充类型为默认类型。

⑦ 行 11 表示单元格区域 B2 到 B8 被选中，行 12 表示设置单元格区域 B1 到 B7 内文字的颜色（这里是索引为 3 的颜色：红色）。

3．编辑 Excel 宏

① 选中行 8 到行 12。

② 按【Ctrl+C】组合键，或者右击选中部分，选择"复制"命令。

③ 将插入点移到行 14 的起始处，右击，选择"粘贴"命令。得到的程序清单如 5-4 所示。

程序清单 5-4

```
1.  Sub Excel_GGS()
2.  '
3.  ' Excel_GGS 宏
4.  '快捷键: Ctrl+q
5.  '
6.  Workbooks.Add
7.  Range("B2").Select
8.  ActiveCell.FormulaR1C1="星期一"
9.  Range("B2").Select
10. Selection.AutoFill Destination:=Range("B2:B8"),Type:=xlFillDefault
11. Range("B2:B8").Select
12. Selection.Font.ColorIndex=3
13. Range("B2").Select
14. ActiveCell.FormulaR1C1="星期一"
15. Range("B2").Select
16. Selection.AutoFill Destination:=Range("B2:B8"),Type:=xlFillDefault
17. Range("B2:B8").Select
18. Selection.Font.ColorIndex=3
19. End Sub
```

接下来，对于以上代码进行修改：

① 删除行 9 代码，因为此时 B2 已经被选中。同理，可以删除行 15（如果没有改变成其他操作的话）。

② 将行 13，改为 D2 单元格为活动单元格，代码为 Range("D2").Select。

③ 将行 14 的代码改为 ActiveCell.FormulaR1C1 = "1 月份"。

④ 将行 16 代码中的 Range 函数的参数改为 D2:D13，同样行 17 也是同样的修改。

⑤ 将行 18 的代码改为 Selection.Font.Color = vbBlue，这样单元格文字的颜色为蓝色。

⑥ 单击"保存"按钮，或者选择"文件"→"保存"命令，自此，该宏的代码清单 5-5 如下。

程序清单 5-5

```
1.  Sub Excel_GGS()
2.  '
3.  ' Excel_GGS 宏
```

```
4.   '快捷键: Ctrl+q
5.   '
6.   Workbooks.Add
7.   Range("B2").Select
8.   ActiveCell.FormulaR1C1="星期一"
9.   Selection.AutoFill Destination:=Range("B2:B8"), Type:=xlFillDefault
10.  Range("B2:B8").Select
11.  Selection.Font.ColorIndex=3
12.  Range("D2").Select
13.  ActiveCell.FormulaR1C1="1 月份"
14.  Selection.AutoFill Destination:=Range("D2:D13"), Type:=xlFillDefault
15.  Range("D2:D13").Select
16.  Selection.Font.Color=vbBlue
17.  End Sub
```

现在可以单步执行该宏，同时观察 Excel 程序有什么事情发生：它还是和原先一样，新建立一个 Excel 工作簿，然后在单元格 B2 到 B8 中显示星期一到星期日，字体颜色是红色；但是，接下来的变化是编程增加的。在 D2 单元格输入"1 月份"，对单元格 D2 到 D13 进行默认填充，则单元格 D2 到 D13 中分别显示 1 月份到 12 月份，文字颜色为蓝色。

4．保存宏

当完成了针对这个宏的操作时，工作表中已经包含了该宏，也使得工作簿有了改动，此时需要从 Visual Basic 编辑器中选择"文件"→"保存"命令，以保存工作簿，关闭 Visual Basic 编辑器，返回 Excel。至此，完成了 Word 宏和 Excel 宏代码的修改。

5.3.4　宏录制的优缺点

应当看到可以在 Visual Basic 中修改宏代码，也可以直接编写宏代码。实际上，使用宏录制器既有优点也有缺点。

使用宏录制器的优点如下：

① 任何时候宏录制器都能够创建可用代码（只要能在合适的条件下运行宏）。

② 宏录制器能够帮助找出哪一个 VBA 对象、方法和属性，对应于应用程序界面的哪一部分。

使用宏录制器的缺点如下：

① 在宏录制器中创建的代码，可能含有一些不必要的语句，因为宏录制器录制用户在应用程序中所做的一切——包括录制宏时使用的每个内置对话框里的所有选项，如果你只是对某个对话框内设置一个选项的话，则和 Visual Basic 编辑器中手工输入的一行代码是一样的效果。

② 由宏录制器创建的代码，只能在活动文档中工作，不能使用于其他文档。这是因为以交互式方式与之工作的任何文档，都只能成为活动文档。

③ 宏录制器只能针对在主应用程序中实施的某些行为创建 VBA 代码。例如，如果想在某一过程中显示一个对话框或用户窗体，必须手工编写适当的语句而不能录制它。宏录制器中可用的 VBA 行动的子集，同以交互式方式工作时在主应用程序中可采用的行动集相类似，所以，可用它做很多事情。但是，同在 VBA 中能够实施的行动的整个范围相比较，它仍然是很有限的。

即使是 VBA 专家，也应该承认宏录制器能够生成虽然粗糙但可用的宏，或者生成更复杂过程的基本部分，它不失为一个有用的工具。使用宏录制器不但能迅速地找出所需要的 VBA 对象或属性，而且节省时间，提高了工作效率。

5.4　VBA 基础

VBA（Visual Basic for Application）由微软公司开发的面向对象的程序设计语言，它内嵌在 Office 应用程序中，是 Office 软件的重要组件，具有面向对象、可视化，容易学习和实现办公自动化工作等特点。Visual Basic 编辑器（VBE）是 VBA 的开发环境。运用 VBA 编程需要了解对象是代码和数据的集合，对象的属性用于定义对象的特征，对象的方法用于描述对象的行为。

5.4.1　VBA 与 VB 的区别

要介绍 VBA，不可避免地要谈论 VBA 与 Visual Basic 的关系，VBA 是基于 VB 发展而来的，它们具有相似的语言结构和语法特性，同时它们也有不同，主要区别如下：

① VB 是设计用于创建标准的应用程序，而 VBA 是用于使已有的应用程序自动化。

② VB 具有自己的开发环境，而 VBA 必须"寄生于"已有的应用程序。

③ 要运行 Visual Basic 开发的应用程序，用户不用调用 Visual Basic 编辑环境，可直接执行。而 VBA 应用程序是寄生性的，执行它们要求用户访问"父"应用程序，如 Word、Excel。

尽管存在这些不同，Visual Basic 和 VBA 在结构上仍然非常相似。事实上，如果已经了解了 Visual Basic，则学习 VBA 会非常快。当学会在 Excel 中用 VBA 创建解决方案后，已经具备了在 Word、Excel 和 PowerPoint 中用 VBA 创建解决方案的大部分知识。

5.4.2　理解对象、集合、属性和方法

对象是 Visual Basic 的结构基础，在 Visual Basic 中进行的所有操作几乎都与修改对象有关。Microsoft Word 的任何元素，如文档、表格、段落、书签、域等，都可用 Visual Basic 中的对象来表示。

对象代表一个 Word 元素，如文档、段落、书签或单独的字符。集合也是一个对象，该对象包含多个其他对象，通常这些对象属于相同的类型；例如，一个集合对象中可包含文档中的所有书签对象。通过使用属性和方法，可以修改单独的对象，也可修改整个的对象集合。

属性是对象的一种特性或该对象行为的一个方面。例如，文档属性包含其名称、内容、保存状态以及是否启用修订。若要更改一个对象的特征，可以修改其属性值。

若要设置属性的值，可在对象的后面紧接一个句号、属性名称、一个等号及新的属性值。下列示例是在名为 MyDoc.docx 的文档中启用修订：

```
Sub TrackChanges()
    Documents ("MyDoc.docx").TrackRevisions=True
End Sub
```

在本示例中，Documents 引用由打开的文档构成的集合，而"MyDoc.docx"标识集合中单独的文档，并设置该文档的 TrackRevisions 属性。

　　属性的"帮助"主题中会标明可以设置该属性（可读写），或只能读取该属性（只读）。

　　通过返回对象的一个属性值，可以获取有关该对象的信息。下列示例返回活动文档的名称：

```
Sub GetDocumentName()
    Dim strDocName As String
    StrDocName=ActiveDocument.Name
    MsgBox strDocName
End Sub
```

　　在本示例中，ActiveDocument 引用 Word 活动窗口中的文档。该文档的名称赋给了 strDocName 变量。

　　方法是对象可以执行的动作。例如，只要文档可以打印，Document 对象就具有 PrintOut 方法。方法通常带有参数，以限定执行动作的方式。下列示例打印活动文档的前三页：

```
Sub PrintThreePages()
    ActiveDocument.PrintOut Range: =wdPrintRangeOfPages, Pages:="1-3"
End Sub
```

　　在大多数情况下，方法是动作，而属性是性质。使用方法将导致发生对象的某些事件，而使用属性则会返回对象的信息，或引起对象的某个性质的改变。

　　对于对象的获得，需要通过某些对象的某些方法来返回一个对象。可通过返回集合中单独的对象的方式来返回大多数对象。例如 Documents 集合包含打开的 Word 文档。可使用（位于 Word 对象结构顶层的）Application 对象的 Documents 属性返回 Documents 集合。

　　在访问集合之后，可以通过在括号中使用索引序号（与处理数组的方式相似）返回单独的对象。索引序号通常是一个数值或名称。

　　下列示例使用 Documents 属性访问 Documents 集合，索引序号用于返回 Documents 集合中的第一篇文档，然后将 Close 方法应用于 Document 对象，关闭 Documents 集合中的第一篇文档：

```
Sub CloseDocument()
    Documents(1).Close
End Sub
```

　　下列示例使用名称（指定为一个字符串）来识别 Documents 集合中的 Document 对象。

```
Sub CloseSalesDoc()
    Documents("Sales.docx").Close
End Sub
```

　　集合对象通常具有可用于修改整个对象集合的方法和属性。Documents 对象具有 Save 方法，可用于保存集合中的所有文档。下列示例通过使用 Save 方法保存所有打开的文档。

```
Sub SaveAllOpenDocuments()
    Documents.Save
End Sub
```

　　Document 对象也可使用 Save 方法保存单独的文档。下列示例保存名为 Sales.docx 的文档。

```
Sub SaveSalesDoc()
    Documents("Sales.docx").Save
End Sub
```

若要返回一个处于 Word 对象结构底层的对象，就必须使用可返回对象的属性和方法，"深入"到该对象。

若要查看该过程的执行，请打开 Visual Basic 编辑器器，选择"视图"→"对象浏览器"命令，然后单击左侧"类"列表中的 Application，然后单击右侧"成员"列表中的 ActiveDocument。"对象浏览器"底部会显示文字，表明 ActiveDocument 是只读的，该属性返回 Document 对象。然后单击"对象浏览器"底部的 Document，则会在"类"列表中自动选定 Document 对象，并将在"成员"列表中显示 Document 对象的成员。滚动成员列表，找到 Close，单击 Close方法。"对象浏览器"窗口底部会显示文字，说明该方法的语法。有关该方法的详细内容请按【F1】键或单击"帮助"按钮，以跳转到 Close 方法的"帮助"主题。

根据这些信息可编写下列指令，以关闭活动文档：

```
Sub CloseDocSaveChanges()
    ActiveDocument.Close SaveChanges:=wdSaveChanges
End Sub
```

下列示例将活动文档窗口最大化：

```
Sub MaximizeDocumentWindow()
    ActiveDocument.ActiveWindow.WindowState = wdWindowStateMaximize
End Sub
```

ActiveWindow 属性返回一个 Window 对象，该对象代表活动窗口。将 WindowState 属性设为最大常量（wdWindowStateMaximize）。

下列示例将新建一篇文档，并显示"另存为"对话框，这样即可为文档提供一个名称：

```
Sub CreateSaveNewDocument()
    Documents.Add.Save
End Sub
```

Documents 属性返回 Documents 集合。Add 方法新建一篇文档，并返回一个 Document 对象。然后对 Document 对象应用 Save 方法。

如上所示，可以使用方法或属性来访问下层对象。也就是说，在对象结构中，将方法或属性应用于某个对象的上一级对象，可返回该下级对象。返回所需对象之后，就可以应用该对象的方法并控制其属性。

以上是对于 VBA 编程所应该掌握的核心概念。当然，要进行 VBA 编程还需要很多的知识，主要有 VBA 的语法结构、数据类型、运算方式、面向对象的编程思想等，本书不作详细阐述，读者可以从其他参考书籍或 MSDN 中学习和掌握。

5.5　VBA 的应用实例

在这里，主要阐述 VBA 的几个编程实例，让大家了解 VBA 编程的整个过程以及了解 Office对象模型，为大家进一步深入学习 VBA 编程打下基础。

5.5.1　Word 对象模型

了解 Word 对象模型，可以通过 Visual Basic 编辑器中的"帮助"菜单打开"帮助"窗口，在默认情况下（即非"显示目录"状态下）选择 Word 对象模型，可以在"帮助"窗口中查询整个对象模型,如图 5-26 所示。

打开一个子类对象,就可以看到对应于该对象的信息,包括对象模型中属性、方法等子类别,如图 5-27 所示。

图 5-26　Word 对象模型(部分)

图 5-27　Documents 集合

Word 有很多可以创建的对象。Word 允许用户去访问这些常用的对象,并且可以不必通过 Application 对象去访问。常用的有 ActiveDocument 对象、ActiveWindow 对象、Documents 对象、Options 对象、Selection 对象和 Windows 集合。

接下来举例说明如何利用 VBA 来使用 Word 对象完成一定的功能。

【例 5.1】在 Word 中将格式应用于文本。

下面程序使用 Word 对象模型中的 Selection 属性将字符和段落格式应用于选定的文本。其中用 Font 属性获得字体格式的属性和方法,用 ParagraphFormat 属性获得段落格式的属性和方法,程序清单如下:

程序清单 5-6

```
Sub wFormat()
 With Selection.Font
.Name="隶书"
.Size=16
 End With
 With Selection.ParagraphFormat
    .LineUnitBefore=0.5
    .LineUnitAfter=0.5
 End With
End Sub
```

在 Visual Basic 编辑器中,输入程序清单中的内容。然后在宿主 Word 的编辑窗口中选中某个段落,单击“调试”工具栏上的“运行子过程/用户窗口”按钮,就可以看到效果:文字为隶书,大小为 16,段落行前、行后都是 0.5 行的间距。

【例 5.2】在选定的每张表格的首行应用底纹。

要引用活动文档的段落、表格、域或者其他文档元素,可使用 Seclection 属性返回一个

Selection 对象，然后通过 Selection 对象访问文档元素。在此例中，同时还运用 For Each…Next 循环结构在选定内容的每张表格中循环，步骤如下：

① 打开某个 Word 文档（或新建），在文档中插入几张表格，如图 5-28 所示。

② 打开"开发工具"选项卡，单击"代码"组内的"Visual Basic 编辑器"按钮，或者按【Alt+F11】组合键，打开 Visual Basic 编辑器，输入程序清单 5-7。

程序清单 5-7

```
Sub Tabpe_Head()
Dim My_Table As Table
If Selection.Tables.Count>=1 Then
  For Each My_Table In Selection.Tables
    My_Table.Rows(1).Shading.Texture=wdTexture35Percent
Next My_Table
End If
```

③ 同时打开 Word 窗口和 Visual Basic 编辑器（最好并列摆放，便于观察效果）。在 Word 窗口中选中 3 张表格以及他们中间的区域（不能用【Ctrl】键来选择表格，用鼠标滑动选中或者【Shift】键+鼠标来选取连续的区域）。

④ 在 Visual Basic 编辑器中，将鼠标定位在 Table_Head 代码内部，然后单击"调试"工具栏上的"运行子过程/用户窗体"按钮。

⑤ 观察 Word 窗口中 3 个表格第一行的变化，如图 5-29 所示，第一行都加了底纹。

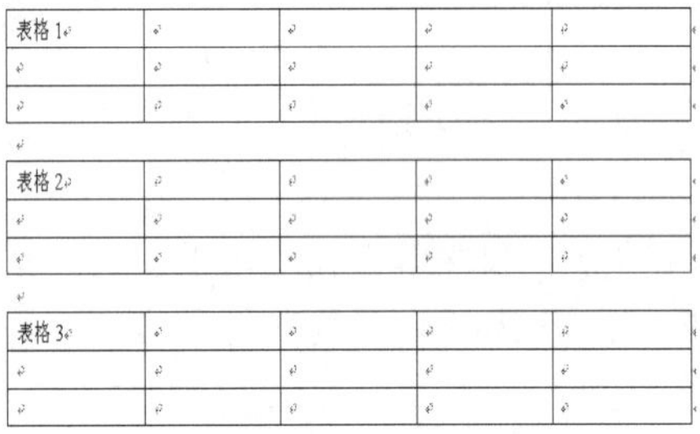

图 5-28 插入 3 张空白表格

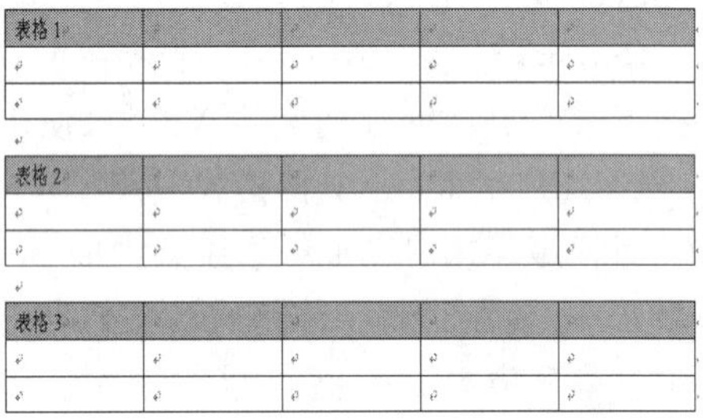

图 5-29 已经加了底纹的 3 张表格

【例 5.3】删除当前文档中选定部分的空白行。

在本例中，使用到 Selection 对象中的 Paragraphs 对象，运用 For Each…Next 语句来循环删除每个空白行（空白行是指没有任何字符的行，不能有空格。）程序清单 5-8 的功能非常的实用，代码很简单。

程序清单 5-8

```
Sub DelBlankLine()
 For Each i In Selection.Paragraphs
   If Len(Trim(i.Range))=1 Then i.Range.Delete
   Next
End Sub
```

打开或新建一个 Word 文档，在里面输入或者粘贴多行文字用于测试程序用，其中包含多行空白行。同时打开 Word 窗口和 Visual Basic 编辑器。在 Word 窗口中选中文字区域（包含多行空白行），然后在 Visual Basic 编辑器中，将鼠标置于上述代码内部，单击"运行子程序/用户窗体"按钮，运行之后查看效果，可以发现制作的多行空白行已经被删除了。

【例 5.4】给当前文档中所有的图片按顺序添加图注。图注的形式为"图 1.1"、"图 1.2"等，具体步骤如下：

① 打开或创建一个 Word 文档，名称为 test.docx。在文档中输入或粘贴一些文本，在其中插入几个图片，用于测试程序运行的效果。

② 按【Alt+F11】组合键，打开 Visual Basic 编辑器，双击 Normal 工程，然后双击 NewMacros 模块，在打开的代码窗口中输入程序清单 5-9，然后保存代码。

程序清单 5-9

```
Sub PicIndex()
  k=ActiveDocument.InlineShapes.Count
  For j=1 To k
  ActiveDocument.InlineShapes(j).Select
  Selection.Range.InsertAfter Chr(13) & "图 1." & j
  Next j
End Sub
```

③ 在打开的 test.docx 文档中，单击"开发工具"选项卡"代码"组中的"宏"按钮。在弹出的"宏"对话框中选择 PicIndex，单击"运行"按钮，随后看到 test.docx 文档中图片加图注的效果。

5.5.2　Excel 对象模型

了解 Excel 对象模型，可以通过打开 Visual Basic 编辑器中的"帮助"菜单打开"帮助"窗口，单击"显示目录"按钮，选择 Excel 对象模型，可以在屏幕上观察到整个对象模型，如图 5-30 所示。

Excel 有很多可创建对象，不必通过 Application 对象就可以接触到对象模型中大多数令人感兴趣的对象。一般情况下，以下对象都是重要的对象：

① Workbooks 对象：它包含多个 Workbook 对象，表示所有打开的工作簿。在一个工作簿内，Sheets 集合包含若干个表示工作表的 Worksheet 对象，以及

图 5-30　Excel 对象模型（部分）

若干个表示图表工作表的 Chart 对象。在一个工作表上，Range 对象可以用户访问若干个区域，从单个单元格直到整个工作表。

② ActiveWorkbook 对象：它代表活动工作簿。

③ ActiveSheet 对象：它代表活动工作表。

④ Windows 集合：它包含若干个 Window 对象，表示所有打开的窗口。

⑤ ActiveWindow 对象：它表示活动窗口。使用此对象时，必须检查它所表示的窗口是不是想要操控的那种类型的窗口。因为该对象总是返回当前据有焦点的那个窗口。

⑥ ActiveCell 对象：它表示活动单元格。这个对象对于在用户选择的单元格上进行工作的简单过程（计算各种值或校正格式设置）特别有用。

接下来，举例来讲解 Excel 对象模型的用法和提供有用的 VBA 程序。

【例 5.5】按自定义序列排序。

在默认情况下，Excel 允许用户按照数字或者字母顺序排列，但有时这并不能满足用户所

有的需求。如教师信息中，经常有按职称由高到低的排序问题。系统默认的顺序是按照拼音字母的顺序来的，具体顺序为副教授、讲师、教授、助教。教师学历的排序为博士、硕士、本科、大专等，而在 Excel 中这个序列的顺序却是本科、博士、大专和硕士，显然也似乎无法满足需要。面对这样的问题，可以通过 VBA 编程利用 Excel 的自定义序列功能来实现想要的顺序：教授、副教授、讲师、助教。具体实现步骤如下：

① 创建一个 Excel 工作簿，在第一张工作表上建立用于测试的数据序列，如图 5-31 所示。其中的规则 1 和规则 2 表示排序的先后顺序。插入按钮的方法为：打开“开发工具”选项卡，单击“控件”组中的“插入”按钮，弹出“表单控件”面板，选择“按钮”选项。

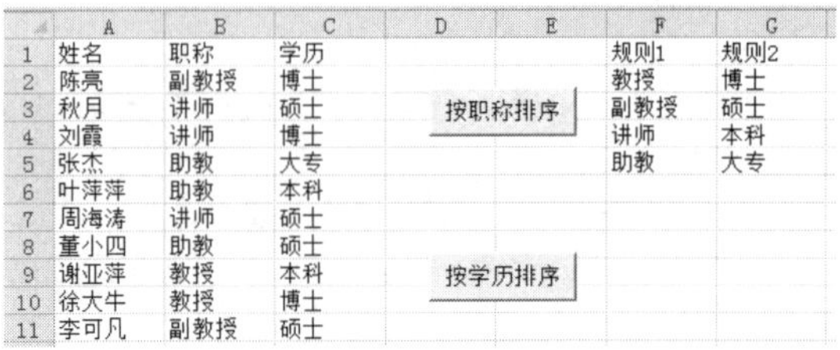

	A	B	C	D	E	F	G
1	姓名	职称	学历			规则1	规则2
2	陈亮	副教授	博士			教授	博士
3	秋月	讲师	硕士			副教授	硕士
4	刘霞	讲师	博士			讲师	本科
5	张杰	助教	大专			助教	大专
6	叶萍萍	助教	本科				
7	周海涛	讲师	硕士				
8	董小四	助教	硕士				
9	谢亚萍	教授	本科				
10	徐大牛	教授	博士				
11	李可凡	副教授	硕士				

图 5-31　测试用的表和按钮

② 单击“表单控件”面板中的按钮，在 Excel 工作区进行拖放后自动弹出“指定宏”对话框，单击“新建”按钮，弹出 Visual Basic 编辑器，光标自动定位在 Private Sub 按钮 1_Click()和 End Sub 之间。然后输入代码清单 5-10。

程序清单 5-10

```
Private Sub 按钮 1_Click()
Application.AddCustomList listarray:=Sheets(1).Range("F2:F5")
n = Application.GetCustomListNum(Sheets(1).Range("F2:F5").Value)
Range("a2:c11").Sort key1: =Range("B2"), ordercustom:=n + 1
Application.DeleteCustomList n
End Sub
```

③ 同样单击和拖放第 2 个按钮，弹出 Visual Basic 编辑器后，光标自动定位在：Private Sub 按钮 2_Click()和 End Sub 之间。然后输入代码清单 5-11。

程序清单 5-11

```
Private Sub 按钮 2_Click()
Application.AddCustomList listarray:=Sheets(1).Range("G2:G5")
n = Application.GetCustomListNum(Sheets(1).Range("G2:G5").Value)
Range("a2:c11").Sort key1: =Range("C2"), ordercustom:=n + 1
Application.DeleteCustomList n
End Sub
```

④ 在 VBE 中单击“保存”按钮，回到 Excel 的 Sheet1 工作表内，右击两个按钮，分别修改问题为“按职称排序”和“按学历排序”。接下来，当单击“按职称排序”按钮时数据就会按照职称来排序，如图 5-32 所示；当单击“按学历排序”按钮时数据就会按照学历来排序，如图 5-33 所示。

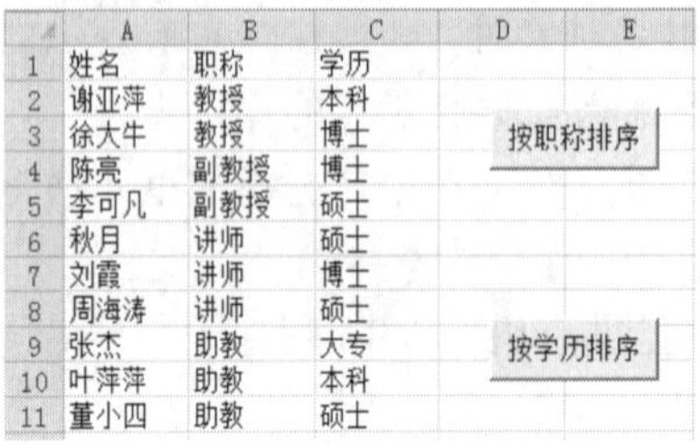

	A	B	C	D	E
1	姓名	职称	学历		
2	谢亚萍	教授	本科		
3	徐大牛	教授	博士		
4	陈亮	副教授	博士		
5	李可凡	副教授	硕士		
6	秋月	讲师	硕士		
7	刘霞	讲师	博士		
8	周海涛	讲师	硕士		
9	张杰	助教	大专		
10	叶萍萍	助教	本科		
11	董小四	助教	硕士		

图 5-32　按职称排序

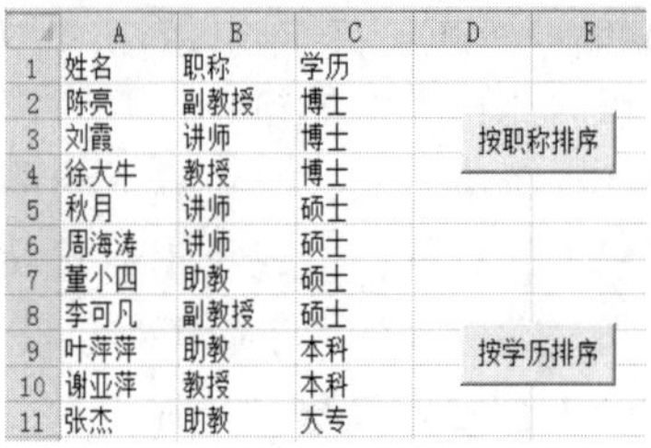

	A	B	C	D	E
1	姓名	职称	学历		
2	陈亮	副教授	博士		
3	刘霞	讲师	博士		
4	徐大牛	教授	博士		
5	秋月	讲师	硕士		
6	周海涛	讲师	硕士		
7	董小四	助教	硕士		
8	李可凡	副教授	硕士		
9	叶萍萍	助教	本科		
10	谢亚萍	教授	本科		
11	张杰	助教	大专		

图 5-33　按学历排序

【例 5.6】计算指定区域中不重复的数据个数。

统计区域中不重复数据的操作是一个很重要的操作，一般来说，可以通过数组公式来完成。这里，通过编写一个函数来实现这个功能，以后只要在 Excel 中使用该函数就可以得到需要的统计结果。这个例子中，不是编写一个事件，也不是一个过程，而是一个函数。编写的函数可以直接在 Excel 中调用，结果（函数返回值）显示在函数所在的单元格内。问题描述如下：在图 5-34 中，需要统计一下课程总数或者选修的学生总数。

接下来，自定义一个函数 Count_unq()，具体步骤如下：

① 打开或者新建一个 Excel 工作簿，输入图 5-34 所示的数据。

② 单击"开发工具"选项卡"代码"组中的"Visual Basic 编辑器"按钮，在打开的编辑器中右击 Excel 文档，在弹出的快捷菜单中选择"插入"→"模块"命令。最后在刚才插入的模块中输入程序清单 5-12 中的内容。

程序清单 5-12

```
Function Count_unq(Rng As Range) As Long
Dim mycollection As New Collection
On Error Resume Next
For Each cel In Rng
    mycollection.Add cel.Value,CStr(cel.Value)
Next
On Error GoTo 0
Count_unq=mycollection.Count
End Function
```

③ 在此 Excel 的原始数据表内选择任意空白单元格（如 A15），输入"=Count_unq(A2:A15)"，则会将统计出的结果显示在单元格 A15 中，如图 5-35 所示。

	A	B
1	选课名单	课程名称
2	李芳芳	计算机基础
3	李芳芳	大学物理A
4	沈斌	概率统计A
5	沈斌	C语言程序设计
6	胡锐	大学英语A
7	李建成	高等数学B
8	周正保	FLASH动画
9	周正保	C语言程序设计
10	胡锐	线性代数A
11	王迪	篮球
12	王迪	素描A
13	方莹	OFFICE办公软件
14	胡维革	化工原理

图 5-34 原始数据

通常，自定义的函数只能在当前工作簿使用，如果该函数需要在其他工作簿中使用，则通过"另存为"对话框选择保存类型为"Mircosoft Excel 加载宏"，然后输入一个文件名，如"Count_unq"，单击"确定"按钮后文件即被保存为加载宏。如有其他 Excel 文档需要加载和使用这个宏，可以通过单击"开发工具"选项卡"加载项"组中的"加载项"按钮，弹出"加载宏"对话框，选择"可用加载宏"列表框中的"Count_unq"复选框即可，单击"确定"按钮，如图 5-36 所示，就可以在本机上所有工作簿中使用该自定义函数。如果没有显示 Count_unq 宏，通过"浏览"按钮再次打开存有这个宏的加载宏文件 Count_unq.xlam。

	A	B	C	D	E
1	选课名单	课程名称			
2	李芳芳	计算机基础			
3	李芳芳	大学物理A			
4	沈斌	概率统计A			
5	沈斌	C语言程序设计			
6	胡锐	大学英语A			
7	李建成	高等数学B			
8	周正保	FLASH动画			
9	周正保	C语言程序设计			
10	胡锐	线性代数A			
11	王迪	篮球			
12	王迪	素描A			
13	方莹	OFFICE办公软件			
14	胡维革	化工原理			
15		8			

A15 =count_unq(A2:A14)

图 5-35 输入函数

图 5-36 "加载宏"对话框

【例 5.7】实现 Excel 中计算工人的工龄。

题目要求：设计图 5-37 的一张表格，输入“姓名”、“工龄”和“参加工作时间”等数据，然后编写一个函数，自动填写“工龄”信息，要求精确到月。具体步骤如下：

① 设计工作表：新建一张工作表，按照图 5-37 设计表格内容，表格字体、字号、边框、对齐方式等自行设定即可。

② 编写自定义函数：在此工作表显示的状态下，按【Alt+F11】组合键打开 Visual Basic 编辑器，进入 VBA 编辑环境，在“工程窗口”选中该文件，右击这种工作表，选中“插入”，单击“模块”。

③ 在右边打开的代码窗口中，输入代码清单 5-13 中的内容。

程序清单 5-13

```
1.  Function Work_Age(Work_date As Date)
2. Y=Year(Now)-Year(Work_date)
3. M=Month(Now)-Month(Work_date)
4. If M<0 Then
5.   Work_Age=(Y-1) & "年" & (M+12) & "个月"
6. Else
7.   Work_Age=Y & "年" & M & " 个月"
8. End If
9. End Function
```

④ 在 C2 单元格中输入“=Work_Age(B2)”，然后利用填充操作向下做填充，结果如图 5-38 所示。在函数 Work_Age 中，形参 Work_date 表示日期型变量，在行 2 中计算两个“年”之间的差距，行 3 中计算两个“月”之间的差距。如果月差距小于 0，那么年应该减去 1，而月应该增加 12。行 4 到行 8 的 if 结构就表示了这两个不同情况下的输出结果。

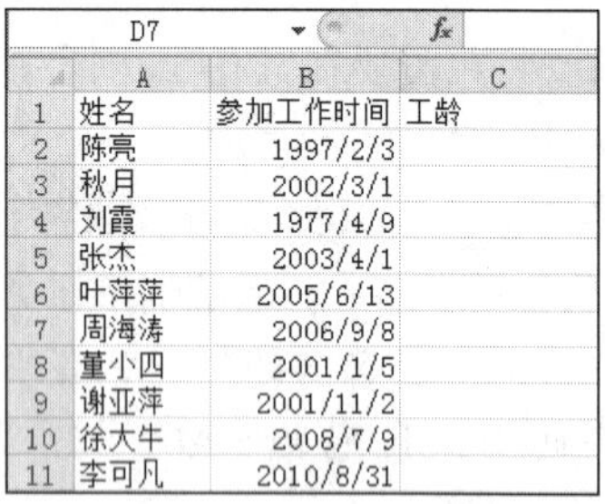

	A	B	C
1	姓名	参加工作时间	工龄
2	陈亮	1997/2/3	
3	秋月	2002/3/1	
4	刘霞	1977/4/9	
5	张杰	2003/4/1	
6	叶萍萍	2005/6/13	
7	周海涛	2006/9/8	
8	董小四	2001/1/5	
9	谢亚萍	2001/11/2	
10	徐大牛	2008/7/9	
11	李可凡	2010/8/31	

图 5-37 原始数据

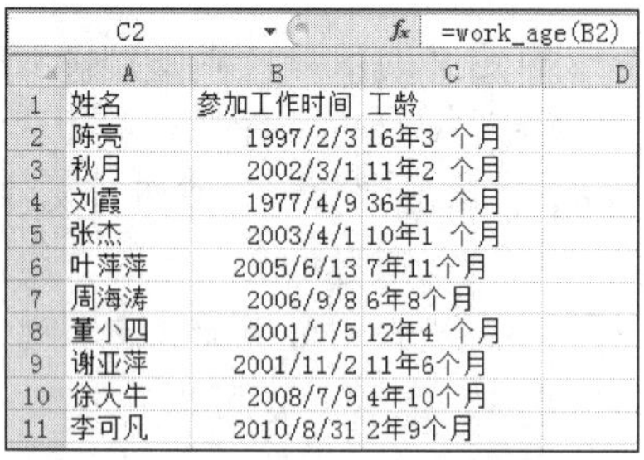

	A	B	C	D
1	姓名	参加工作时间	工龄	
2	陈亮	1997/2/3	16年3 个月	
3	秋月	2002/3/1	11年2 个月	
4	刘霞	1977/4/9	36年1 个月	
5	张杰	2003/4/1	10年1 个月	
6	叶萍萍	2005/6/13	7年11个月	
7	周海涛	2006/9/8	6年8个月	
8	董小四	2001/1/5	12年4 个月	
9	谢亚萍	2001/11/2	11年6个月	
10	徐大牛	2008/7/9	4年10个月	
11	李可凡	2010/8/31	2年9个月	

图 5-38 工龄计算结果

5.5.3 PowerPoint 对象模型

这里开始介绍如何使用 PowerPoint 对象模型进行工作。PowerPoint 对象模型是 PowerPoint 的基础性理论体系结构。本节中列举一些最常用的 PowerPoint 对象以及他们的使用方法。

在 PowerPoint 中，通过 Application 对象可以访问到 PowerPoint 应用程序的所有对象。但对于很多操作，可以直接使用 PowerPoint 拥有的可创建对象。最有用的可创建对象如下：

① ActivePresetation 对象：它表示活动的演示文稿。

② Presentations 集合：它包含若干个 Presentation 对象，每个对象表示一个打开的演示文稿。

③ ActiveWindow 对象：它表示应用程序中的活动窗口。

④ CommandBars 集合，它包含若干个 CommandBar 对象，每个对象表示 PowerPoint 应用

程序中的一个命令栏（工具栏、菜单栏及快捷菜单）。通过对各种 CommandBar 对象进行操作，能够以程序方式改变 PowerPoint 的界面。

⑤ SlideShowWindows 集合：它包含若干个 SildeShowWindow 对象，每个对象表示一个打开的幻灯片放映窗口。这个集合对于控制当前显示的幻灯片放映是很有用的。

在一个演示文稿中，经常要对 Slides 集合进行操作，这个集合包含表示各张幻灯片的 Slide 对象。在一张幻灯片中，大多数项目是有 Shape 对象来表示的，这些 Shape 对象汇集成 Shapes 集合。例如，一个占位符文本被包含在 TextFrame 对象中的 TextRange 对象的 Text 属性之内，而这个 TextFrame 对象则在一张幻灯片的某个 Shape 对象之中。

要查询和学习 PowerPoint 对象模型，可以打开其中 PowerPoint 中的 Visual Basic 编辑器，然后通过"帮助"菜单打开"帮助"窗口，单击"PowerPoint 对象模型"超链接，就会出现图 5-39 所示的对象模型结构图。

接下来，举例讲解 PowerPoint 对象模型中常用对象的功能和使用方法。

【例 5.8】 将外部幻灯片插入到当前演示文稿中。

在创建演示文稿时，有时我们需要的幻灯片存在于现有的其他演示文稿中，此时，可以将其他文稿中的幻灯插入片到当前文稿。为此，可以利用 Slides 集合的 InsertFromFile 方法编写代码来实现。例如，要将演示文稿"导出幻灯片为图片.pptx"，图 5-40 中第 2、3 和 4 张幻灯片插入到演示文稿"从其他文件中插入幻灯片.pptx"（图 5-41）中，具体步骤如下：

图 5-39 PowerPoint 对象模型（部分）

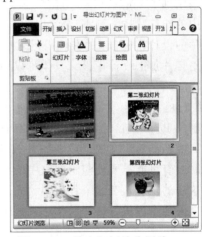

图 5-40 导出幻灯片为图片.pptx

① 打开"从其他文件中插入幻灯片.pptx"演示文稿，按【Alt+F11】组合键打开 Visual Basic 编辑器。

② 在"工程"窗口中右击该演示文稿，在弹出的快捷菜单中选择"插入"命令，然后在右边代码窗口中输入程序清单 5-14 中的代码。

程序清单 5-14

```
1. Sub Insert_Slides()
2. Presentations("从其他文件中插入幻灯片.pptx").Slides.InsertFromFile _
3. FileName:="d:\MyPic\导出幻灯片为图片.pptx ", Index:=1, SlideStart:=2, SlideEnd:=4
4.   ActivePresentation.Slides.Range (Array(2, 3, 4)).ApplyTemplate _
5.       "c:\program files\Microsoft office\templates\presentation
   designs\watermark.pot"
6. End Sub
```

③ 输入代码清单后，单击工具栏上的"保存"按钮，然后，单击"调试"工具栏上的"运行子程序/用户窗体"按钮。

④ 切换"从其他文件中插入幻灯片.pptx"的视图为"幻灯片浏览"视图，可看到图 5-42 的运行结果。

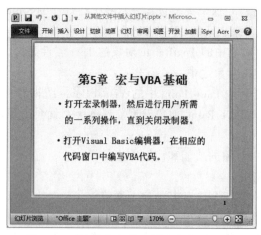 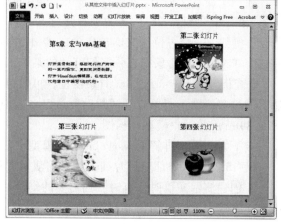

图 5-41　从其他文件中插入幻灯片.pptx　　　图 5-42　插入后的效果

本例用到了 Presentation 对象中 Slides 对象的 InsertFromFile 方法，该方法可以将其他演示文稿中的幻灯片插入到本演示文稿中。但是，由于该方法只是插入幻灯片，并没有同时插入幻灯片的设计模板，因此在代码行 4 和行 5 中加入 Slides 对象的 ApplyTemplate 方法，该方法是将幻灯片加上设计模板，具体可以用 Slides 对象的 Range 属性来确定哪些幻灯片需要加设计模板。

【例 5.9】使演示文稿中所有的页眉和页脚标准化。

在制作 PowerPoint 演示文稿时，有时候会需要把来自各个现有演示文稿的若干幻灯片汇集或提取成新的演示文稿，或者如果不同人员在他们的演示文稿中使用了不一致的页眉和页脚。这时，有可能需要使演示文稿中的所有页眉和页脚实现标准化。因此，可以编写一个程序实现这样的功能。在这个程序中，先清楚原有的页眉和页脚，确保所有幻灯片都显示幻灯片母版上的各个占位符，然后将一种页眉和页脚应用到演示文稿中的所有幻灯片。具体步骤如下：

① 建立一个演示文稿"PPT_Temp.pptx"，然后插入若干幻灯片，要求他们具有不同的幻灯片页脚，如图 5-43 所示，具体内容为：第 1 张到第 3 张幻灯片的页脚内容分别为计算机公共课部、嘉兴学院 计算机基础教研室、嘉兴学院 数信学院，第 4 张页脚为空白。

② 按【Alt+F11】组合键，打开 Visual Basic 编辑器，在工程窗口中右击 PPT_Temp 工程，选择"插入"命令，选择"模块"；然后在右边的代码窗口中输入代码清单 5-15 的代码。

程序清单 5-15 的代码

```
Sub Reset_Head_Footer()
Dim mypresentation As Presentation,myslide As Slide
Set mypresentation=ActivePresentation
For Each myslide In mypresentation.Slides
    With myslide.HeadersFooters
```

```
        .Clear
    With .Footer
        .Visible=msoTrue
        .Text="嘉兴学院 计算机基础教研部"
    End With

    With .DateAndTime
        .Visible=msoTrue
        .UseFormat=True
        .Format=ppDateTimedddMMMMddyyyy
    End With
  End With
Next myslide
End Sub
```

③ 单击"调试"工具栏上的"运行子程序/用户窗体"按钮，就可以在 PPT_Temp 中看到页脚统一设为"嘉兴学院 计算机基础教研部"以及每个幻灯片都显示了日期（见图 5-44）。

图 5-43　PPT_Temp 文件的幻灯片浏览视图

图 5-44　统一日期和页脚的效果

【例 5.10】利用 PowerPoint 中的控件制作单选测试题。

用 PowerPoint 制作的课件，一般来说，交互性较差，而当需要制作具有较强交互性和智能化的课件时，就不能用普通的技术了。在本例中，给出用 VBA 结合 PowerPoint 控件制作课件，设置完毕后的幻灯片如图 5-45 和图 5-46 所示，具体步骤如下：

图 5-45　第 1 张幻灯片

图 5-46　第 2 张幻灯片

① 建立一个演示文稿，名称为 PPT_Test.pptx，在里面建立两张幻灯片，分别为 Slide1 和 Slide2。

② 利用"控件"工具栏，在第 1 张幻灯片中添加"标签"控件，右击"标签"控件，选择"属性"命令，在弹出的对话框中将标签的 Caption 属性设为"中国的首都是哪个城市？"。

③ 然后添加 4 个"选项按钮"，利用"属性"对话框将它们的 Caption 属性分别设为"A：上海"、"B：北京"、"C：广州"、"D：杭州"。

④ 接下来，在第 1 张幻灯片的右边放置 4 个"命令按钮"，用同样的方法，设置 Caption 属性为：开始答题、下一题、提交和查看答案。

⑤ 打开第 2 张幻灯片，用同样的方法，设置"标签"控件的 Caption 属性为"浙江省的省会城市是哪座？"。

⑥ 和第 1 张幻灯片一样，添加 4 个"选项按钮"，Caption 属性和第 1 张幻灯片相同。

⑦ 和第 1 张幻灯片一样，添加 4 个"命令按钮"，Caption 属性分别为"上一题"、"查看测试总分"、"提交"和"查看答案"。

接下来是添加 VBA 代码部分。在第 1 张幻灯片中可以逐个双击"命令按钮"，即打开 Visual Basic 编辑器代码窗口，下面具体阐述相应的代码。

① 双击"开始答题"按钮，在打开的代码窗口中输入如下代码：

程序清单 5-16

```
1. Private Sub CommandButton1_Click()
2. NowSlideNum=1
3. OptionButton1.Value=False
4. OptionButton2.Value=False
5. OptionButton3.Value=False
6. OptionButton4.Value=False
7. End Sub
```

在这个代码中，将所有"选项按钮"的 Value 都设为 Flase（行 3 到行 6），表示答题前，所有的选项都为空。在行 2 中，看到将 NowSlideNum 变量赋值为 1，表示当前幻灯片的编号为 1（即第一张幻灯片），这个变量因为在所有幻灯片中都要用到，所以将这个变量设为全局变量。

② 在"工程窗口"中，右击"模块"文件夹，选择"插入"命令，然后在右边的代码窗口中输入中的代码。

程序清单 5-17

```
'全局变量：统计正确个数
Public Right_Count As Integer
'全局变量：当前的幻灯片编号
Public NowSlideNum As Integer
```

代码清单 5-17 中，共有两个变量：Right_Count 和 NowSlideNum。Right_Count 变量表示答题正确的个数，因为这个变量也是所有幻灯片都要用到的，所以也是设为全局变量。

③ 双击"下一题"按钮，在出现的代码窗口中输入如下代码：

程序清单 5-18

```
1. Private Sub CommandButton2_Click()
2. '下一题
```

```
3. If MsgBox("是否提交? ",vbYesNo+vbQuestion,"下一题")=vbYes Then
4.    With SlideShowWindows(1).View
5.        .GotoSlide NowSlideNum+1
6.    End With
7.    NowSlideNum=NowSlideNum+1
8. End If
9. OptionButton1.Value=False
10. OptionButton2.Value=False
11. OptionButton3.Value=False
12. OptionButton4.Value=False
13. End Sub
```

代码清单 5-18 中，行 3 到行 8 表示：如果确定需要进行下一题操作，那么行 5 表示进入到编号为 NowSlideNum 的幻灯片，行 7 表示将当前幻灯片编号变量加上 1。行 9 到行 10 表示将 4 个"选项按钮"设为空，即未选中任何一个。

④ 对"提交"按钮双击，输入如下代码：

程序清单 5-19

```
1. Private Sub CommandButton3_Click()
2. '提交
3. If OptionButton2.Value=True Then
4.    Right_Count=Right_Count+1
5. End If
6. End Sub
```

"提交"按钮的功能是统计当前的答案是否正确，如果正确，则行 4 将"正确个数"变量 Right_Count 增加 1。

⑤ 同样，双击"查看答案"命令按钮，在打开的代码窗口内输入代码清单 5-20。在此代码清单中，利用 msgbox 函数给出提示信息，将正确的答案用弹出对话框显示给用户。

程序清单 5-20

```
Private Sub CommandButton4_Click()
'上一题
'查看答案
  MsgBox ("正确答案是："B：北京"")
End Sub
```

至此，将第 1 张幻灯片上需要编写程序的控件都进行了编写，接下来对第 2 张幻灯片进行类似的操作，具体步骤不再重复，然后将代码清单 5-21 中的代码写在 Slide2 相应的控件代码中。

程序清单 5-21

```
Private Sub CommandButton1_Click()
'上一题
  If MsgBox("是否提交? ",vbYesNo+vbQuestion,"上一题")=vbYes Then
    With SlideShowWindows(1).View
        .GotoSlide NowSlideNum-1
    End With
    End If
```

```
NowSlideNum=NowSlideNum-1
End Sub
Private Sub CommandButton2_Click()
'总分按钮
MsgBox "你的总分为: " & Right_Count * 10
End Sub
Private Sub CommandButton3_Click()
'查看答案
    MsgBox ("正确答案是: "D: 杭州" ")
End Sub
Private Sub CommandButton4_Click()
 '提交按钮
    If OptionButton4.Value=True Then
       Right_Count=Right_Count + 1
    End If
End Sub
```

第 6 章　Visio 2010 高级应用

Visio 是一款功能强大的绘图软件，它的使用已经遍布各行各业。Visio 制图简单规范、结构清晰、逻辑性强，便于描述和理解。它可以帮助用户创建系统的业务和技术图表、说明复杂的流程或设想、展示组织结构和空间布局等。Visio 2010 较以前的旧版有了很大的改进，增加了许多新的功能，同时一些熟悉的功能也进行了更新，这些更新使创建图表更加容易。

6.1　Visio 2010 的操作环境

本节主要介绍 Visio 的绘图环境、模板、模具和形状的基本概念、形状的操作方法，使用户对绘图环境和操作方法有个总体认识，方便后面的学习。

6.1.1　Visio 2010 的绘图环境

启动 Visio 2010 即可看到 Visio 的整个绘图环境，在操作 Visio 之前先介绍几个重要的概念。

1. 形状、模具和模板

Visio 最突出的特点就是为用户提供了大量实用的绘图模板和模具，使用户能非常轻松地绘制出专业的图形。

所谓形状，是指用于绘图的基本图件，它可以是流程图中的矩形和菱形等基本形状，也可以是更为精细的形状。举例来说，可以使用形状来表示地图中的街道和建筑物，也可以模拟网络图中的计算机设备，甚至还有为办公室平面设计图准备的家具形状。任何 Visio 形状都可以与用户交互，使用它们时，都会作出一定的反应。

模具是指与模板相关联的形状的集合，利用模具中的形状可以快速生成相应的图形。一般模具位于绘图窗口的左侧，模具文件的扩展名为.vss。

模板是一组模具和绘图页的设置信息，包括创建特定的图表类型所需的所有样式、设置和工具。利用模板使用户方便地生成所需的图形，模板文件的扩展名为.vst。

2. 绘图环境

打开模板后，将看到 Microsoft Office Visio 绘图环境，包括快速访问工具栏、标题栏、选项卡、命令、包含形状的模具、绘图页、标尺和位于绘图页右侧的任务窗格，如图 6-1 所示。

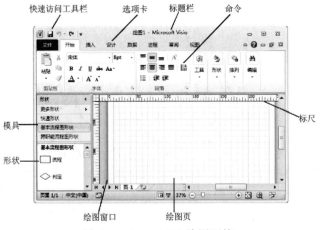

图 6-1　Visio 2010 绘图环境

6.1.2　形状的分类与基本操作

Visio 的形状可以像线条那样简单，也可以像日历、表格或可调整大小的墙形状那样复杂。在 Visio 中，一切均是形状，包括图片和文本。

1．形状的分类

形状可以分为两种：一维形状和二维形状。每种形状都有一定的行为方式，当我们知道了形状所属的类型之后，就可以成功地运用它了。

1）一维形状

一维形状是指选中后有一个起点"□"和一个终点"■"的形状。一维形状通常看上去像线条一样，如图 6-2 所示。如果移动一维形状的起点或终点，只有一个维度长度会发生改变。一维形状最大的作用是能够连接两个不同形状。例如，在业务流程图中，可以用一条线或一个箭头将两个部门连起来。

2）二维形状

二维形状是指具有两个纬度，当用鼠标选中后没有起点和终点，而是有 8 个选择手柄"■"的形状，用户可以拖动其中的手柄来调整形状的大小，如图 6-3 所示。

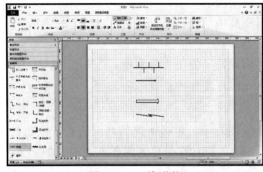

图 6-2　一维形状

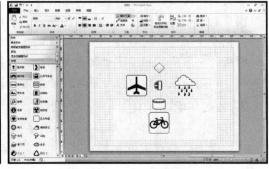

图 6-3　二维形状

2．形状的基本操作

在绘制图形的过程中，经常需要对形状进行连接、移动、翻转或旋转、组合、添加文本、为形状添加数据等编辑操作，这是 Visio 绘图的基础。

1）形状的选取

选取单个图形非常简单，单击"开始"选项卡中的"指针工具"命令 ，然后将鼠标指针放在需要选取的形状上单击鼠标即可。选择多个形状通常有 2 种方法：第一种方法是单击"开始"选项卡中的"指针工具"命令，先选中第一个图形，然后按住【Shift】或【Ctrl】键的同时，逐个单击要选的形状；第二种方法是直接用鼠标拖动的方式。在绘图区按住鼠标左键不放，拖拽出一个矩形框后释放鼠标，在矩形框中的形状就被选中了。

2）形状的手柄

在对图形的操作过程中，用户经常需要使用形状的手柄来快速地修改形状的外观、位置或行为。Visio 的手柄大致可分为 7 种：选择手柄、控制手柄、控制点、连接点、旋转手柄、定点、锁定手柄。

（1）选择手柄

使用"开始"选项卡中的"指针工具"选择形状时，形状角上和边上的蓝色小框"■"就是选择手柄，拖动选择手柄可以调整形状的大小，如图 6-4 所示。

（2）控制手柄

使用"开始"选项卡中的"指针工具"选择某个形状时，图形上出现的黄色菱形"◆"，就是控制手柄，不是每个形状都有控制手柄，如果有则可以通过它们修改该形状。例如，拖入一个圆角矩形形状，就可以利用控制手柄来调节形状圆角的角度，如图 6-4 所示。

（3）控制点

控制点一般出现在使用"开始"选项卡中的"铅笔工具"选择线条、曲线、三角形等形状时，图形的顶点显示为蓝色的菱形手柄"◆"，控制点在两个顶点之间显示为蓝色的圆形手柄"⊕"。如果要更改线段的弧度，可以用鼠标拖动控制点到达合适的位置，如图 6-5 所示。

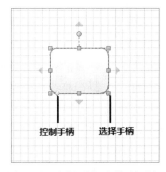

图 6-4　选择手柄和控制手柄

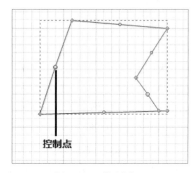

图 6-5　控制点

（4）连接点

在 Visio 中，可以通过将连接线粘附到形状的连接点上来连接形状，形状上的连接点显示为蓝色的"×"，当连接线粘附到该连接点后，该连接点将变为红色，如图 6-6 所示。

（5）旋转手柄

当用户选定形状后，形状的顶端出现的蓝色圆点符号"●"就是旋转手柄。拖动旋转手柄，拖动时指针即变为 4 个圆形排列的箭头，如图 6-7 所示。

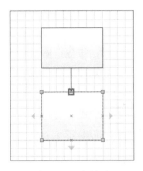

图 6-6　连接点

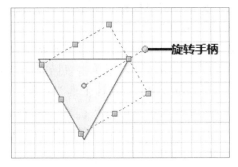

图 6-7　旋转手柄

（6）顶点

当使用"铅笔工具"选择形状时，可以看到该形状的顶点。用户可以通过拖动顶点来更改形状的外形。例如，单击正方形的顶点，此时顶点变为红色，用鼠标拖动顶点可以改变形状，如图 6-8 所示。

（7）锁定手柄

形状被选定后，形状四周出现带有灰色方框"■"标记的手柄，这说明所选形状已经受到保护或锁定，不能通过拖动手柄来调整大小或旋转等特定的编辑操作，如图 6-9 所示。

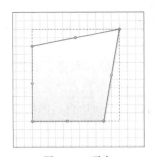

图 6-8　顶点

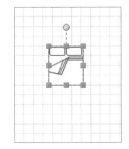

图 6-9　锁定手柄

3）形状的连接

在两个形状间建立连接最简单的方法是利用形状拖入绘图页后，鼠标指针移动到形状上时自动出现的上下左右 4 个箭头，单击箭头并拖动，就可以绘制连接线。如果想在形状任意点间创建连接线，同时绘制连接线更为准确，则可以是使用"开始"选项卡上的"连接线"来绘制连接线。当移动连接后的某个形状时，连接线将会随着移动，且始终保持连接状态。在 Visio 中提供了两种类型的连接：形状到形状连接和点到点连接，具体使用哪种连接取决于图表的布局。因利用鼠标指针移动到形状上出现的 4 个箭头的方法绘制连接线非常的容易，故略去不讲。下面重点介绍利用"开始"选项卡上的"连接线"命令来绘制连接线的方法。

（1）形状到形状的连接

创建形状到形状连接的方法有两种：一是单击"开始"选项卡上的"连接线"按钮，然后将要连接的形状拖到绘图页上，Visio 将自动创建形状与形状间的连接。二是先拖入要连接的形状在绘图页上，再单击"开始"选项卡上的"连接线"命令，将其放到第 1 个形状的蓝色连接点"×"上，直到出现红色轮廓，再拖到第 2 个形状的连接点，然后松开鼠标，此时连接线的端点为红色，表示已粘附到形状，如图 6-10 所示。

使用形状到形状的连接，当拖动连接的形状时，Visio 将使两个形状间的连接保持最近，故可能会引起连接点发生变化，如图 6-11 所示。

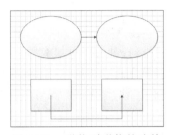

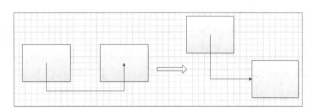

图 6-10　形状到形状的连接　　　　图 6-11　形状到形状连接图和拖动形状后的连接图

（2）点到点的连接

创建点到点连接的方法为：使用"指针工具"将两个形状拖到绘图页，然后单击"开始"选项卡上的"连接线"按钮，从第 1 个形状的连接点拖到第 2 个形状的连接点，如果连接线的端点变为红色，表示它们已经粘附到指定的连接点上。如果形状在要创建的点到点连接的位置上没有连接点，则用户可以自行添加连接点。自行添加连接点的方法是先选中要创建连接点的形状，单击"开始"选项卡上的"×"按钮，然后按住【Ctrl】键的同时单击形状要创建连接点的位置，此时形状上将出现红色显示的新连接点，如图 6-12 所示。

4）形状的旋转或翻转

形状围绕一个轴的转动称为翻转，围绕一个点的转动称为旋转。用户可以通过翻转或旋转来实现改变一个形状在绘图页上的摆放角度。

形状的翻转有水平翻转和垂直翻转两种。要翻转形状，先选中形状，然后单击"开始"选项卡"排列"组"位置"下拉列表中的"方向形状"→"旋转形状"→"水平翻转"或"垂直翻转"选项，即可完成形状的翻转，如图 6-13 所示。

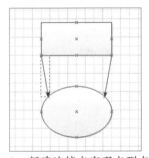

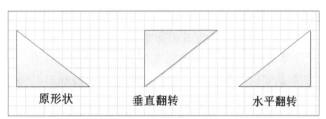

图 6-12　新建连接点实现点到点连接　　　图 6-13　形状的翻转

形状的旋转通常有 3 种方法：

（1）利用旋转手柄

当用户选定形状后，形状的顶端出现蓝色旋转手柄"●"，要旋转形状，拖动旋转手柄直到所需的角度，然后松开鼠标即可。

（2）旋转 90 度

选定形状后，然后单击"开始"选项卡"排列"组"位置"下拉列表中的"方向形状"→"旋转形状"→"向左旋转 90 度"或"向右旋转 90 度"选项，可以实现形状向左或向右旋转 90 度。

（3）精确调整形状的旋转角度

选定要旋转的形状，单击"视图"选项卡"显示"组"任务窗格"组中的"大小和位置"按钮，弹出"大小和位置"窗口，在"角度"文本框中输入角度值，然后按【Enter】键，形状将按照设置的角度进行旋转，如图6-14所示。

5）对齐形状

当绘图页上放置了比较多的形状后，需要对形状进行适当的排列，使绘图更加美观和整齐。用户可以手工调整形状的位置，也可以利用"开始"选项卡"排列"组中"位置"下拉列表中的"对齐形状"选项，实现排列。用手工调整位置速度慢，一般选择用菜单来实现多个形状自动对齐。具体操作步骤如下：先选择需要重新排列的形状，然后选择"开始"选项卡"排列"组中"位置"下拉列表中的"对齐形状"选项，如图6-15所示，从中选择要采用的对齐方式。

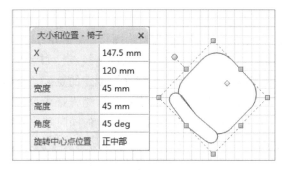

图6-14　精确旋转形状

图6-15　"对齐形状"选项

6）添加文本与操作文本

为绘图页上的形状添加文本的方法通常有两种：一是通过双击形状，自动进入文字编辑状态。二是通过使用"开始"选项卡"工具"组中的"文本工具"，可以在绘图页的任意位置添加文本。

通常从模具拖入绘图页的形状都带有一个隐含的文本框，双击该图形时，就自动进入了文字的编辑状态，在矩形的文本框内输入文本即可，如图6-16所示。

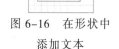

图6-16　在形状中添加文本

在绘图页的任意位置添加文本，单击"开始"选项卡"排列"组中的"文本工具"，然后将鼠标移到绘图区合适的位置，单击并拖动，直到文本框达到所需的大小，输入文字即可，如图6-17所示。

图6-17　利用"文本工具"添加文本

文本添加成功后，形成的文本区域称为文本块，用"文本工具"单击该形状或用"指针工具"选择它时，就会出现此区域。通常用户会对文本块进行旋转、移动或者调整文本块大小等的操作，这些操作必须借助于"文本块工具"来实现。单击"开始"选项卡"排列"组中的"文本块工具" 　，然后单击选定文本块，就可以对其进行旋转、移动或者调整文本块大小的操作。

（1）旋转文本块

文本块实际上也是一个形状，旋转的操作方法与形状旋转操作方法相同。

（2）移动文本块

要移动文本块，当鼠标指针变为 4 个箭头形状时拖动，在合适的位置松开鼠标即可。

（3）调整文本块的大小

拖动文本块的选择手柄，直到文本块的大小合适为止。

7）为形状添加数据

Visio 的形状不仅仅是简单的图形或符号，它还可以包含数据。为形状添加数据的方法通常有两种：一是通过在"形状数据"窗口中输入数据，二是通过外部数据源导入数据。

（1）通过"形状数据"窗口添加数据

打开"形状数据"窗口最简单的方法是右击已拖入绘图页的形状，在弹出的快捷菜单中选择"数据"→"形状数据"命令。也可以通过在"视图"选项卡"显示"组中单击"任务窗格"下拉按钮，然后选择"形状数据"，弹出图 6-18 所示的窗口。绝大多数的形状基本都自带了部分属性标签，可以在该窗口中输入相应的数据。如果想添加的属性数据没有对应的属性标签或者有的属性标签不是我们需要的，可以添加和删除这些属性标签。通过右击"形状数据"窗口，在弹出的快捷菜单中选择"定义形状数据"命令，弹出"定义形状数据"对话框，如图 6-19 所示，可以新建或删除属性，也可以编辑属性，如输入值、修改格式等。

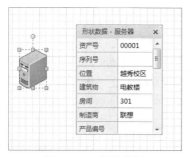

图 6-18　形状数据

图 6-19　"定义形状数据"对话框

（2）通过外部数据源导入数据

如果想为绘图中的批量形状添加数据或修改数据，通过"形状数据"窗口添加或修改数据的方法非常没有效率，针对这种情形可以通过导入外部数据源的方式快速为形状添加数据，如果要修改形状数据，更新数据源后刷新绘图即可。外部数据源的格式可以是 Microsoft Excel 工作簿、Microsoft Access 数据库、Microsoft SharePoint Foundation 列表、

Microsoft SQL Server 数据库和其他 OLEDB 或 ODBC 数据源。通过外部数据源导入数据方法如下：

　　单击"数据"选项卡"外部数据"组中的"将数据链接到形状"按钮，弹出图 6-20 所示的"数据选取器"对话框，可以选择外部数据源的类型，假设选择 Excel 工作簿，单击"下一步"按钮，弹出图 6-21 所示的界面，单击"浏览"按钮，选择事先建好的工作簿，再单击"下一步"按钮，弹出图 6-22 所示的界面，如果选取的是整个工作簿则直接单击"下一步"按钮，如果想选择工作簿中的一个工作表或一个工作表的一部分区域则单击"选择自定义范围"按钮，这时在打开的 Excel 窗口选择数据区域，并同时弹出图 6-23 所示的对话框，选好区域后单击"确定"按钮，接着又弹出图 6-24 所示的界面，选择需要的行列，单击"下一步"按钮，弹出图 6-25 所示的，确定当数据发生更改时，用哪个列名来唯一标识更改，选好后（一般取默认值）单击"下一步"按钮，弹出图 6-26 所示的成功导入数据界面，单击"完成"按钮。则在 Visio 绘图页的下方显示导入的数据，如图 6-27 所示。导入数据后，为形状添加数据只要将数据拖到指定的形状上即可。

图 6-20　数据源类型选择

图 6-21　选取数据

图 6-22　选取指定的工作表或数据区域

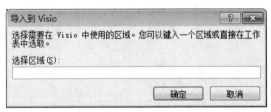

图 6-23　"导入到 Visio"对话框

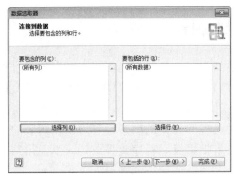

图 6-24　选择行与列

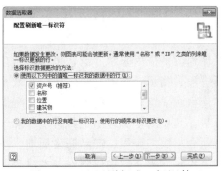

图 6-25　配置刷新唯一标识符

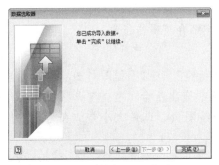

图 6-26　数据导入成功

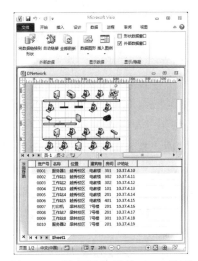

图 6-27　数据导入后的 Visio 界面

数据添加成功后，默认情况下数据不会显示在绘图中，可以通过打开"形状数据"窗口，并选择单个形状来查看该形状的数据。右击形状，在弹出的快捷菜单中，选择"属性"命令，也可以单击"视图"选项卡"显示"组中的"任务窗格"下的"形状数据"按钮，打开"形状数据"窗口。如果要一次显示多个形状的数据，可以通过"数据图形"的功能来实现。具体地说：先选中形状，单击"数据"选项卡"显示数据"组中的"数据图形"下拉按钮，弹出图 6-28 所示的列表，选择一种数据图形，也可以新建数据图形，还可以对现有数据图形进行编辑。选中第 2 种图形后，绘图页中的图形变成图 6-29 所示的效果。

图 6-28　"数据图形"下拉列表

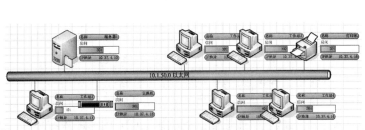

图 6-29　显示数据后的绘图

6.2 流程图的制作

流程图的应用非常广泛，也是最常用的绘图类型之一。一般创建流程图可以展示过程、分析进程、指示工作流、跟踪成本和效率等信息。Visio 2010 提供了 IDEFO 图表、SDL 图、基本流程图、跨职能流程图、工作流程图、BPMN 图和 Microsoft SharePoint 工作流 7 类流程图模板，其中基本流程图是日常工作和学习中接触最多和需要的图形，它可以用图表的形式直观地介绍服务流程、产品开发周期、生产过程、审批手续和程序流程图等。下面用某公司报账流程实例来介绍如何制作基本流程图。

某公司报账基本流程用文字描述如下：

① 客户购物后，如未主动索取发票，一律开具收据；反之则帮助客户开具发票。

② 如开具发票，需将购物凭证及发票底单送至财务部门存档；开具收据，只需将收据底单送至财务部门存档。

③ 每月 5 日前必须将相关发票凭证提交财务部，如未及时提交，需填写"特殊流转单"，交财务主管批示。

如何将某公司报账流程由文字转为图呢？下面详细介绍操作步骤。

1. 拖拽"基本流程图"模具中的形状到绘图页

启动 Visio 2010，单击"文件"按钮，通过"新建"→"流程图"→"基本流程图"选项新建一个绘图文件。从"基本流程形状"模具中拖出 1 个"准备"形状、2 个"判定"形状、5 个"进程"形状、1 个"总结符"形状到绘图页，调整大小并放在合适的位置，如图 6-30 所示。

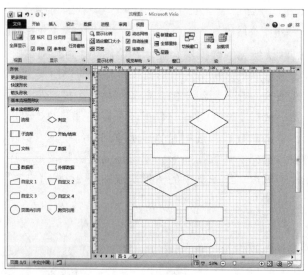

图 6-30 创建基本图形

2. 使用"连接线工具"连接流程图形状

单击"视图"选项卡"视觉帮助"组中的"连接点"按钮，从第 1 个形状上的连接点拖动到第 2 个形状上的连接点，依次建立所有图形的连接线，再选中图形中所有的连接线，右击，在快捷菜单中选择"格式"→"线条"命令，在弹出的"线条"对话框中进行详细设置，如图 6-31 所示。所有形状连接并设置线条格式后的界面如图 6-32 所示。

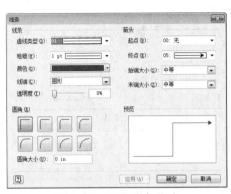

图 6-31　设置线条格式

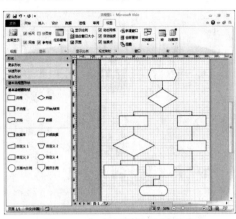

图 6-32　建立形状间的联系

3．添加文本到形状

双击绘图页中的形状或连接线，进入文本编辑状态，依次为形状和连接线输入文本，加入文本后的界面如图 6-33 所示。

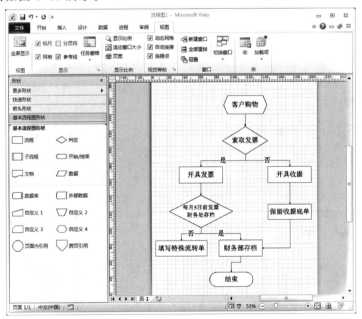

图 6-33　添加文本

4．修改颜色、效果和添加边框和标题

为了使绘图更加美观，可以使用 Visio "设计" 选项卡提供的颜色、效果和 "边框和标题"
功能来实现。单击 "设计" 选项卡 "主题" 组中的 "颜色" 按钮，弹出图 6-34 所示的列表，
选择 "复合" 方案；单击 "效果" 按钮，弹出图 6-35 所示的列表，选择 "突出显示斜角"
方案，流程图的线条、文字颜色、形状的背景色自动发生更改。然后单击 "背景" 组中的 "边
框和标题" 按钮，弹出图 6-36 所示的列表，选择 "字母" 方案，并在标题处输入 "X 公司报
账流程"。修改颜色、效果和添加边框和标题后的界面如图 6-37 所示。

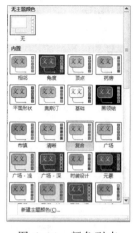

图 6-34　颜色列表　　　　　图 6-35　效果列表　　　　图 6-36　边框和标题列表

5．添加背景。

单击"设计"选项卡"背景"组中的"背景"按钮，弹出图 6-38 所示的列表，选择"垂直渐变"方案，最终图形效果如图 6-39 所示。

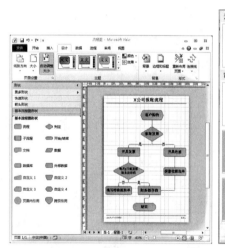

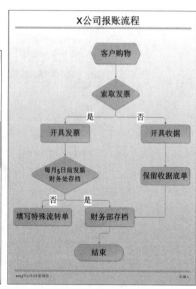

图 6-37　添加各种、效果后的界面　　　图 6-38　背景列表　　　图 6-39　×公司报账流程图

6.3　组织结构图的制作

组织结构图是一种应用非常广泛的绘图类型，该类图形使用户能够用图形方式直观地表示组织的等级结构中人员之间、操作之间、业务之间、职能之间以及工作之间的相互关系。

Visio 2010 提供了两种制作组织结构图的方法，一是普通组织结构图的制作，二是利用组织结构图向导制作。

下面分别用上述两种制作方法来实现某公司研发部组织结构图的制作，实例制作效果如

图 6-40 所示。

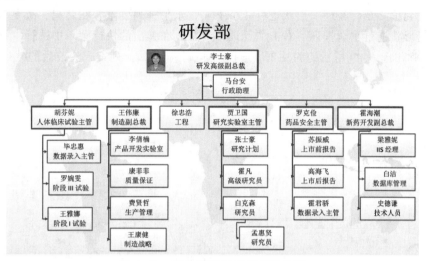

图 6-40　某公司研发部组织结构图

6.3.1　普通组织结构图的制作

① 启动 Visio2010，单击"文件"按钮，在列表中单击"新建"→"组织结构图"选项，打开"组织结构图"绘图页面，可以看到横向显示的绘图页，并自动显示"组织结构图"选项卡。从"组织结构图形状"模具中，将"总经理"形状拖动到绘图页上，弹出"连接形状"对话框，提示用户将形状放在上级形状的顶部，如图 6-41 所示，单击"确定"按钮关闭提示。

② 拖动模具中的"助理"形状放到"总经理"形状上，"助理"形状和"总经理"形状间自动建立了连接线。

③ 拖动模具中的"多个形状"形状到"总经理"形状上，弹出图 6-42 所示的"添加多个形状"对话框，在"形状的数目"文本框中输入 6，在"形状"列表框中选择"经理"形状，单击"确定"按钮，系统自动添加 6 个"经理"形状在"总经理"下方。这种方式可以快速建立多个同级别的形状。

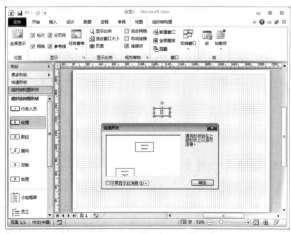

图 6-41　"连接形状"对话框

图 6-42　"添加多个形状"对话框

④ 拖动模具中的"3 个职位"形状到左起第 1 个"经理"形状上，得到图 6-43 所示的效果。考虑到第 2 个"经理"形状也有 4 个下属，水平排列要重叠在一起，故要对"经理"形状的下属形状进行重新排列。右击"经理"形状，在弹出的快捷菜单中选择"排列下属形状"命令，弹出图 6-44 所示的对话框，选择"垂直"布局。排列方式修改后的效果如图 6-45 所示。

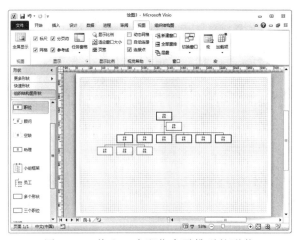

图 6-43　拖入 3 个职位水平排列的形状

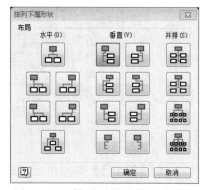

图 6-44　"排列下属形状"对话框

⑤ 用上述同样的方法为其他"经理"形状添加下属"职位"形状。并为左起第 4 个"经理"添加 3 个"职位"后，在最后一个"职位"上拖入一个"助理"形状，至此组织结构的框架基本建好，效果如图 6-46 所示。

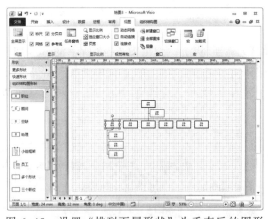

图 6-45　设置"排列下属形状"为垂直后的图形

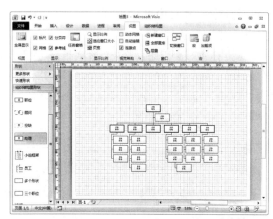

图 6-46　组织结构框架图

⑥ 为各个形状添加姓名和职位。双击形状，进入形状的文本编辑状态，依次为各个形状添加姓名和职位。

⑦ 为"李士豪研发高级副总裁"形状添加照片。右击"总经理"形状，在弹出的快捷菜单中选择"插入图片"命令，弹出"插入图片"对话框，找到包含要插入的图片文件夹，然后单击相应的图片文件，该图片就会出现在所选形状的左侧。然后用鼠标拖动的方式全选绘图页上的形状并右击，在弹出的快捷菜单中选择"格式"→"线条"命令，在弹出的对话框中修改线条的粗细，同时调整图的大小，效果如图 6-47 所示。

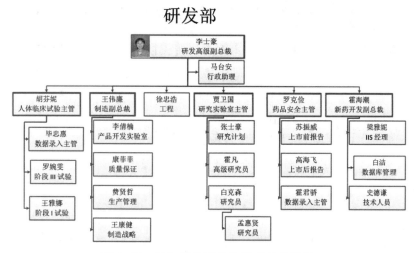

图 6-47 添加照片和修改格式后的效果

⑧ 为绘图页添加背景。单击"设计"选项卡"背景"组中的单击"背景"下拉按钮，在下拉列表中选择"世界"背景。单击"开始"选项卡"工具"组中的"文本"按钮，在组织结构图的上方添加文本"研发部"，最终效果如图 6-40 所示。

6.3.2 利用组织结构图向导制作

普通组织结构图的制作主要是通过拖动"组织结构图形状"模具里的形状，并加以连接，输入文字一步步绘制而成，操作过程比较烦琐。利用 Visio 提供的创建组织结构图向导可以利用现有的文档数据、Excel 电子表格数据以及数据库文件，引导用户轻松地完成组织结构图的制作。利用组织结构图向导制作组织结构图有两种方法：一是根据现有人员组织结构数据文件创建，二是利用向导创建数据文件以生成组织结构图。

1. 根据现有数据文件创建组织结构图

假设我们已将某公司研发部的员工组织结构的数据录入保存在一个文件名为"研发部.xlsx"的文件中，文件的内容如图 6-48 所示。

单击"文件"选项卡，在下拉列表中单击"新建"→"组织结构图"→"组织结构图向导"选项，弹出"组织结构图向导"对话框，如图 6-49 所示，选择"已存储在文件或数据库中的信息"单选按钮，然后单击"下一步"按钮。

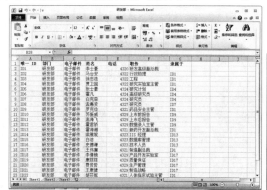

图 6-48 研发部组织结构数据文件

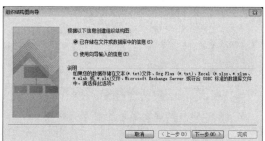

图 6-49 "组织结构图向导"对话框

在弹出的第 2 个提示对话框中选择文件类型，如图 6-50 所示，本例选择第 3 个选项，然后单击"下一步"按钮。

在弹出的第 3 个提示对话框中单击"浏览"按钮，在弹出的对话框中找到"研发部.xlsx"，如图 6-51 所示，然后单击"下一步"按钮。

图 6-50　选择文件类型

图 6-51　选择数据文件

在弹出的第 4 个提示对话框中选择主要字段等属性，如图 6-52 所示，然后单击"下一步"按钮。

在弹出的第 5 个对话框中选择要显示的字段，如图 6-53 所示，然后单击"下一步"按钮。

图 6-52　选择信息字段

图 6-53　选择要显示的字段

在弹出的第 6 个提示对话框中选择要显示的自定义字段，如图 6-54 示，然后单击"下一步"按钮。

在弹出的第 7 个提示对话框中指定是否需要自动将组织结构图分成多个页面显示，如图 6-55 所示，然后单击"完成"按钮，在绘图页上自动生成一个完整的组织结构图，效果如图 6-56 所示。

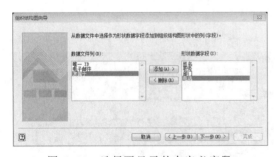

图 6-54　选择要显示的自定义字段

图 6-55　自动将组织结构图分成多个页面

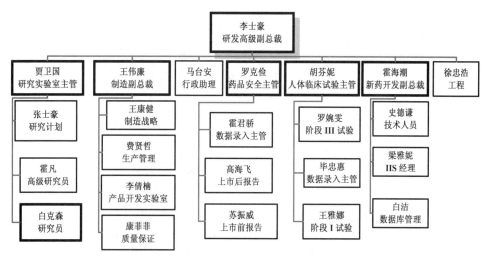

图 6-56　自动生成的组织结构图

最后，用户可以对这个组织结构图进一步美化和修饰，如调整形状大小、修改线条粗细、加入照片、添加背景等，最终可以做出图 6-40 所示的效果。

2. 创建数据文件以生成组织结构图

利用"组织结构图向导"创建组织结构图，如果事先没有创建好数据文件，那么就可以在"组织结构图"向导首页上选择"使用向导输入的信息"来创建数据文件，从而创建组织结构图。

具体操作步骤为：单击"文件"按钮，在弹出的列表中单击"新建"→"组织结构图"→"组织结构图向导"，弹出"组织结构图向导"对话框，如图 6-57 所示，选择"使用向导输入的信息"单选按钮，然后单击"下一步"按钮。

在弹出的第 2 个提示对话框中选择"以符号分割的文本"单选按钮，再输入新文件的名称为"d:\jiaocai\yfb.txt"，或者单击"浏览"按钮，找到要保存该文件的文件夹，并为新文件命名，然后单击"保存"按钮，如图 6-58 所示，然后单击"下一步"按钮。系统自动弹出一个提示框，提醒用户要打开的文本文件中将包括一些作为例子的文本内容，单击"确定"按钮即可。

图 6-57　"组织结构图向导"对话框

图 6-58　新建数据文件

在单击"确定"按钮后，会打开一个文本文件，文本文件第一行规定了输入数据的格式，字段以逗号分割，如图 6-59 所示。我们可以按照它的格式输入数据，创建自己的数据文件，如图 6-60 所示，输入完毕保存该文件并退出。

图 6-59　输入数据模板

图 6-60　创建自己的数据文件

在向导的最后一个提示对话框中单击"完成"按钮，在绘图页上自动生成一个完整的组织结构图，效果如图 6-56 所示，与前面用 Excel 数据文件创建的组织结构图效果相同。

6.4　共享 Visio 绘图

使用 Visio 创建了流程图、组织结构图、网络图示或建筑空间布置图等绘图后，如何将绘图添加到与同事或客户共享的文档或演示文稿中呢？本节就来介绍如何将 Visio 中绘制的图形添加到目标文件中。

将 Visio 绘图添加到目标文件的方法通常有 3 种：嵌入、链接和粘贴为图片。

6.4.1　嵌入

嵌入绘图是最容易的方法，只要先选中 Visio 中的绘图，然后右击，在快捷菜单中选择"复制"命令，在目标文件中粘贴就可以将绘图嵌入到目标文件中。下面用个实例来说明。

假设事先我们已在 Visio 中绘制了图 6-61 所示的有关活动理论的框图，要将此框图添加到介绍活动理论的演示文稿中，操作步骤如下：

首先在 Visio 中用鼠标拖动的方式选中框图，然后右击，在弹出的快捷菜单中选择"复制"命令，再切换到演示文稿，确定插入对象的位置，右击，在弹出的快捷菜单中选择"粘贴"命令，该图形就嵌入到演示文稿中了，如图 6-62 所示。

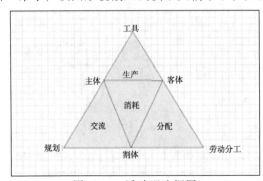

图 6-61　活动理论框图

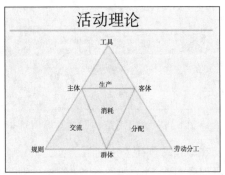

图 6-62　在演示文稿中嵌入 Visio 绘图

以后如果需要修改嵌入的图形，只要在演示文稿中双击该图，就会暂时进入 Visio 环境中，可以利用 Visio 的菜单和工具栏，对图形进行编辑修改操作，如图 6-63 所示。编辑完成后，在图框外空白处单击即可返回演示文稿界面。

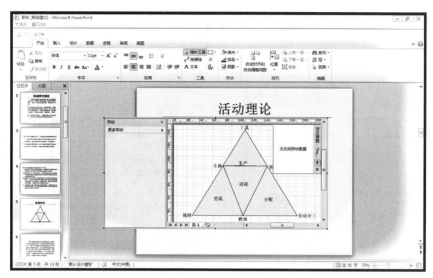

图 6-63　在演示文稿中编辑 Visio 绘图

用嵌入的方法将 Visio 中绘制的图形添加到目标文件意味着图形的复本成为目标文件的一部分，则在将演示文稿、文档移动到另一台计算机上时，就不必附带绘图文件。但在文件中嵌入绘图时，将会显著增加文件大小，同时没有 Visio 的用户将无法修订目标文件中的绘图。嵌入绘图虽是最简单的方法，但如果插入到目标文件中的绘图要频繁变化，实时更新，或者有多个用户或组进行维护和更新的绘图用嵌入的方法就不是最佳的方法，而链接绘图则是一种不错的方法。

6.4.2　链接

链接的正式名称为插入链接对象。将绘图链接到演示文稿、文档中时，绘图将被插入，且绘图和目标文件之间将建立关系，原来的 Visio 绘图的改变将直接影响到目标文件中的图形，可以做到随时更新。下面用个实例来说明。

假设事先已在 Visio 中绘制了图 6-64 所示的网络结构图，将此网络图添加到介绍公司局域网的 Word 文档中，具体操作如下：

打开"公司局域网简介"Word 文档，单击"插入"选项卡"文本"组中的"对象"按钮，弹出"对象"对话框，选择"由文件创建"选项卡，单击"浏览"按钮，选择要插入的绘图文件，选择"连接到文件"复选框，最后单击"确定"按钮，实现对象的连接，如图 6-65 所示。链接成功后在 Word 文档中便插入了 Visio

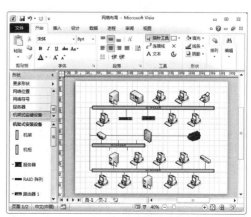

图 6-64　公司局域网图

绘图，如图 6-66 所示。如果用户在 Visio 中修改了绘图，那么链接到 Word 中的绘图会发生同步变化。如果要将演示文稿、文档移动到另一台计算机上，必须记得同时移动绘图文件，否则无法修订绘图。

图 6-65 "对象"对话框

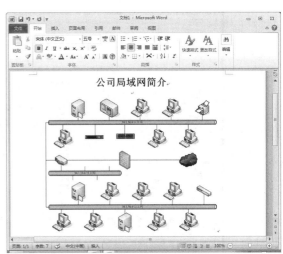

图 6-66 在 Word 中链接绘图

6.4.3 粘贴为图片

如果用户插入到目标文件的绘图内容比较固定，而又希望尽量减少目标文件的大小，粘贴为图片是一种非常好的方法。下面用个实例来说明。

假设已在 Visio 中绘制了图 6-67 所示的展览会安排图，要将此图添加到介绍展览会安排的 Word 文档中，具体操作如下：

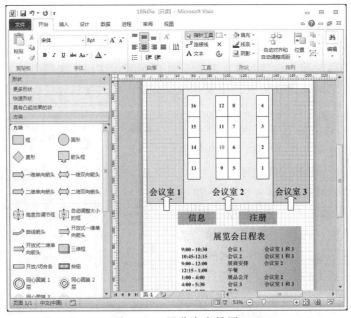

图 6-67 展览会安排图

先在 Visio 中选择展览会安排图，然后右击，在弹出的快捷菜单中选择"复制"命令，再切换到目标文件 Word 中，确定要插入对象的位置，单击"开始"选项卡"剪贴板"中的"粘贴"按钮，在下拉列表中选择"选择性粘贴"，弹出图 6-68 所示的"选择性粘贴"对话框，从中选择转换形式为"图片"，单击"确定"按钮，绘图就以图片的形式插入到 Word 文档中，结果如图 6-69 所示。

图 6-68　"选择性粘贴"对话框　　　　　图 6-69　粘贴为图片插入 Visio 对象

第 2 篇　办公软件高级应用案例精选

本篇为办公软件高级应用案例精选，共精选了 16 个不同应用领域的案例，其中 Word 案例 4 个，Excel 案例 4 个，PowerPoint 案例 2 个，Outlook 案例 1 个，宏与 VBA 案例 3 个，Visio 案例 2 个。这些案例均来自学习和工作中有一定代表性和难度的日常事务操作。每个案例均从"问题描述"、"知识要点"、"操作步骤"和"练习提高" 4 个方面进行详细论述。这些案例从不同侧面反映了 Office 2010 在日常办公事务处理中的重要作用以及使用 Office 的操作技巧。

第 **7** 章　Word 2010 高级应用案例精选

本章是 Word 2010 理论知识的实践应用介绍，精心组织了 4 个典型案例，分别是毕业论文的排版、Word 高级应用学习报告、期刊论文排版及审阅、会议通知及学生成绩单制作。4个案例囊括了 Word 2010 的绝大部分知识点，通过本章的学习，掌握利用 Word 实现长文档的排版技巧。

7.1　毕业论文的排版

7.1.1　问题描述

设计毕业论文是高等本科教育中的一个重要环节，论文排版是毕业论文中的重要组成部分，也是每位大学毕业生应该掌握的一种文字基本操作技能。毕业论文的结构整体分成以下几大主要部分：封面、中文摘要、英文摘要、目录、正文、结论、致谢、参考文献。毕业论文排版的基本要求是：封面无页码；中文摘要至正文前部分有页码（用罗马数字连续表示）；正文部分页码用阿拉伯数字连续表示；正文中的章节编号自动排序；图、表题注自动更新生成；参考文献用自动编号的形式按引用次序给出，等等。

通过本案例的学习，使学生对毕业论文的排版有一个整体的认识，并掌握长文稿的高级排版技巧，为后期毕业论文的撰写及排版操作做准备，也为将来工作需要奠定操作技能基础。

毕业论文的排版要求主要包括以下几个方面：

1．整体布局

论文的封面、中文摘要、英文摘要、正文各章、结论、致谢和参考文献分别进行分节处理，每部分内容单独一节，并从下一页开始。

2．页面设置

采用 A4 纸，设置上、下、左、右页边距分别为 2 cm、2 cm、2.5 cm、2 cm；页眉页脚均为 1.5 cm。

3．正文格式

正文是指从第 1 章开始的论文文本内容，排版格式详细要求如下：

① 一级，二级和三级标题自动编号，具体要求如下：

a. 一级标题（章名）使用样式"标题 1"，居中；编号格式为：第 X 章，序号和文字之间空一格，字体为"三号，黑体"，左缩进为 0 字符。其中 X 为自动编号（标题格式形如：第 1 章 XXX）。

b. 二级标题（节名）使用样式"标题 2"，左对齐；编号格式为：多级列表编号（形如：

X.Y，X 为章序号，Y 为节序号），编号与文字之间空一格，字体为"四号，黑体"，左缩进为 0 字符。其中，X 和 Y 均为自动编号（节格式形如：1.1 XXX）。

　　c．三级标题（次节名）使用样式"标题 3"，左对齐；编号格式为：多级列表编号（形如：X.Y.Z，X 为章序号，Y 为节序号，Z 为次节序号），编号与文字之间空一格，字体为"黑体，小四"，左缩进为 0 字符。其中，X、Y 和 Z 均为自动编号（次节格式形如：1.1.1 XXX）。

　　② 新建样式，名为："样式 0001"，并应用到正文中除章节标题、表格、表和图的题注外的所有文字。样式 0001 的格式为：中文字体为"宋体"，西文字体为 Times New Roman，字号为"小四"；段落格式为左缩进为 0 字符，首行缩进 2 字符，1.5 倍行距。

　　③ 对正文中出现"（1）、（2）…"的段落进行自动编号，编号格式不变。

　　④ 对正文中的图添加题注，位于图下方文字的左侧，居中对齐，并使图居中。标签为"图"，编号为"章序号–图序号"（例如第 1 章中的第 1 张图，题注编号为 1–1）。并引用图题注，对正文中出现"如下图所示"的"下图"，使用交叉引用，改为"图 X–Y"，其中"X–Y"为图题注的对应编号。

　　⑤ 对正文中的表添加题注，位于表上方的左侧，居中对齐，并使表居中。标签为"表"，编号为"章序号–表序号"（例如第 1 章中的第 1 张表，题注编号为 1–1）。并引用表题注，对正文中出现"如下表所示"的"下表"，使用交叉引用，改为"表 X–Y"，其中"X–Y"为表题注的对应编号。

　　⑥ 为正文第 1 页标题插入脚注，添加学生的班级名称"计算机科学与技术 091 班"。

　　⑦ 结论、致谢、参考文献。结论、致谢、参考文献的标题使用定义的样式"标题 1"，并删除编号。

　　结论和致谢的内容部分为宋体，小四，1.5 倍行距，首行缩进 2 个字符。

　　参考文献内容为自动编号，格式为：[1]，[2]，……。根据作者提示，在正文中的相应位置交叉引用参考文献的编号。

4．中英文摘要

　　① 中文摘要格式：标题使用定义的样式"标题 1"，并删除自动编号；作者及单位为宋体，五号字，居中显示。文字"摘要："为黑体，四号，其余摘要内容为宋体，小四；首行缩进 2 字符，1.5 倍行距。文字"关键词："为黑体，四号，其余关键词内容为宋体，小四；首行缩进 2 字符，1.5 倍行距。

　　② 英文摘要格式：标题使用定义的样式"标题 1"，并删除自动编号；作者及单位为 Time New Roman，五号，居中显示。字符"Abstract："为 Time New Roman，四号，其余为 Time New Roman，小四；首行缩进 2 字符，1.5 倍行距。字符"Key Word："为 Time New Roman，四号，其余为 Time New Roman，小四；首行缩进 2 字符，1.5 倍行距。

5．目录

　　在正文之前按照顺序插入 3 节，分节符类型为"下一页"。每节内容如下：

　　① 第 1 节：目录，文字"目录"使用样式"标题 1"，删除自动编号，居中，自动生成目录项。

　　② 第 2 节：图目录，文字"图目录"使用样式"标题 1"，删除自动编号，居中，自动生成图目录项。

③ 第 3 节：表目录，文字"表目录"使用样式"标题 1"，删除自动编号，居中，自动生成表目录项。

6. 论文页眉

① 封面不显示页眉，摘要至正文部分（不包括正文）的页眉显示"嘉兴学院本科生毕业论文（设计）"。

② 使用域，添加正文的页眉：

a. 对于奇数页，页眉中的文字为"章序号"+"章名"。

b. 对于偶数页，页眉中的文字为"节序号"+"节名"。

③ 使用域，添加结论、致谢、参考文献的页眉为相应章的标题名。

7. 论文页脚

添加页脚。在页脚中插入页码，居中显示。

① 封面不显示页码；摘要至正文前采用"i，ii，iii，…"格式，页码连续。

② 正文页码采用"1，2，3，…"格式，页码从 1 开始，页码连续，直到参考文献所在页。

③ 更新目录、图目录和表目录，得到最新目录结构。

7.1.2　知识要点

① 页面设置；字体、段落格式设置。

② 样式的建立、修改及应用；章节编号的自动生成；项目符号和编号的使用。

③ 目录、图目录、表目录的生成和更新。

④ 题注、尾注，交叉引用的建立与使用。

⑤ 分节的设置。

⑥ 页眉、页脚的设置。

⑦ 域的插入与更新。

7.1.3　操作步骤

1. 论文分节

① 将光标定位在中文摘要内容的最前面，单击"页面布局"选项卡"页面设置"组中的"分隔符"按钮，将出现一个列表，如图 7-1 所示。

② 在列表中的"分节符"区域选择分节符类型"下一页"，完成分节符的插入。

如果光标定位在封面内容的最后面，然后再插入分节符，此时在中文摘要内容的最前面会产生一空行，需要人工删除。

③ 重复操作步骤①和②，用同样的方法在中文摘要、英文摘要、正文各章、结论、致谢所在页的后面插入分节符。参考文献所在页已经位于最后一节，所以不必插入分节符。

2. 页面设置

① 单击"页面布局"选项卡"页面设置"组右下角的对话框启动器按钮，弹出"页面设置"对话框，如图 7-2 所示。

② 在"页面设置"对话框的"页边距"选项卡中，设置页边距的上、下、左、右边距分别为 2 cm、2 cm、2.5 cm、2 cm。在"应用于"下拉列表中选择"整篇文档"。

③ 在对话框中选择"纸张"选项卡,选择纸张大小为 A4;选择"版式"选项卡,设置页眉页脚边距都为 1.5 cm。

④ 单击"确定"按钮,完成页面设置。

图 7-1　"分隔符"下拉列表

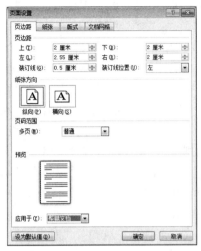

图 7-2　"页面设置"对话框

3. 正文格式

（1）一级、二级、三级标题自动编号

① 单击"开始"选项卡"段落"分组中的"多级列表"按钮,弹出图 7-3 所示的下拉列表。

② 单击"定义新的多级列表"按钮,弹出"定义新多级列表"对话框,单击"更多"按钮,对话框变成如图 7-4 所示。

图 7-3　"多级列表"下拉列表

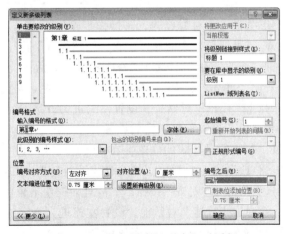

图 7-4　"定义新多级列表"对话框

a. 一级标题（章名）的自动编号。在"定义新多级列表"对话框的"单击要修改的级别"中选择"级别"为"1",用来设定一级标题编号。在"此级别的编号样式"下拉列表中选择"1,2,3,…"编号样式,在"输入编号的格式"文本框中将自动出现数字"1",在数字"1"的前面和后面分别输入"第"和"章"。"编号对齐方式"选择"左对齐","对齐位置"设置为 0 cm，在"编号之后"下拉列表中选择"空格"。在"将级别链接到样式"下拉列表中选择"标题 1"样式。

b. 二级标题（节名）的自动编号。在"定义新多级列表"对话框的"单击要修改的级别"中选择"级别"为"2"，用来设定二级标题编号。在"包含的级别编号来自"下拉列表中选择"级别 1"，在"输入编号的格式"文本框中将自动出现"1"，然后在数字"1"的后面输入"."。在"此级别的编号样式"下拉列表中选择"1，2，3，…"样式。在"输入编号的格式"文本框中将出现"1.1"。"编号对齐方式"选择"左对齐"，"对齐位置"设置为 0 cm，在"编号之后"下拉列表中选择"空格"。在"将级别链接到样式"下拉列表中选择"标题 2"样式。

c. 三级标题（次节）的自动编号。在"定义新多级列表"对话框的"单击要修改的级别"中选择"级别"为"3"，用来设定三级标题编号。在"包含的级别编号来自"下拉列表中选择"级别 1"，在"输入编号的格式"文本框中将自动出现"1"，然后在数字"1"的后面输入"."。在"包含的级别编号来自"下拉列表中选择"级别 2"，在"输入编号的格式"文本框中将自动出现"1.1"，然后在数字"1.1"的后面输入"."，在"此级别的编号样式"下拉列表中选择"1，2，3，…"样式。在"输入编号的格式"文本框中将出现"1.1.1"。"编号对齐方式"选择"左对齐"，"对齐位置"设置为 0 cm，在"编号之后"下拉列表中选择"空格"。在"将级别链接到样式"下拉列表中选择"标题 3"样式。单击"确定"按钮完成一级、二级及三级标题的自动编号。

③ 在"开始"选项卡的"样式"组中的"快速样式"将会出现图 7–5 所示的标题 1、标题 2 和标题 3 样式。

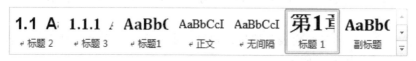

图 7–5　一级、二级及三级标题的自动编号

④ 修改各级标题样式，其操作步骤如下：

a. 一级标题样式的修改。在"快速样式"库中右击样式"第 1 章 标题 1"，选择快捷菜单中的"修改"命令，弹出"修改样式"对话框，如图 7–6 所示。字体选择"黑体"，字号为"三号"，单击"居中"按钮。单击对话框左下角的"格式"按钮，在弹出的列表中选择"段落"，弹出"段落"对话框，设置左缩进为 0 字符。单击"确定"按钮返回"修改样式"对话框。再单击"确定"按钮完成设置。

b. 二级标题样式的修改。在"快速样式"库中右击样式"1.1 标题 2"，选择快捷菜单中的"修改"命令，弹出"修改样式"对话框，如图 7–7 所示。字体选择"黑体"，字号为"四号"，单击"左对齐"按钮。单击对话框左下角的"格式"按钮，在弹出的列表中选择"段落"，会弹出"段落"对话框，设置左缩进为 0 字符。单击"确定"按钮返回"修改样式"对话框。再单击"确定"按钮完成设置。

c. 三级标题样式的修改。在"快速样式"库中右击样式"1.1.1 标题 3"，选择快捷菜单中的"修改"命令，弹出"修改样式"对话框。字体选择"黑体"，字号为"小四"，单击"左对齐"按钮。单击对话框左下角的"格式"按钮，在弹出的列表中选择"段落"，弹出"段落"对话框，设置左缩进为 0 字符。单击"确定"按钮返回"修改样式"对话框。再单击"确定"按钮完成设置。

图 7-6　修改"标题 1"样式对话框　　　图 7-7　修改"标题 2"样式对话框

⑤ 应用各级标题样式：

a. 一级标题（章名）。将光标定位在文档中的一级标题（章名）所在行的任意位置，单击"快速样式"库中的"第 1 章 标题 1"样式，章名将自动设为指定的样式格式，删除原有的章名编号。其余章名应用样式方法类似，也可用格式刷实现。

b. 二级标题（节名）。将光标定位在文档中的二级标题（节名）所在行的任意位置，单击"快速样式"库中的"1.1 标题 2"样式，节名将自动设为指定的格式，删除原有的节名编号。其余节名应用样式方法类似，也可用格式刷实现。

c. 三级标题（次节名）。将光标定位在文档中的三级标题（次节名）所在行的任意位置，单击"快速样式"库中的"1.1.1 标题 3"样式，次节名将自动设为指定的格式，删除原有的次节名编号。其余次节名应用样式方法类似，也可用格式刷实现。

（2）"样式 0001"的建立与应用

① 新建"样式 0001"，具体操作步骤如下：

a. 将光标定位到正文中除标题行的任意位置。

b. 单击"开始"选项卡"样式"组右下角的对话框启动器按钮 ，打开"样式"任务窗格。单击"样式"任务窗格左下角的"新建样式"按钮 ，弹出"根据格式设置创建新样式"对话框。

c. 在"名称"文本框中输入新样式的名称，为"样式 0001"。

d. 单击"样式类型"右侧的下拉列表按钮，选择"段落"样式。在"样式基准"下拉列表中选择"正文"。

e. 单击对话框左下角的"格式"按钮，在弹出的列表中选择"字体"，弹出"字体"对话框，进行字符格式设置，中文字体为"宋体"，西文字体为"Times New Roman"，字号为"小四"。设置好字符格式后，单击"确定"按钮返回。

f. 在弹出的列表中选择"段落"，弹出"段落"对话框，左缩进设为为 0 字符，首行缩进 2 字符，1.5 倍行距。设置好段落格式后，单击"确定"按钮返回。

g. 在"根据格式设置创建新样式"对话框中单击"确定"按钮，"样式"任务窗格中会显示新创建的"样式 0001"样式。

② 应用"样式 0001"，具体操作步骤如下：

a. 将光标定位到正文中除标题、表格、表和图的题注的任意位置。也可以选中这些文字，或同时选中多个段落的文字。

b. 单击"开始"选项卡"样式"组右下角的对话框启动器按钮 ，打开"样式"任务窗格。

c. 选择"样式 0001"，光标所在段落或选中的文字部分即自动设置为所选样式。

d. 用相同的方法将"样式 0001"应用于正文中其他段落文字。

包括标题样式和新建样式在内，应用样式之后的毕业论文格式如图 7-8 所示。

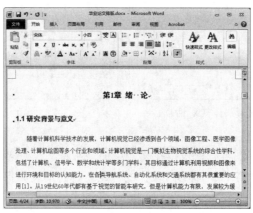

图 7-8　应用样式效果

论文中公式所在行的段落格式的设置方法为：单击"开始"选项卡"段落"组中的右对齐按钮，设置成右对齐方法，其他公式所在行也按相同方法进行设置。

（3）项目编号

① 将光标定位在正文中第 1 处出现"编号（1）、（2）…"的段落中的任意位置，或选中该段落，或按【Ctrl】键的同时拖动鼠标选中要设置自动编号的多个段落，单击"开始"选项卡"段落"组中的"编号"下拉按钮，出现图 7-9 所示的"编号"下拉列表。

② 在列表中选择与原来正文编号一样的编号类型即可。如果没有格式相同的编号，单击"定义新编号格式"按钮，弹出"定义新编号格式"对话框，如图 7-10 所示。设置好编号格式后单击"确定"按钮。

图 7-9　"编号"下拉列表

图 7-10　"定义新编号格式"对话框

③ 光标所在段落或选中段落的前面将自动出现编号"（1）"，其余段落可通过重复步骤①和②实现，也可以采用格式刷进行自动更新。插入自动编号后，原来文本中的编号需要人工删除。

④ 插入自动编号后，编号数字将以递增的方式出现，根据实际需要，当编号在不同的章节出现时，其起始编号应该重新从"1"开始编号，上述方法无法自动更改。若使编号重新从"1"开始，操作方法是：右击该编号，在弹出的快捷菜单中选择"重新开始于1"命令即可。

（4）图题注及交叉引用

① 创建图题注，其操作步骤如下：

a. 将光标定位在毕业论文正文中第一个图下面一行文字内容的左侧，单击"引用"选项卡"题注"组中的"插入题注"按钮，弹出"题注"对话框，如图 7-11 所示。

b. 在"标签"下拉列表中选择"图"。若没有标签"图"，则单击"新建标签"按钮，在弹出的"新建标签"对话框中输入标签名称"图"，单击"确定"按钮返回。

c."题注"文本框中会出现"图 1"。单击"编号"按钮，弹出"题注编号"对话框。在"题注编号"对话框中选择"格式"为"1，2，3…"，选择"包含章节号"复选框，将"章节起始样式"设为"标题 1"，在"使用分隔符"下拉列表中选择"-（连字符)"，如图 7-12 所示。单击"确定"按钮返回"题注"对话框，"题注"文本框中将会出现"图 1-1"。

图 7-11 "题注"对话框　　　　　　　图 7-12 "题注编号"对话框

d. 单击"确定"按钮完成题注的添加。选中图题注及图，单击"开始"选项卡"段落"组中的"居中"按钮，实现图题注及图的居中显示。

e. 重复操作 a 和 b，可以插入其他图的题注。或者将第 1 个图的题注编号"图 1-1"复制到其他图下面一行文字的前面，并通过更新域实现题注编号的自动更新。

② 图题注的交叉引用，其操作步骤如下：

a. 选中第一个图对应的正文中的"下图"文字，并删除。单击"引用"选项卡 "题注"组中的"交叉引用"按钮，弹出"交叉引用"对话框，如图 7-13 所示。

b. 在"引用类型"下拉列表中选择"图"选项。在"引用内容"下拉列表中选择"只有标签和编号"项。在"引用哪一个题注"列表框中选择要引用的题注，单击"插入"按钮。

c. 选择的题注编号将自动添加到文档中。按照步骤 b 可实现所有图片的交叉引用。插入需要的所有交叉引用题注后单击"关闭"按钮，完成交叉引用的操作。

（5）表题注及交叉引用

① 创建表题注，其操作步骤如下：

a. 将光标定位在毕业论文正文中第一张表上面一行文字内容的左侧，单击"引用"选项卡"题注"组中的"插入题注"按钮，弹出"题注"对话框。

b. 在"标签"下拉列表中选择"表"。若没有标签"表"，单击"新建标签"按钮，在弹出的"新建标签"对话框中输入标签名称"表"，单击"确定"按钮返回。

c. "题注"文本框中将会出现"表1"。单击"编号"按钮，弹出"题注编号"对话框。在"题注编号"对话框中选择"格式"为"1，2，3…"，选择"包含章节号"复选框，将"章节起始样式"设为"标题1"，在"使用分隔符"下拉列表中选择"–（连字符)"。单击"确定"按钮返回"题注"对话框，"题注"文本框中将会出现"表1–1"。

d. 单击"确定"按钮完成题注的添加。单击居中按钮，实现表题注的居中显示。右击表格任意单元格，在弹出的快捷菜单中选择"表格属性"，弹出"表格属性"对话框，选择"表格"选项卡中的"居中"对齐方式，单击"确定"按钮完成表格居中设置。

e. 重复操作a和b，可以插入其他表的题注。或者将第一个表的题注编号"表1–1"复制到其他表上面一行文字的前面，并通过更新域实现题注编号的自动更新。

② 表题注的交叉引用，其操作步骤如下：

a. 选中第一张表对应的正文中的"下表"文字，并删除。单击"引用"选项卡"题注"组中的"交叉引用"按钮，弹出"交叉引用"对话框。

b. 在"引用类型"下拉列表中选择"表"选项。在"引用内容"下拉列表中选择"只有标签和编号"选项。在"引用哪一个题注"列表框中选择要引用的题注，单击"插入"按钮。

c. 选择的题注编号将自动添加到文档中。按照步骤b可实现所有表的交叉引用。插入需要的所有交叉引用题注后单击"关闭"按钮，完成交叉引用的操作。

（6）插入脚注

插入脚注的操作步骤如下：

① 将光标定位在正文第1章标题的后面，单击"引用"选项卡"脚注"组中的"插入脚注"按钮，此时即可在选择的位置处看到脚注标记。或者单击"脚注"组右下角的对话框启动器按钮，弹出图7–14所示的对话框，单击"确定"按钮。

图7–13 "交叉引用"对话框

图7–14 "脚注和尾注"对话框

② 在页面底端光标闪烁处输入注释内容"计算机科学与技术091班"即可。

（7）结论、致谢、参考文献

① 结论、致谢、参考文献标题格式设置的操作步骤如下：

a. 将光标定位在结论标题行任意位置，或选中标题行，单击"开始"选项卡"样式"组中"快速样式"库的"第1章 标题1"样式，则结论标题将自动设为指定的样式格式，删除原有的章编号即可。

　　b. 重复步骤 a，可实现致谢及参考文献标题格式的设置。

　　② 结论和致谢的内容部分格式设置步骤如下：

　　a. 选择除结论标题外的结论内容文本，直接通过"开始"选项卡"字体"组中的对应按钮实现字体设置，通过"段落"组的对应按钮实现段落格式设置。

　　b. 重复步骤 a，可实现致谢内容部分的格式设置。参考文献的内容格式采用默认格式。

　　③ 参考文献的自动编号，其操作步骤如下：

　　a. 选中所有的参考文献，单击"开始"选项卡"段落"组中"编号"下拉按钮，弹出"编号"下拉列表。

　　b. 单击"定义新编号格式"按钮，弹出"定义新编号格式"对话框，编号样式选择"1，2，3，…"，在"编号格式"文本框中会自动出现数字"1"，在数字的左右分别输入"["和"]"，对齐方式选择"左对齐"。设置好编号格式后单击"确定"按钮。

　　c. 在每篇文章的前面将自动出现如"[1]，[2]，[3]，…"形式的自动编号，如图 7-15 所示。

　　④ 自动编号的交叉引用，其操作步骤如下：

　　a. 将光标定位在引用第一篇文献的正文中的位置，删除原有参考文献标号。单击"引用"选项卡的"题注"组中的"交叉引用"按钮，弹出"交叉引用"对话框。

　　b. 在"引用类型"下拉列表中选择"编号项"选项。在"引用内容"下拉列表中选择"段落编号"项。在"引用哪一个编号项"列表框中选择要引用的文献编号，如图 7-16 所示。

　　c. 单击"插入"按钮。实现第一篇文章的交叉引用。

　　d. 重复步骤 a、b、c，可实现所有文献的交叉引用。单击"关闭"按钮，完成交叉引用的操作。

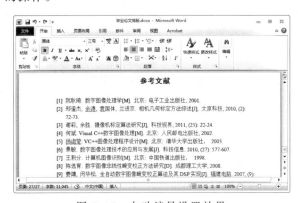

图 7-15　自动编号设置效果

图 7-16　编号交叉引用对话框

4．中英文摘要

（1）中文摘要的格式设置

　　① 将光标定位在中文摘要标题行任意位置，或选中标题行，单击"开始"选项卡"样式"组中"快速样式"库的"第 1 章　标题 1"样式，标题将自动设为指定的样式格式，删除原有的章编号即可。

　　② 选中作者及单位内容，单击"开始"选项卡"字体"组中的相应按钮实现字符格式的设置，字体选择"宋体"，字号选择"五号"；单击"段落"组中的"居中"按钮实现标题居中显示。

③ 选中文字"摘要:"，选择字体为"黑体"，字号为"四号"即可。选中其余文字，选择字体为"宋体"，字号为"小四"即可。单击"段落"组右下角的对话框启动器按钮，弹出"段落"对话框，设置首行缩进为"2 字符"，行距为"1.5 倍"，单击"确定"按钮返回。

④ 选中文字"关键词:"，选择字体为"黑体"，字号为"四号"即可。选中其余文字，选择字体为"宋体"，字号为"小四"即可。单击"段落"组右下角的对话框启动器按钮，弹出"段落"对话框，设置首行缩进为"2 字符"，行距为"1.5 倍"，单击"确定"按钮返回。

（2）英文摘要的格式设置

① 将光标定位在英文摘要标题行任意位置，或选中标题行，单击"开始"选项卡"样式"组中"快速样式"库的"第 1 章 标题 1"样式，则标题将自动设为指定的样式格式，删除原有的章编号即可。

② 选中作者及单位内容，单击"开始"选项卡"字体"组中的相应按钮实现字符格式的设置，字体选择为 Time New Roman，字号选择"五号"，单击"段落"组中的"居中"按钮实现标题居中显示。

③ 选中文字"Abstract:"，选择字体为 Time New Roman，字号为"四号"即可。选中其余文字，选择字体为"Time New Roman"，字号为"小四"即可。单击"段落"组中右下角的对话框启动器按钮，弹出"段落"对话框，设置首行缩进为"2 字符"，行距为"1.5 倍"，单击"确定"按钮返回。

④ 选中文字"Key Word:"，选择字体为 Time New Roman，字号为"四号"即可。选中其余文字，选择字体为 Time New Roman，字号为"小四"即可。单击"段落"组右下角的对话框启动器按钮，弹出"段落"对话框，设置首行缩进为"2 字符"，行距为"1.5 倍"，单击"确定"按钮返回。

5. 目录、图索引目录和表索引目录

（1）分节

将光标定位在正文的最前面，单击"页面布局"选项卡"页面设置"组中的"分隔符"下拉按钮，在"分节符"区域中选择"下一页"，单击"确定"按钮，完成一节的插入。重复此操作，插入另外两个分节符。

（2）生成目录

① 将光标定位在要插入目录的第一行（插入的第 1 节位置），输入"目录"，应用样式库中"第 1 章 标题 1"样式，并删除"目录"前的章编号。单击"引用"选项卡"目录"组中的"目录"按钮，展开列表，单击"插入目录"按钮，弹出"目录"对话框，如图 7-17 所示。

② 在弹出的对话中，确定目录显示的格式及级别。如"显示页码"、"页码右对齐"、"制表符前导符"、"格式"，"显示级别"等，或选择默认值。

③ 单击"确定"按钮，完成创建目录的操作。

（3）生成图目录

① 将光标移到要建立图目录的位置（插入的第 2 节位置），输入文字"图目录"，应用样式库中"第 1 章 标题 1"样式，并删除"图目录"前的章编号。单击"引用"选项卡"题注"组中的"插入表目录"按钮，弹出"图表目录"对话框，如图 7-18 所示。

② 单击"题注标签"右边的下拉按钮，选择"图"题注标签类型。

③ 在"图表目录"对话框中还可以对其他选项进行设置，如"显示页码"、"页码右对齐"、"格式"等，与"目录"设置方法类似，取默认值。

④ 单击"确定"按钮，完成图目录的创建。

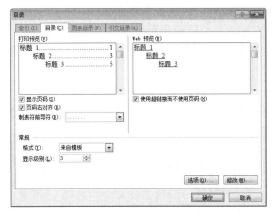 

图 7-17　"目录"对话框　　　　　　图 7-18　"图表目录"对话框

（4）生成表目录

① 将光标移到要建立表目录的位置（插入的第 3 节位置），输入文字"表目录"，应用样式库中"第 1 章 标题 1"样式，并删除"表目录"前的章编号。单击"引用"选项卡"题注"组中的"插入表目录"按钮，弹出"图表目录"对话框，如图 7-18 所示。

② 单击"题注标签"下拉按钮，选择"表"题注标签类型。

③ 在"图表目录"对话框中还可以对其他选项进行设置，如"显示页码"、"页码右对齐"、"格式"等，与"目录"设置方法类似，取默认值。

④ 单击"确定"按钮，完成表目录的创建。

6. 论文页眉

毕业论文的页眉设置包括正文前（封面、目录、图表目录及中英文摘要）的页眉设置和正文（各章节、结论及参考文献）页眉设置。

（1）正文前页眉的设置。

① 封面为单独一页，无页眉页脚，故要省略封面页眉页脚的设置。方法是：将光标定位在封面所在页的下一页，单击"插入"选项卡"页眉和页脚"组中的"页眉"按钮，在展开的列表中单击"编辑页眉"按钮。

② 进入"页眉和页脚"编辑状态，同时显示"页眉和页脚工具设计"（以下简称"设计"）选项卡，单击"导航"组中的"链接到前一条页眉"按钮，取消与封面页之间的链接关系。

③ 在页眉中直接输入"嘉兴学院本科生毕业论文（设计）"，并居中显示。

④ 双击非页眉页脚任意区域，返回文本编辑状态，完成正文前页眉的设置。

（2）正文页眉的设置

① 将光标定位在正文所在页，单击"插入"选项卡 "页眉和页脚"组中的"页眉"按钮，在展开的列表中单击"编辑页眉"按钮。

② 进入"页眉和页脚"编辑状态，同时显示"设计"选项卡，选择"选项"组中的"奇

偶页不同"复选框。或单击"页面布局"选项卡"页面设置"组右下角的对话框启动器按钮，弹出"页面设置"对话框。选择"版式"选项卡，在"页眉和页脚"区域选择"奇偶页不同"复选框，在"应用于"下拉列表中选择"整篇文档"，单击"确定"按钮。

③ 将光标定位到正文第 1 页页眉处，即奇数页页眉处，单击"设计"选项卡"导航"组中的"链接到前一条页眉"按钮，取消与前一奇数页眉的链接关系（若链接关系为灰色显示，表示无链接关系，否则一定要单击表示去掉链接），然后删除页眉中的原有内容。

④ 单击"插入"选项卡"文本"组中的"文档部件"按钮，在弹出的下拉列表中选择"域"项，弹出"域"对话框。

⑤ 在"域名"列表框中选择"StyleRef"域，并在"样式名"列表框中选择"标题 1"样式，选择"插入段落编号"复选框，如图 7-19 所示。单击"确定"按钮，在页眉中将自动添加章序号，然后从键盘上输入一个空格。

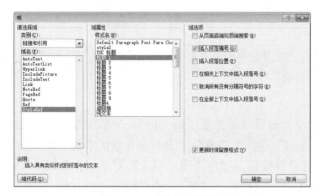

图 7-19 "域"对话框

⑥ 用同样的方法打开"域"对话框。在"域名"列表框中选择"StyleRef"域，并在"样式名"列表框中选择"标题 1"样式。取消选择"插入段落编号"复选框，选择"插入段落位置"复选框，单击"确定"按钮，实现在页眉中自动添加章名。

⑦ 按【Ctrl+E】组合键，使页眉中的文字居中显示。

⑧ 将光标定位到正文第 2 页页眉处，即偶数页页眉处，单击"设计"选项卡"导航"组中的"链接到前一条页眉"按钮，取消与前一偶数页眉的链接关系（若链接关系为灰色显示，表示无链接关系，否则一定要单击表示去掉链接）。用同样的方法添加页眉，不同的是在"域"对话框的"样式名"列表框中选择"标题 2"样式。

⑨ 由于设置了奇偶页不同，所以论文中所有的偶数页页脚的页码将消失，只需要在页脚中重新添加页码，就可完成偶数页页码的添加。

（3）添加结论、致谢和参考文献的页眉

① 将光标定位到论文结论所在页的页眉，单击"设计"选项卡"导航"组中的"链接到前一条页眉"按钮，取消与前一页眉的链接关系（若链接关系为灰色显示，表示无链接关系，否则一定要单击表示去掉链接），然后删除页眉中的内容。

② 单击"插入"选项卡"文本"组中的"文档部件"按钮，在弹出的下拉列表中选择"域"命令，弹出"域"对话框。

③ 在"域名"列表框中选择"StyleRef"域，并在"样式名"列表框中选择"标题 1"

样式，取消选择"插入段落编号"复选框，单击"确定"按钮。

④ 致谢和参考文献部分的页眉内容将会自动添加。

7. 论文页脚

论文页脚的内容通常是页码，实际上就是如何生成页码的过程。毕业论文的页脚设置包括正文前（封面、中英文摘要、目录及图表目录）的页码生成和正文（各章节、结论及参考文献）页码生成。

（1）摘要至正文前页码的生成

① 由于封面不加页码，所以直接将光标定位在第 2 节的页脚处，单击"设计"选项卡"导航"组中的"链接到前一条页眉"按钮，取消与第一节（封面）页脚之间的链接关系。单击"设计"选项卡"页眉和页脚"组中的"页码"按钮，在弹出的下拉列表中选择"页面底端"的"普通数字 1"，页脚中将会自动插入数字"1，2，3，…"的页码格式，设置为居中显示。或单击"插入"选项卡"页眉和页脚"组中的"页脚"按钮，在弹出的"页码"对话框中选择"页面底端"的"普通数字 2"页码格式，直接为居中显示。

② 右击插入的页码，在弹出的快捷菜单中选择"设置页码格式"命令，弹出"页码格式"对话框，设置"编号格式"为"i，ii，iii，…"，起始页码为"i"，如图 7-20 所示，单击"确定"按钮。

③ 重复步骤②，对正文前的其他节的页脚，采用类似的方法进行设置，但是注意在"页码编排"中选择"续前节"。

（2）正文页码的生成

① 将光标定位在正文第 1 章的页脚处，单击"设计"选项卡"导航"组中的"链接到前一条页眉"按钮，取消与前一节页脚的链接，删除原页码。

② 单击"设计"选项卡"页眉和页脚"组中的"页码"按钮，在弹出的"页码"下拉列表中选择"页面底端"的"普通数字 2"页码格式，插入页码。

③ 右击插入的页码，在弹出的快捷菜单中选择"设置页码格式"命令，弹出"页码格式"对话框，设置"编号格式"为"1，2，3，…"，起始页码为"1"，单击"确定"。

④ 查看每一节的起始页码是否与前一节连续，否则把页脚的页码格式中的"页码编号"设置为"续前节"。

（3）更新目录、图表目录

① 右击目录中的任意位置，在弹出的快捷菜单中选择"更新域"命令，弹出"更新目录"对话框，如图 7-21 所示，选择"更新整个目录"单选按钮，单击"确定"按钮完成目录的更新。

图 7-20 插入页码

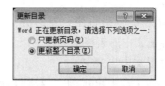

图 7-21 "更新目录"对话框

② 重复步骤①，可以更新图目录和表目录。

8．排版效果

毕业论文排版结束后，其部分效果如图 7-22 所示。

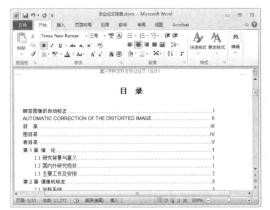

（a）目录

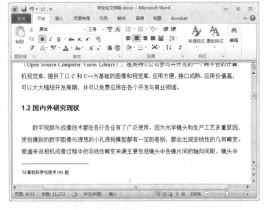

（c）脚注及页码

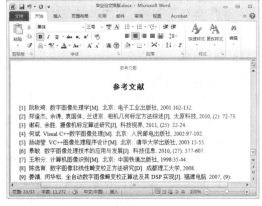

（b）图目录

（d）页眉及参考文献

图 7-22　排版效果

7.1.4　练习提高

① 修改一级标题样式：从第 1 章开始自动排序，小二号，黑体加粗，段前 2 行段后 1 行，单倍行距，左缩进 0 字符，居中对齐。

② 修改二级标题样式：从 1.1 开始自动排序，小三号，黑体加粗，段前 1 行段后 1 行，单倍行距，左缩进 0 字符，左对齐。

③ 修改三级标题样式：从 1.1.1 开始自动排序，小四号，黑体加粗，段前 0 行段后 0 行，左缩进 0 字符，单倍行距，左对齐。

④ 将正文中的表格全部改为以下格式：三线表，外边框单线，1 磅，内边框单线，0.75 磅。

⑤ 对正文中出现"1.，2.，3.，…"的编号，进行自动编号，编号格式不变。

⑥ 将第 1 章中出现的"摄像机标定"全部改成粗体显示的"摄像机标定"。

⑦ 对结论所在的标题添加批注，批注内容为"此部分内容需再详细阐述。"

⑧ 将结论所在的内容以两栏方式显示，选项采用默认方式。

⑨ 将结论所在节的内容以横排方式显示。

⑩ 在第 1 章的标题后另起一段，插入一子文档，内容为"作者简介：吕东达，男，1991 年 3 月生，本科生，计算机科学与技术专业。"，并以默认文件和默认路径进行保存。

⑪ 给本篇文档设置密码，打开密码为"ABCDEF"，修改密码为"ABCDEF"。

7.2　"Word 高级应用"学习报告

7.2.1　问题描述

学习"Word 高级应用"章节内容后，任课老师要求同学们制作一篇符合排版格式要求的文章学习报告，以总结、应用 Word 2010 排版技巧。具体要求为：

① 章名使用样式"标题 1"，居中；编号格式为：第 X 章，序号和文字之间空一格，字体为"二号，黑体"，左缩进为 0 字符。其中 X 为自动编号（标题格式形如：第 1 章 XXX）。

② 节名使用样式"标题 2"，左对齐；编号格式为：多级列表编号（形如：X.Y，X 为章序号，Y 为节序号），编号与文字之间空一格，字体为"四号，隶书"，左缩进为 0 字符。其中，X 和 Y 均为自动编号（节格式形如：1.1 XXX）。

③ 新建样式，名为："样式 0002"，并应用到正文中除章节标题、表格、表和图的题注外的所有文字。样式 0002 的格式为：中文字体为"宋体"，西文字体为"Times New Roman"，字号为"小四"；段落格式为左缩进 0 字符，首行缩进 2 字符，1.5 倍行距。

④ 对正文中出现"1., 2., 3., ……"的编号进行自动编号，编号格式不变；对出现"（1），（2），（3），…"的编号，进行自动编号，编号格式不变。

⑤ 对正文中的图添加题注，位于图下方文字的左侧，居中对齐，并使图居中。标签为"图"，编号为"章序号-图序号"（例如第 1 章中的第 1 张图，题注编号为 1-1）。并引用图题注，对正文中出现"如下图所示"的"下图"，使用交叉引用，改为"如图 X-Y 所示"，其中"X-Y"为图题注的对应编号。

⑥ 对正文中的表添加题注，位于表上方文字的左侧，居中对齐，并使表居中。标签为"表"，编号为"章序号-表序号"（例如第 1 章中的第 1 张表，题注编号为 1-1）。并引用表题注，对正文中出现"如下表所示"的"下表"，使用交叉引用，改为"如表 X-Y 所示"，其中"X-Y"为表题注的编号。

⑦ 对全文中出现的"word 2010"修改为"Word 2010"，并加粗显示。

⑧ 对正文中出现的第 1 张表（word 版本表），添加表头行，输入表头内容"时间"及"版本"，对整个表采用"三线表"表格样式，外边框线宽 1.5 磅，内边框线宽 0.75 磅，黑色。

⑨ 对正文中的第 3 个图（公司的组织结构图），在其右侧插入一幅 SmartArt 图，与其结构、内容完全相同，图形宽度和高度分别为 7 cm 和 5 cm。删除正文中的原图。

⑩ 对正文中的第二个表（学生成绩表），通过公式计算每个学生的总分及平均分，并保留一位小数。同时，计算每门课程的最高分，最低分。计算结果保存在相应单元格中。

⑪ 为全文中所有的"Word 2010"建立引文题注，类别为"协议"。

⑫ 在正文之前按顺序插入 4 个分节符，分节符类型为"下一页"。每节内容如下：

a. 第 1 节：目录，文字"目录"使用样式"标题 1"，删除自动编号，居中，自动生成目录项。

b. 第 2 节：图目录，文字"图目录"使用样式"标题 1"，删除自动编号，居中，自动生成图目录项。

c. 第 3 节：表目录，文字"表目录"使用样式"标题 1"，删除自动编号，居中，自动生成表目录项。

d. 第 4 节：引文目录，文字"引文目录"使用样式"标题 1"，删除自动编号，居中，自动生成引文目录项。

⑬ 添加正文的页眉：

a. 对于奇数页，页眉中的文字为"章序号"+"章名"。

b. 对于偶数页，页眉中的文字为"节序号"+"节名"。

⑭ 添加页脚。使用域，在页脚中插入页码，居中显示。

a. 首页不显示页码；正文前页码采用"i，ii，iii，…"格式，页码连续。

b. 正文页码采用"1，2，3，…"格式，页码从 1 开始，页码连续。

c. 更新目录、图索引、表索引和引文索引。

7.2.2　知识要点

① 字体、段落格式的设置方法。

② 样式的建立、修改及应用；章节编号的自动生成；项目符号和编号的使用。

③ 目录、图表目录和引文目录的生成和更新。

④ 题注、交叉引用的使用。

⑤ 分节的设置。

⑥ SmartArt 图形的生成及编辑。

⑦ 表格数据的运算。

⑧ 页眉、页脚的设置。

⑨ 域的插入与更新。

7.2.3　操作步骤

1. 章名和节名标题的自动编号

① 单击"开始"选项卡"段落"分组中的"多级列表"下拉按钮，弹出下拉列表。

② 单击"定义新的多级列表"按钮，弹出"定义新多级列表"对话框，单击"更多"，对话框选项将增加。

● 章名标题的自动编号。在"定义新多级列表"对话框的"单击要修改的级别"中选择"级别"为"1"，用来设定章名标题编号。在"此级别的编号样式"下选择"1，2，3，…"编号样式，在"输入编号的格式"文本框中将自动出现数字"1"，在数字"1"的前面和后面分别输入"第"和"章"。编号对齐方式选择"左对齐"，对齐位置设置为 0，在"编号之后"下拉列表中选择"空格"。在"将级别链接到样式"下拉列表选择"标题 1"样式。

- 节名标题的自动编号。在"定义新多级列表"对话框的"单击要修改的级别"中选择"级别"为"2",用来设定节名标题编号。在"包含的级别编号来自"下拉列表中选择"级别 1",在"输入编号的格式"文本框中将自动出现"1",然后在数字"1"的后面输入"."。在"此级别的编号样式"下拉列表中选择"1,2,3,…"样式。在"输入编号的格式"文本框中将出现"1.1"。编号对齐方式选择左对齐,对齐位置设置为0,在"编号之后"下拉列表中选择"空格"。在"将级别链接到样式"下拉列表中选择"标题 2"样式。
- 单击"确定"按钮完成章名、节名标题的自动编号。

③ 在"开始"选项卡"样式"组的"快速样式"中将会出现标题 1 和标题 2 样式,分别形如"第 1 章 标题 1"和"1.1 标题 2"。

2．章名和节名标题样式的修改及应用

（1）章名和节名标题样式的修改

① 章名标题样式的修改。在"快速样式"库中右击"第 1 章 标题 1",选择快捷菜单中的"修改"命令,弹出"修改样式"对话框。在对话框中,字体选择"黑体",字号为"二号",单击"居中"按钮。单击对话框左下角的"格式"按钮,在弹出的列表中选择"段落",弹出"段落"对话框,设置左缩进为 0 字符,单击"确定"按钮返回"修改样式"对话框。再单击"确定"按钮完成设置。

② 节名标题样式的修改。在"快速样式"库中右击"1.1 标题 2",选择快捷菜单中的"修改"命令,弹出"修改样式"对话框。在对话框中,字体选择"隶书",字号为"四号",单击"左对齐"按钮。单击"格式"按钮,在弹出的列表中选择"段落",弹出"段落"对话框,设置左缩进为 0 字符,单击"确定"按钮返回"修改样式"对话框。再单击"确定"按钮完成设置。

（2）章名和节名标题样式的应用

① 章名。将光标定位在文档中的章名所在行的任意位置,单击"快速样式"库的"第 1 章 标题 1"样式,则章名将自动设为指定的样式格式,删除原有的章名编号。

② 节名。将光标定位在文档中的节名所在行的任意位置,单击"快速样式"库中的"1.1 标题 2"样式,则节名将自动设为指定的格式,删除原有的节名编号。

3．"样式 0002"的建立与应用

（1）新建"样式 0002"

① 将光标定位到正文中除标题行的任意位置。

② 单击"开始"选项卡"样式"组右下角的对话框启动器按钮,打开"样式"任务窗格。单击"样式"任务窗格左下角的"新建样式"按钮，弹出"根据格式设置创建新样式"对话框。

③ 在"名称"文本框中输入新样式的名称,为"样式 0002"。

④ 单击"样式类型"下拉列表中选择"段落"样式。在"样式基准"下拉列表中选择"正文"。

⑤ 单击对话框左下角的"格式"按钮,在弹出的列表选择"字体",弹出"字体"对话框,设置中文字体为"宋体",西文字体为"Times New Roman",字号为"小四",单击"确定"按钮返回。

⑥ 在弹出的列表选择"段落"，弹出"段落"对话框，设置左缩进为 0 字符，首行缩进 2 字符，1.5 倍行距，单击"确定"按钮返回。

⑦ 在"根据格式设置创建新样式"对话框中单击"确定"按钮，"样式"任务窗格中会显示新创建的"样式 0002"样式。

（2）应用"样式 0002"

① 将光标定位到正文中除标题、表格、表和图的题注的任意位置。也可以选中这些文字，或同时选中多个段落的文字。

② 单击"开始"选项卡"样式"组右下角的对话框启动器按钮，打开"样式"任务窗格。

③ 选择"样式 0002"，光标所在段落或选中的文字部分即自动设置为所选样式。

④ 用相同的方法将"样式 0002"应用于正文中其他段落文字。

包括章名、节名标题样式和新建样式"样式 0002"在内，应用样式之后的文档格式如图 7-23 所示。

图 7-23　样式应用后的效果

4．项目编号

① 将光标定位在正文中第 1 处出现的编号，形如"1.，2.，3.，…"的段落中的任意位置，或选中该段落，或按【Ctrl】键的同时拖动鼠标选中要设置自动编号的多个段落，单击"开始"选项卡"段落"组中的"编号"下拉按钮，弹出"编号"下拉列表。

② 在列表中选择与正文编号一样的编号类型即可。如果没有格式相同的编号，单击"定义新编号格式"按钮，弹出"定义新编号格式"对话框。设置好编号格式后单击"确定"按钮。

③ 光标所在段落前将自动出现编号"1."，其余段落可以通过步骤①和②实现，也可采用格式刷进行自动编号格式复制。插入自动编号后，原来文本中的编号需要人工删除。

④ 插入自动编号后，编号数字将以递增的方式出现，根据实际需要，当编号在不同的章节出现时，其起始编号应该重新从"1"开始编号，上述方法无法自动更改。若使编号重新从"1"开始，操作方法是：右击该编号，在弹出的快捷菜单中选择"重新开始于1"命令即可。

对于形如"(1)，(2)，(3)，…"的自动编号的设置方法，可参照前述编号"1.，2.，3.，…"的设置方法。

5．图题注及交叉引用

首先要建立图题注，然后才能对其进行交叉引用。

（1）创建图题注

① 将光标定位在文档中第 1 个图下面一行文字内容的左侧，单击"引用"选项卡"题注"组中的"插入题注"按钮，弹出"题注"对话框。

② 在"标签"下拉列表中选择"图"。若没有标签"图"，单击"新建标签"按钮，在弹出的"新建标签"对话框中输入标签名称"图"，单击"确定"按钮返回。

③ "题注"文本框中将会出现"图 1"。单击"编号"按钮，弹出"题注编号"对话框，选择"格式"为"1，2，3…"，选择"包含章节号"复选框，将"章节起始样式"设为"标题 1"，在"使用分隔符"下拉列表中选择"–（连字符)"。单击"确定"按钮返回"题注"对话框，题注下面的文本框中将会出现"图 1–1"。

④ 单击"确定"按钮完成题注的添加。选中图题注及图，单击"开始"选项卡"段落"组中的"居中"按钮，实现图题注及图的居中显示。

⑤ 重复操作①和②，可以插入其他图的题注。或者将第 1 个图的题注编号"图 1–1"复制到其他图下面一行文字的前面，并通过更新域实现题注编号的自动更新。

（2）图题注的交叉引用

① 选中文档中第 1 个图对应的正文中的"下图"文字，并删除。单击"引用"选项卡"题注"组中的"交叉引用"按钮，弹出"交叉引用"对话框。

② 在"引用类型"下拉列表中选择"图"选项。在"引用内容"下拉列表中选择"只有标签和编号"项。在"引用哪一个题注"列表框中选择要引用的题注，单击"插入"按钮。

③ 选择的题注编号将自动添加到文档中。按照第②步的方法可实现所有图片的交叉引用。插入需要的所有交叉引用题注后单击"关闭"按钮，完成交叉引用的操作。

6．表题注及交叉引用

首先要建立表题注，然后才能对其进行交叉引用。

（1）创建表题注

① 将光标定位在文档中第一张表上面一行文字内容的左侧，单击"引用"选项卡"题注"组中的"插入题注"按钮，弹出"题注"对话框。

② 在"标签"下拉列表中选择"表"。若没有标签"表"，单击"新建标签"按钮，在弹出的"新建标签"对话框中输入标签名称"表"，单击"确定"按钮返回。

③ "题注"文本框中会出现"表 1"。单击"编号"按钮，弹出"题注编号"对话框。在"题注编号"对话框中选择"格式"为"1，2，3…"，选择"包含章节号"复选框，将"章节起始样式"设为"标题 1"，在"使用分隔符"下拉列表中选择"–（连字符)"。单击"确定"按钮返回"题注"对话框，题注下面的文本框中将会出现"表 1–1"。

④ 单击"确定"按钮完成表题注的添加。单击"居中"按钮，实现表题注的居中显示。右击表格任意单元格，在弹出的快捷菜单中选择"表格属性"命令，弹出"表格属性"对话框，选择"表格"选项卡中的"居中"对齐方式，单击"确定"按钮完成表格居中设置。

⑤ 重复操作①和②，可以插入其他表的题注。或者将第一个表的题注编号"表 1–1"复制到其他表上面一行文字的前面，并通过更新域实现题注编号的自动更新。

（2）表题注的交叉引用

① 选中第一张表对应的正文中的"下表"文字，并删除。单击"引用"选项卡"题注"组中的"交叉引用"按钮，弹出"交叉引用"对话框。

② 在"引用类型"下拉列表中选择"表"选项。在"引用内容"下拉列表中选择"只有标签和编号"项。在"引用哪一个题注"列表框中选择要引用的题注，单击"插入"按钮。

③ 选择的题注编号将自动添加到文档中。按照第②步的方法可实现所有表的交叉引用。插入需要的所有交叉引用题注后单击"关闭"按钮，完成交叉引用的操作。

7. 查找替换

本题采用查找替换功能来实现，其操作步骤如下：

① 将光标定位于正文中的任意位置，单击"开始"选项卡"编辑"组中的"替换"按钮，弹出"查找和替换"对话框，如图 7-24（a）所示。

② 在"查找内容"文本框中输入查找的内容"word 2010"，在"替换为"右侧的文本框中输入目标内容"Word 2010"。

③ 单击对话框左下角的"更多"按钮，弹出更多选项。将光标定位于"替换为"文本框中任意位置，也可选择文本框中的内容。

④ 单击对话框左下角的"格式"按钮，在弹出的下拉列表中选择"字体"，弹出"字体"对话框，选择"字形"列表框中的"加粗"，单击"确定"按钮返回"查找和替换"对话框。

⑤ 单击"全部替换"按钮，弹出图 7-24（b）所示的提示框，单击"确定"按钮完成全文中的替换操作。单击对话框中的"关闭"按钮退出"查找和替换"对话框。

（a）　　　　　　　　　　　　　　　　（b）

图 7-24　"查找和替换"对话框

8. 表格设置

本题实现对表格行的增加及表格边框的设置，其操作步骤如下：

① 将光标定位于"表 1-1 word 版本表"表格第 1 行中的任意一个单元格中，或选中表格第 1 行。单击"布局"选项卡"行和列"组中的"在上方插入"按钮，将在表格第 1 行的上方自动插入一新空白行。

② 分别在第 1 行的左右单元格中输入表头内容：时间，版本。

③ 选中整个表格，也可以单击表格左上角的 ⊞ 按钮来选中整个表格。单击"设计"选项卡"表格样式"组中的"边框"按钮（不要单击"边框"下拉按钮），将弹出"边框和底纹"对话框，如图 7-25（a）所示。

④ 在"设置"区域中选择"自定义"，在"宽度"下拉列表中选择"1.5 磅"，在预览的表格中，直接单击表格的三条竖线及表格内部的横线和竖线（即仅剩下表格的上边线和下边线）。

⑤ 单击"确定"按钮。表格将变成如图 7-25（b）所示的样式。

⑥ 选中表格的第 1 行，按前述步骤打开"边框和底纹"对话框，单击"自定义"，在"宽度"下拉列表中选择"0.75 磅"，在"预览"区域的表格中，直接单击表格的下边线。预览中的表格样式如图 7-25（c）所示。

⑦ 单击"确定"按钮。表格将变成图 7-25（d）所示的排版结果。

（a）

表 1-1 word 版本表

时间	版本
1989 年	word for Windows
1991 年	word 2 for Windows
1993 年	word 6 for Windows
1995 年	word 95，亦称 word 7
1997 年	word 97，亦称 word 8
1999 年	word 2000，亦称 word 9
2001 年	word XP，亦称 word 2002 或 word 10
2003 年	word 2003，亦称 word 11，但官方称之为 Microsoft Office word 2003
2007 年	word 2007，亦称 word 12
2010 年	**Word 2010**

（b）

（c）

表 1-1 word 版本表

时间	版本
1989 年	word for Windows
1991 年	word 2 for Windows
1993 年	word 6 for Windows
1995 年	word 95，亦称 word 7
1997 年	word 97，亦称 word 8
1999 年	word 2000，亦称 word 9
2001 年	word XP，亦称 word 2002 或 word 10
2003 年	word 2003，亦称 word 11，但官方称之为 Microsoft Office word 2003
2007 年	word 2007，亦称 word 12
2010 年	**Word 2010**

（d）

图 7-25　边框设置

9．SmartArt 图形的插入及编辑

插入及编辑 SmartArt 图形的操作步骤如下：

① 将光标定位到文档中"图 2-2 公司的组织结构图"上面图形的右侧位置，单击"插入"选项卡"插图"组中的"SmartArt"按钮，弹出"选择 SmartArt 图形"对话框，如图 7-26 所示。

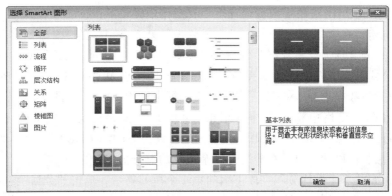

图 7-26　"选择 SmartArt 图形"对话框

② 在对话框的左边列表中选择"层次结构"选项卡，然后在右边窗格中选择图形样式"组织结构图"选项。

③ 单击"确定"按钮，在光标处将自动插入一个基本组织结构图。

④ 在各自的"文本窗格"中输入文字。

⑤ 输入对应文字后，选择最后一个文本窗格，即"策划部"。单击"设计"选项卡"创建图形"组中的"添加形状"下拉按钮，在弹出的列表中选择"在后面添加形状"选项，将在"策划部"的右侧自动添加一个文本窗格，输入文字"销售部"即可。

⑥ 单击"创建图形"组中的"添加形状"下拉按钮，在弹出的列表中选择"在下面添加形状"选项，将在"销售部"的下侧添加一个文本窗格，输入文字"客服科"即可。重复此步骤，可在"客服科"的后面添加文本窗格"配送科"。设置时，方向选择"在后面添加形状"，结果如图 7-27（a）所示。

⑦ 单击"销售部"与"客服科"之间的竖线，然后单击"创建图形"组中的"布局"按钮，在弹出的下拉列表中选择"标准"，将调整其布局。

⑧ 右击 SmartArt 图形的边框，在弹出的快捷菜单中选择"其他布局选项"命令，弹出"布局"对话框。选择"大小"选项卡，在高度和宽度处分别输入"5 cm"和"7 cm"，单击"确定"按钮。

⑨ 完成 SmartArt 图形的创建，如图 7-27（b）所示。

⑩ 选中文档中的原图，按【Delete】键删除。

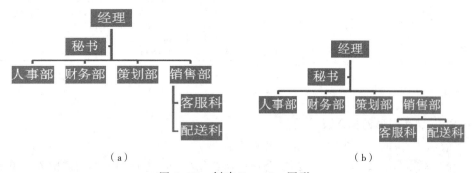

（a）　　　　　　　　　　　（b）

图 7-27　创建 SmartArt 图形

10．表格计算

本题实现 Word 2010 表格中数据的计算，其操作步骤如下：

① 将光标定位在文档中"表 2-1 学生成绩表"第 1 条记录的"总分"字段下面的单元格中，单击"布局"选项卡"数据"组中的"公式"按钮，弹出"公式"对话框。

② 在"公式"文本框中已经显示出了所需的公式"=SUM（LEFT）"，表示对光标左侧的所有数值型单元格数据求和。在"编号格式"文本框中输入"0.0"，如图 7-28 所示。单击"确定"按钮，目标单元格中将出现计算结果：405.0。"公式"文本框中还可以输入公式"=C2+D2+E2+F2+G2"、"=SUM（C2,D2,E2,F2,G2）"或"=SUM（C2:G2）"，得到的结果相同。按照类似的方法，可以计算出"总分"列其余记录的总分值。

③ 将光标定位于"平均分"字段下面的第 1 个单元格中，单击"数据"组中的"公式"按钮，弹出"公式"对话框。输入公式"=H2/5"，在"编号格式"文本框中输入"0.0"，单击"确定"按钮，目标单元格中将出现计算结果：81.0。"公式"文本框中还可以输入公式"=（C2+D2+E2+F2+G2）/5"、"=SUM（C2,D2,E2,F2,G2）/5"、"=SUM（C2:G2）/5"或者用求平

均值函数 AVERAGE 来实现，得到的结果相同。按照类似的方法，可以计算出"平均分"列其余记录的平均值。

④　将光标定位于"最大值"右侧的第 1 个单元格中，单击"数据"组中的"公式"按钮，弹出"公式"对话框。删除其中的默认公式，输入等号"="，在"粘贴函数"下拉列表中选择函数"MAX"，然后在函数后面的括号中输入"ABOVE"，或者输入"C2,C3,C4,C5,C6,C7,C8"或者"C2:C8"，单击"确定"按钮，目标单元格中将出现计算结果：92。按照类似的方法，可以计算出其余课程对应的最大值。

⑤　最小值的计算方法类似于最大值，只不过选择的函数名为"MIN"。

⑥　表格计算的结果如图 7-29 所示。

图 7-28　"公式"对话框

表 2-1 学生成绩表

学号	姓名	英语1	计算机	高数	物理	体育	总分	平均分
201243885301	杨成	69	86	78	80	92	405.0	81.0
201243885303	郭贵武	80	83	82	79	87	411.0	82.2
201243885304	李剑	76	91	86	85	88	426.0	85.2
201243885306	程程	79	93	75	81	84	412.0	82.4
201243885308	王蓥	90	81	74	70	90	405.0	81.0
201243885309	成兰	85	84	86	76	87	418.0	83.6
201243885310	熊贵芬	92	79	80	77	85	413.0	82.6
最大值		92	93	92	85	92		
最小值		69	79	74	70	84		

图 7-29　表格计算结果

11．引文题注

本题将实现为全文中的"Word 2010"建立引文题注，其操作步骤如下：

①　在文档的正文中选中要创建标记引文的文本"Word 2010"（一个即可）。单击"引用"选项卡"引文目录"组中的"标记引文"按钮，弹出"标记引文"对话框，如图 7-30 所示。

②　在"所选文字"列表框中将显示选中的文本，在"类别"下拉列表中选择引文的类别为"协议"。

③　单击"全部标记"按钮，文档中所有的"Word 2010"将自动加上引文标记"{ TA \s　"***"}"。

④　单击"关闭"按钮完成标记引文的操作。

⑤　单击"开始"选项卡"段落"组中的"显示/隐藏编辑标记"按钮，用来隐藏引文标记。再次单击，可显示引文标记。

图 7-30　"标记引文"对话框

12．建立目录、图表目录和引文目录

（1）分节

将光标定位在正文的最前面，单击"页面布局"选项卡"页面设置"组中的"分隔符"下拉按钮，在"分节符"区域中选择"下一页"，单击"确定"按钮，完成一个分节符的插入。重复此操作，插入另外 3 个分节符。

（2）生成目录

①　将光标定位在要插入目录的第 1 行（插入的第 1 节位置），输入"目录"，应用样式库中"第 1 章 标题 1"样式，并删除"目录"前的章编号。单击"引用"选项卡"目录"组中的"目录"按钮，展开一个列表，单击"插入目录"按钮，弹出"目录"对话框。

②　在弹出的对话中，确定目录显示的格式及级别。如"显示页码"、"页码右对齐"、"制表符前导符"、"格式"，"显示级别"等，或选择默认值。

③ 单击"确定"按钮，完成创建目录的操作。

（3）生成图目录

① 将光标移到要建立图目录的位置（插入的第 2 节位置），输入文字"图目录"，应用样式库中"标题 1"样式，并删除"图目录"前的章编号。单击"引用"选项卡"题注"组中的"插入表目录"按钮，弹出"图表目录"对话框。

② 单击"题注标签"下拉按钮，选择"图"题注标签类型。

③ 在"图表目录"对话框中还可以对其他选项进行设置，如"显示页码"、"页码右对齐"、"格式"等，与"目录"设置方法类似，取默认值。

④ 单击"确定"按钮，完成图目录的创建。

（4）生成表目录

① 将光标移到要建立表目录的位置（插入的第 3 节位置），输入文字"表目录"，应用样式库中"第 1 章 标题 1"样式，并删除"表目录"前的章编号。单击"引用"选项卡"题注"组中的"插入表目录"按钮，弹出"图表目录"对话框。

② 单击"题注标签"下拉按钮，选择"表"题注标签类型。

③ 在"图表目录"对话框中还可以对其他选项进行设置，如"显示页码"、"页码右对齐"、"格式"等，与"目录"设置方法类似，取默认值。

④ 单击"确定"按钮，完成表目录的创建。

（5）生成引文目录

① 将光标移到要建立引文目录的位置（插入的第 4 节位置），输入文字"引文目录"，应用样式库中"第 1 章 标题 1"样式，并删除"引文目录"前的章编号。单击"引用"选项卡"引文目录"组中的"插入引文目录"按钮，弹出"引文目录"对话框，如图 7-31 所示。

② 对话框中的各个参数取默认值。

③ 单击"确定"按钮，完成引文目录的创建，创建效果如图 7-32 所示。

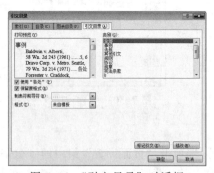

图 7-31　"引文目录"对话框

图 7-32　引文目录排版效果

13．页眉

页眉设置包括正文前（目录、图表目录及引文目录）的页眉设置和正文页眉设置。本题不包括正文前页眉的设置，故直接设置正文的页眉。其操作步骤如下：

① 将光标定位在正文所在页，单击"插入"选项卡"页眉和页脚"组中的"页眉"按钮，在展开的列表中单击"编辑页眉"按钮。

② 进入"页眉和页脚"编辑状态，同时显示"设计"选项卡，选择"选项"组中的"奇偶页不同"复选框。或单击"页面布局"选项卡"页面设置"组中右下角的对话框启动器按

钮，弹出"页面设置"对话框，选择"版式"选项卡"页眉和页脚"区域中的"奇偶页不同"复选框，在"应用于"下拉列表中选择"整篇文档"，单击"确定"按钮。

③ 将光标定位到正文第 1 页页眉处，即奇数页页眉处，单击"设计"选项卡"导航"组中的"链接到前一条页眉"按钮，取消与前一奇数页眉的链接关系（若链接关系为灰色显示，表示无链接关系，否则一定要单击表示去掉链接），然后删除页眉中的原有内容。

④ 单击"插入"选项卡"文本"组中的"文档部件"按钮，在弹出的下拉列表中选择"域"，弹出"域"对话框。

⑤ 在"域名"列表框中选择"StyleRef"域，并在"样式名"列表框中选择"标题 1"样式，选择"插入段落编号"复选框。单击"确定"按钮，在页眉中添加章序号。

⑥ 用同样的方法打开"域"对话框，在"域名"列表框中选择"StyleRef"域，并在"样式名"列表框中选择"标题 1"样式。取消选择"插入段落编号"复选框，选择"插入段落位置"复选框，单击"确定"按钮，实现在页眉中添加章名。

⑦ 按【Ctrl+E】组合键，使页眉中的文字居中显示。

⑧ 将光标定位到正文第 2 页页眉处，即偶数页页眉处，单击"设计"选项卡"导航"组中的"链接到前一条页眉"按钮，取消与前一偶数页眉的链接关系（若链接关系为灰色显示，表示无链接关系，否则一定要单击表示去掉链接）。用同样的方法添加页眉，不同的是在"域"对话框的"样式名"列表框中选择"标题 2"样式。

⑨ 由于设置了奇偶页不同，所以论文中所有的偶数页页脚的页码将消失，只需在页脚中重新添加页码，即可完成偶数页码的添加。

14．页脚

文章页脚的内容通常是页码，实际上就是如何生成页码的过程。页脚设置包括正文前（目录、图表目录及引文目录）的页码生成和正文页码生成。

（1）正文前页码的生成

① 将光标定位在目录所在页的页脚处，单击"设计"选项卡"页眉和页脚"组中的"页码"按钮，在弹出的下拉列表中选择"页面底端"的"普通数字 1"，页脚中将会自动插入数字"1，2，3，…"的页码格式，设置为居中显示。或单击"插入"选项卡"页眉和页脚"组中的"页脚"按钮，在弹出的"页码"对话框中选择"页面底端"的"普通数字 2"页码格式，可直接实现居中显示。

② 右击插入的页码，在弹出的快捷菜单中选择"设置页码格式"命令，弹出"页码格式"对话框，设置"数字格式"为"i，ii，iii，…"，起始页码为"i"，单击"确定"按钮。

③ 重复第②步操作，对正文前的其他节的页脚，采用类似的方法进行设置，但是注意在"页码编排"中选择"续前节"。

（2）正文页码的生成

① 将光标定位在正文第 1 章的页脚处，单击"设计"选项卡"导航"组中的"链接到前一条页眉"按钮，取消与前一节页脚的链接，删除原页码。

② 单击"设计"选项卡"页眉和页脚"组中的"页码"按钮，在弹出的"页码"下拉列表中选择"页面底端"的"普通数字 2"页码格式，插入页码。

③ 右击插入的页码，在弹出的快捷菜单中选择"设置页码格式"命令，弹出"页码格式"对话框，设置"编号格式"为"1，2，3，…"，起始页码为"1"，单击"确定"按钮。

④ 查看每一节的起始页码是否与前一节连续，否则把页脚的页码格式中的"页码编号"选择"续前节"。

（3）更新目录、图表目录和引文目录

① 右击目录中的任意位置，在弹出的快捷菜单中选择"更新域"命令，弹出"更新目录"对话框，选择"更新整个目录"，单击"确定"按钮完成目录的更新。

② 重复第①步操作，可以更新图表目录和引文目录。

15．排版效果

文档排版结束后，其部分效果如图 7-33 所示。

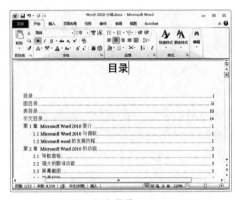

（a）目录

（c）表目录

（b）图目录

（d）引文目录

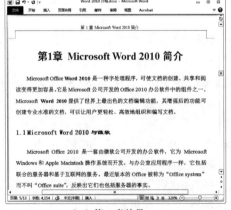

（e）第 1 章效果

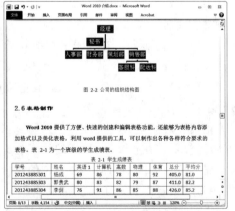

（f）SmartArt 图表及表格

图 7-33　排版效果

7.2.4　练习提高

① 修改一级标题样式：从第 1 章开始自动排序，小二号，黑体加粗，段前 2 行段后 1 行，单倍行距，左缩进 0 字符，居中对齐。

② 修改二级标题样式：从 1.1 开始自动排序，小三号，黑体加粗，段前 1 行段后 1 行，单倍行距，左缩进 0 字符，左对齐。

③ 将第 1 章 1.1 节的内容（不包括标题）分成两栏显示，其余选项采用默认值。

④ 将第 1 章的所有内容（包括标题）分为一节，并使该节内容以横向方式显示。

⑤ 设置表边框，将"表 2-1 学生成绩表"设置成以下边框格式。表格为三线表，外边框为双线，1.5 磅，内边框为单线，0.75 磅。

⑥ 将文档中的 SmartArt 图形（图 7-27）改成图 7-34 所示的结构。

⑦ 将全文中的"word"改为加粗的"**Word**"。

⑧ 将全文中的"Office 2010"添加一个协议引文标记，并更新引文目录。

⑨ 启动修订功能，删除文档中最末一页的最后一行文本。

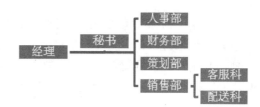

图 7-34　公司的组织结构图

7.3　期刊论文排版及审阅

7.3.1　问题描述

学生小陆将主持的 SRT（Students Research Training）研究成果写成了一篇学术论文，准备向某期刊投稿。事先按照期刊的要求进行了论文格式编排，然后向该期刊投稿，经审稿人审稿后提出修改意见返回。现在让你模拟整个论文处理过程中的排版过程，按要求完成下列格式设置操作：

① 中文标题：小二号，黑体加粗，居中对齐，段前 2 行段后 1 行；作者，单位：小四号，仿宋体，居中对齐。摘要，关键词：字符"摘要："及"关键词："采用五号，黑体加粗。具体内容用小五号，宋体，段首空 2 个字符。

英文采用 Times New Roman 字体，其中英文标题：小四号，黑体加粗，段前 2 行段后 1 行，居中对齐；作者，单位：五号，居中对齐。字符"Abstract："及"Key words："用小五号，黑体加粗；其余内容用小五号，段首空 2 个字符。

中英文标题及内容采用单倍行距。

② 以首页一级标题的最末一个字为标签（标签格式与标题格式相同）插入脚注。内容为"收稿日期：2013-7-20　E-mail：Paper@gmail.com"。脚注内容格式为六号，黑体，加粗。

③ 一级标题：采用标题 1 样式。要求：从 1 开始自动排序,小四号，黑体加粗，段前 1 行段后 1 行，单倍行距，左对齐。

④ 二级标题：采用标题 2 样式。要求：从 1.1 开始自动排序，五号，黑体加粗，段前 0 行段后 0 行，单倍行距，左对齐。

⑤ 正文（除标题、图表题注、参考文献外）为五号，宋体，单倍行距，段首空 2 个字符。

⑥ 添加图题注，如图 1、图 2，自动编号，位于图下方文字的左侧，与文字间隔一个空格，图及题注居中，并将文档中的图引用方式改为交叉引用方式。

⑦ 添加表题注，如表 1、表 2，自动编号，位于表上方文字的左侧，与文字间隔一个空格，表及题注居中，并将文档中的表引用方式改为交叉引用方式。

⑧ 参考文献采用[1]，[2]，……格式，并自动编号，并将正文中引用到的参考文献设为交叉引用方式。

⑨ 将正文到参考文献（包括参考文献）内容进行分栏，分为两栏，无分隔线，栏宽宽度取默认值。

⑩ 添加页眉，内容为论文标题，居中显示；添加页脚页码，格式为"1，2，3…"，居中显示。

⑪ 对论文的标题添加批注，批注内容为：标题欠妥，请修改。

⑫ 启动修订，将中文摘要中多余的"OpenCV"文字删除。

⑬ 在论文的最后插入子文档，文档内容为"作者简介：陆趣趣，男，1993 年 6 月生，本科生，纺织学专业。"，以默认文件名及默认路径保存。

7.3.2 知识要点

① 字体、段落格式设置。

② 样式的建立、修改及应用；项目符号和编号的使用。

③ 分栏设置。

④ 题注、交叉引用的使用。

⑤ 表格边框的设计。

⑥ 脚注的编辑。

⑦ 页眉、页脚的设置。

⑧ 标注编辑。

⑨ 修订编辑。

⑩ 子文档的插入。

7.3.3 操作步骤

1. 中英文标题及摘要格式

（1）中文标题及摘要格式

① 中文标题。选中中文标题，单击"开始"选项卡"字体"组中的字体为"黑体"，字号为"小二号"，单击"加粗"按钮。单击"段落"组右下角的对话框启动器按钮，弹出"段落"对话框，设置段前距为 2 行，段后距为 1 行，对齐方式选择"居中"。单击"确定"按钮返回。

② 作者，单位。选中作者及单位所在段落，单击"开始"选项卡"字体"组中的字体为"仿宋"，字号为"小四号"。单击"开始"选项卡"段落"组中的"居中"按钮。

③ 分别选中文字"摘要："及"关键词："，单击"开始"选项卡"字体"组中的字体为

"黑体"，字号为"五号"，单击"加粗"按钮。选中其余文字，"字体"组中的字体选择"宋体"，字号选择"小五号"。打开"段落"对话框，设置首行缩进为 2 个字符。

（2）英文标题及摘要格式

选中所有英文文字，单击"开始"选项卡"字体"组中的字体为"Times New Roman"。

① 英文标题。选中英文标题，单击"开始"选项卡"字体"组中的字体为"黑体"，字号为"小四号"，单击"加粗"按钮。单击"段落"组右下角的对话框启动器按钮，弹出"段落"对话框，设置段前距为 2 行，段后距为 1 行，对齐方式选择"居中"。单击"确定"按钮返回。

② 作者，单位。选中作者及单位所在段落，单击"开始"选项卡"字体"组中的字号为"五号"。单击"开始"选项卡"段落"组中的"居中"按钮。

③ 分别选中文字"Abstract："及"Key words："，单击"开始"选项卡"字体"组中的字体为"黑体"，字号为"小五号"，单击"加粗"按钮。选中其余文字，字号选择"小五号"。打开"段落"对话框，设置首行缩进为 2 个字符。

④ 选中中英文标题及内容，打开"段落"对话框，选择行距为"单倍行距"，单击"确定"按钮即可。

2．插入脚注

本题实现按要求插入指定格式的脚注，其操作步骤如下：

① 将光标定位到首页一级标题行的末尾（即"0 引言"行的末尾），单击"引用"选项卡"脚注"组右下角的对话框启动器按钮，弹出"脚注和尾注"对话框，如图 7-35 所示。

② 在"位置"处选择"脚注"，位于"页面底端"。在"自定义标记"后面的文本框中输入标题的最后一个汉字，如"0 引言"的"言"字，其他选项取默认值，单击"确定"按钮。此时在标题的末尾出现脚注标记"言"，页面底部出现脚注标记，分别如"0 引言言"和"━━"。

③ 利用格式刷将一级标题中的"引言"格式复制到题注标记"言"字上，使其格式与"引言"字符格式相同，并删除原文标题中的字符"言"字。

图 7-35　"脚注和尾注"对话框

④ 将光标定位到页面底端题注标记"言"的右侧，按【Backspace】键删除"言"字，并输入文字"收稿日期：2013-7-20　E-mail：Paper@gmail.com"。选中输入的文字，单击"开始"选项卡"字体"组的字体为"黑体"，字号为"六号"，单击"加粗"按钮。完成题注的添加。

⑤ 一级标题及页面底端的题注分别形如"0　引言"和" 收稿日期: 2013-7-20 E-mail: Paper@gmail.com "，完成脚注的设置。

3．一级、二级标题的自动编号

① 单击"开始"选项卡"段落"分组中的"多级列表"下拉按钮，弹出下拉列表。

② 单击"定义新的多级列表"按钮，弹出"定义新多级列表"对话框，单击"更多"按钮，对话框选项将增加。

- 一级标题的自动编号。在"定义新多级列表"对话框的"单击要修改的级别"列表框中选择"级别"为"1"，用来设定一级标题编号。在"此级别的编号样式"下面选择"1，2，3，…"编号样式，在"输入编号的格式"文本框中自动再现数字"1"。编号对齐方式选择"左对齐"，对齐位置设置为 0 cm，在"编号之后"下拉列表中选择"空格"，在"将级别链接到样式"下拉列表中选择"标题 1"样式。

- 二级标题的自动编号。在"定义新多级列表"对话框的"单击要修改的级别"列表框中选择"级别"为"2"，用来设定二级标题编号。在"包含的级别编号来自"下拉列表中选择"级别 1"，在"输入编号的格式"文本框中自动出现"1"，然后在数字"1"的后面输入"."。在"此级别的编号样式"下拉列表中选择"1，2，3，…"样式。在"输入编号的格式"文本框中将出现"1.1"。编号对齐方式选择"左对齐"，对齐位置设置为 0 cm，在"编号之后"下拉列表中选择"空格"，在"将级别链接到样式"下拉列表中选择"标题 2"样式。

- 单击"确定"按钮完成一级、二级标题的自动编号。

③ 在"开始"选项卡"样式"组中的"快速样式"库中将会出现标题 1 和标题 2 样式，分别形如"1 标题 1"和"1.1 标题 2"。

4．正文中一级、二级标题样式的修改及应用

（1）正文一级、二级标题样式的修改

① 一级标题样式的修改。在"快速样式"库中右击样式"1 标题 1"，选择快捷菜单中的"修改"命令，弹出"修改样式"对话框，字体选择"黑体"，字号为"小四号"，单击"加粗"按钮，单击"左对齐"按钮。单击对话框左下角的"格式"按钮，在弹出的列表中选择"段落"，弹出"段落"对话框，进行段落格式设置，设置左缩进为 0 字符，段前距为 1 行，段后距为 1 行，设置行距为单倍行距。单击"确定"按钮返回"修改样式"对话框。单击"确定"按钮完成设置。

② 二级标题样式的修改。在"快速样式"库中右击样式"1.1 标题 2"，选择快捷菜单中的"修改"命令，弹出"修改样式"对话框，字体选择"黑体"，字号为"五号"，单击"加粗"按钮，单击"左对齐"按钮。单击对话框左下角的"格式"按钮，在弹出的列表中选择"段落"，弹出"段落"对话框，设置左缩进为 0 字符，段前距为 0 行，段后距为 0 行，设置行距为单倍行距。单击"确定"按钮返回"修改样式"对话框。单击"确定"按钮完成设置。

（2）正文一级、二级标题样式的应用

① 一级标题。将光标定位在论文中的一级标题所在行的任意位置，单击"快速样式"库的"1 标题 1"样式，则一级标题将自动设为指定的样式格式，删除原有的编号。按照此方法，可以将论文中的其余一级标题格式设置为指定的样式格式。

② 二级标题。将光标定位在论文中的二级标题所在行的任意位置，单击"快速样式"库中的"1.1 标题 2"样式，则二级标题将自动设为指定的格式，删除原有的编号。按照此方法，可以将论文中的其余二级标题格式设置为指定的样式格式。

5．"样式 0003"的建立与应用

本题可以先建立一个样式，然后利用应用样式方法来实现相应操作。

（1）新建"样式 0003"

① 将光标定位到正文中除标题行的任意位置。

② 单击"开始"选项卡"样式"组右下角的对话框启动器按钮，打开"样式"任务窗格。单击"样式"任务窗格左下角的"新建样式"按钮，弹出"根据格式设置创建新样式"对话框。

③ 在"名称"文本框中输入新样式的名称，为"样式 0003"。

④ 单击"样式类型"下拉按钮，选择"段落"样式。在"样式基准"列表中选择"正文"。

⑤ 单击对话框左下角的"格式"按钮，在弹出的列表中选择"字体"，弹出"字体"对话框，设置中文字体为"宋体"，字号为"五号"。单击"确定"按钮返回。

⑥ 在弹出的列表中选择"段落"，弹出"段落"对话框，设置左缩进为 0 字符，首行缩进 2 字符，单倍行距。单击"确定"按钮返回。

⑦ 在"根据格式设置创建新样式"对话框中单击"确定"按钮，"样式"任务窗格中会显示新创建的"样式 0003"样式。

（2）应用"样式 0003"

① 将光标定位到正文中除标题、表格、表和图的题注以及参考文献的任意位置。也可以选中这些文字，或同时选中多个段落的文字。

② 单击"开始"选项卡"样式"组右下角的对话框启动器按钮，弹出"样式"任务窗格。

③ 选择"样式 0003"，光标所在段落或选中的文字部分即自动设置为所选样式。

④ 用相同的方法将"样式 0003"应用于正文中其他段落文字。

⑤ 包括一级、二级标题样式和新建样式"样式 0003"在内，应用样式之后的文档格式如图 7-36 所示。

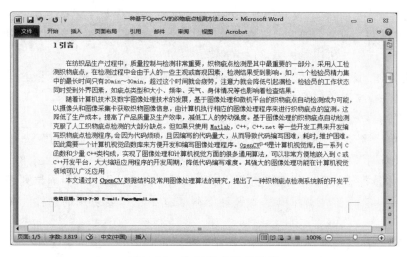

图 7-36　应用样式后的效果

6. 图题注及交叉引用

（1）创建图题注

① 将光标定位在文档中第 1 个图下面一行文字内容的左侧，单击"引用"选项卡"题注"组中的"插入题注"按钮，弹出"题注"对话框。

② 在"标签"下拉列表中选择"图"。若没有标签"图"，单击"新建标签"按钮，在弹出的"新建标签"对话框中输入标签名称"图"，单击"确定"按钮返回。

③ "题注"文本框中会出现"图1"。单击"确定"按钮完成题注的添加。

④ 选中图题注及图，单击"开始"选项卡"段落"组中的"居中"按钮，实现图题注及图的居中显示。

⑤ 重复操作①和②，可以插入其他图的题注。或者将第1个图的题注编号"图1"复制到其他图下面一行文字的前面，并通过更新域实现题注编号的自动更新。

（2）图题注的交叉引用

① 选中论文中第1个图对应的正文中的图引用文字，并删除。单击"引用"选项卡"题注"组中的"交叉引用"按钮，弹出"交叉引用"对话框。

② 在"引用类型"下拉列表中选择"图"选项。在"引用内容"下拉列表中选择"只有标签和编号"项。在"引用哪一个题注"列表框中选择要引用的题注，单击"插入"按钮。

③ 选择的题注编号将自动添加到文档中。按照步骤②的方法可实现所有图片的交叉引用。选择完要插入的交叉引用题注后单击"关闭"按钮，完成交叉引用的操作。

7. 表题注及交叉引用

（1）创建表题注

① 将光标定位在文档中第一张表上面一行文字内容的左侧，单击"引用"选项卡"题注"组中的"插入题注"按钮，弹出"题注"对话框。

② 在"标签"下拉列表中选择"表"。若没有标签"表"，单击"新建标签"按钮，在弹出的"新建标签"对话框中输入标签名称"表"，单击"确定"按钮返回。

③ "题注"文本框中会出现"表1"。单击"确定"按钮完成题注的添加。

④ 单击"居中"按钮，实现表题注的居中显示。右击任意单元格，在弹出的快捷菜单中选择"表格属性"命令，弹出"表格属性"对话框，选择"表格"选项卡中的"居中"对齐方式，单击"确定"按钮完成表格居中设置。

⑤ 重复操作①和②，可以插入其他表的题注。或者将第一个表的题注编号"表1"复制到其他表上面一行文字的前面，并通过更新域实现题注编号的自动更新。

（2）表题注的交叉引用

① 选中第一张表对应的正文中的表引用文字，并删除。单击"引用"选项卡 "题注"组中的"交叉引用"按钮，弹出"交叉引用"对话框。

② 在"引用类型"下拉列表中选择"表"选项。在"引用内容"下拉列表中选择"只有标签和编号"项。在"引用哪一个题注"列表框中选择要引用的题注，单击"插入"按钮。

③ 选择的题注编号将自动添加到文档中。按照步骤②的方法可实现所有表的交叉引用。选择完要插入的交叉引用题注后单击"关闭"按钮，完成交叉引用的操作。

8. 参考文献

选中文本"参考文献"，单击样式库中"1 标题1"样式，并删除自动编号。

对于参考文献在文中的引用操作，首先要创建参考文献的自动编号，然后再建立参考文献的交叉引用。

（1）参考文献的自动编号

① 选中所有的参考文献，单击"开始"选项卡"段落"组中的"编号"下拉按钮，弹出"编号"列表框。

② 单击"定义新编号格式"按钮，弹出"定义新编号格式"对话框，编号样式选择"1，2，3，…"，在"编号格式"文本框中自动出现数字"1"，在数字的左右分别输入"["和"]"，对齐方式选择"左对齐"。设置好编号格式后单击"确定"按钮。

③ 在每篇文章的前面将自动出现如"[1]，[2]，[3]，…"形式的自动编号。

（2）自动编号的交叉引用

① 将光标定位在引用第一篇文献的正文中的位置，删除原文中的标记。单击"引用"选项卡的"题注"组中的"交叉引用"按钮，弹出"交叉引用"对话框。

② 在"引用类型"下拉列表中选择"编号项"选项。在"引用内容"下拉列表中选择"段落编号"项。在"引用哪一个编号项"列表框中选择要引用的文献编号。

③ 单击"插入"按钮。实现第一篇文章的交叉引用。

④ 重复步骤①，②和③，可实现所有文献的交叉引用。单击"关闭"按钮，完成交叉引用的操作。

9．分栏

本题将实现选定内容的分栏功能，其具体操作步骤如下：

① 选中正文（即正文一级标题开始到文档末尾）。为了保证分栏后两栏高度相同，文档末尾最后一个回车键符号不要选中（通常有两个回车键符号）。

② 单击"页面布局"选项卡"页面设置"组中的"分栏"按钮，在弹出的下拉列表中选择"更多分栏"，弹出"分栏"对话框，如图 7-37 所示。

③ 在"预设"区域单击"两栏"，其他选项取默认值，单击"确定"按钮，将实现分栏。

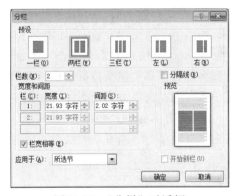

图 7-37　"分栏"对话框

10．页眉页脚

插入页眉页脚的操作步骤如下：

① 单击"插入"选项卡"页眉和页脚"组中的"页眉"按钮，在展开的列表中单击"编辑页眉"按钮。

② 进入"页眉和页脚"的编辑状态，在光标处直接输入文本即可。单击"开始"选项卡"段落"组中的"居中"按钮，完成页眉设置。

③ 将光标定位到页脚处，单击"设计"选项卡"页眉和页脚"组中的"页码"按钮，在弹出的下拉列表中选择"页面底端"的"普通数字 1"，页脚中自动插入数字"1，2，3，…"的页码格式，并居中显示。或者直接选择"普通数字 2"样式即可。

④ 双击正文中的任意位置，退出页眉页脚编辑环境。

11．添加批注

添加批注的操作步骤如下：

① 选中论文的标题文本，单击"审阅"选项卡"批注"组中的"新建批注"按钮。选

中的文本将被填充颜色，并且用一对括号括起来，旁边为批注框。

② 直接在批注框中输入批注内容"标题欠妥，请修改"，再单击批注框外的任何区域，即可完成添加批注操作。

12．修订

按照题目要求，其操作步骤如下：

① 单击"审阅"选项卡"修订"组中的"修订"按钮即可启动修订功能，或者单击"修订"下拉按钮，在弹出的下拉列表中选择"修订"。如果"修订"按钮以加高突出显示，即打开了文档的修改功能。

② 选中摘要的文本"OpenCV"，按【Delete】键，将出现形如"~~OpenCV~~"的修订提示，可根据需要接受或拒绝修订操作。

13．子文档的建立

在文档中建立子文档的操作步骤如下：

① 将光标定位在文档的最后，即最后一个回车键的前面，切换到大纲视图模式下。此时光标所在的段落为正文，需提升为标题才能建立子文档，单击"大纲"选项卡"大纲工具"组中的"升级"按钮 ⇐，可将光标所在段落提升为 1 级标题，删除其中的编号。

② 单击"大纲"选项卡"主控文档"组中的"显示文档"按钮，将展开"主控文档"组，单击"创建"按钮。

③ 光标所在标题周围出现一个灰色细线边框，其左上角显示一个标记 ▦，表示该标题及其下级标题和正文内容为该主控文档的子文档。

④ 在该标题下面空白处输入子文档的正文内容"作者简介：陆趣趣，男，1993 年 6 月生，本科生，纺织学专业。"如图 7-38（a）所示。

⑤ 输入正文内容后，单击"大纲"选项卡"主控文档"组中的"折叠子文档"按钮，将弹出是否保存主控文档提示框，单击"确定"按钮保存，插入的子控文档将以超链接的形式显示在主控文档大纲视图中，如图 7-38（b）所示。

⑥ 单击 Word 右上角的关闭按钮，系统将弹出是否保存主控文档的对话框，单击"确定"按钮将自动保存，同时系统会自动保存创建的子文档，且自动为其命名。

（a）输入子文档内容

（b）子文档超链接

图 7-38　建立子控文档窗口

14．排版效果

论文文档排版结束后，其部分效果图如图 7-39 所示。

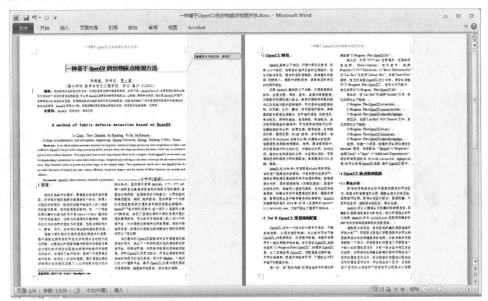

（a）论文第 1，2 页

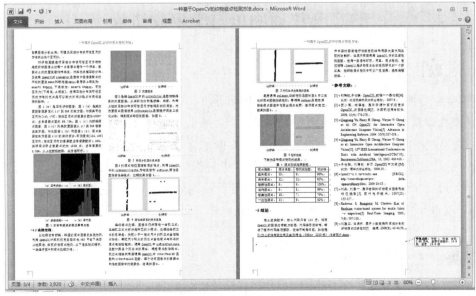

（b）论文第 3，4 页

图 7-39　排版效果

7.3.4　练习提高

① 删除批注，接受对论文的一切修改。

② 修改一级标题样式：从 1 开始自动排序，四号，宋体加粗，段前 0.5 行段后 0.5 行，单倍行距，左缩进为 0 字符，左对齐。

③ 修改二级标题样式：从 1.1 开始自动排序，五号，宋体加粗，段前 0 行段后 0 行，单倍行距，左缩进为 0 字符，左对齐。

④ 将论文中的表格改为三线表，外边框为 1 磅，单线；内边框为 0.75 磅，单线。表题注与表格左对齐。

⑤ 将文档中图 1 的 4 个子图放在一行显示，并将图正文的标记作适当调整，整体格式如图 7-40 所示。

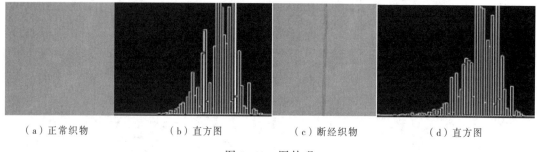

（a）正常织物　　　　（b）直方图　　　　（c）断经织物　　　　（d）直方图

图 7-40　图外观

⑥ 将参考文献的编号格式改为"1，2，3，…"，文档中引用参考文献时，使用交叉引用，并以上标方式显示。

7.4　会议通知单与学生成绩单

7.4.1　问题描述

本案例包含两个子案例，包括制作项目会议通知单与学生成绩单。

1．制作项目会议通知单

某高校课题组将于近期对某项目进行研讨，现要求书面通知每个要参加会议的人员，课题组成员信息放在一个 Excel 表格中，以文件"成员信息表.xlsx"保存，如图 7-41 所示。会议通知单内容要求放在一个 Word 文件中，内容及格式如图 7-42 所示，以文件名"会议通知.docx"进行保存。现要求根据图 7-42 的信息，建立每位课题组成员的通知单。

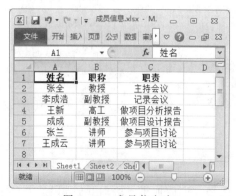

图 7-41　成员信息表

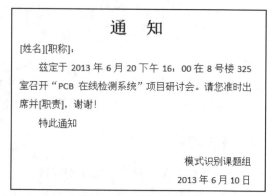

图 7-42　通知单内容

2. 制作学生成绩单

2012—2013 学年第一学期的期末考试已经结束。学生辅导员小张需要为某班级制作一份学生成绩单。首先要建立一个 Word 表格，记录每个学生的成绩。学生的学号、姓名以及各门课程的成绩保存在 Word 文件"学生成绩表.docx"中，如图 7-43 所示。小张建立了一个成绩通知单样表，如图 7-44 所示，放在 Word 文件"成绩通知单.docx"中。根据成绩通知单表信息，实现学生成绩通知单上对应项目的自动填充。

学号, 姓名, 英语 1, 计算机导论, 高等数学, 大学物理, 体育
201243885301, 杨成, 69, 86, 78, 80, 92
201243885303, 郭贵武, 80, 83, 82, 79, 87
201243885304, 李剑, 76, 91, 86, 85, 88
201243885306, 程程, 79, 93, 75, 81, 84
201243885308, 王covariate, 90, 81, 74, 70, 90
201243885309, 成兰, 85, 84, 86, 76, 87
201243885310, 熊贵芬, 92, 79, 80, 77, 85

图 7-43　学生成绩表

学生成绩通知单

学号		姓名	
科目	成绩	科目	成绩
英语 1		计算机导论	
高等数学		大学物理	
体育			

图 7-44　学生成绩通知单

7.4.2　知识要点

① 创建 Excel 电子表格及其数据格式化。
② Word 中表格的制作及其格式化。
③ 文档中域的使用。
④ Word 邮件合并的使用。

7.4.3　操作步骤

1. 制作项目会议通知单

① 创建数据源。启动 Excel 程序，在 Sheet1 中输入成员信息，如图 7-41 所示。其中，第 1 行为标题行，其他行为数据行。然后设置表格格式，标题行加粗，各单元格数据居中对齐。制作完毕以文件名"成员信息表.xlsx"进行保存。

② 创建主文档。启动 Word 程序，设计通知单的内容及版面格式，并预留文档中有关信息的占位符，如图 7-42 所示。其中，标题为二号宋体，加粗，居中显示；[姓名]行为左对齐，通知内容为小四宋体；所有段落左右缩进 6 个字符，1.5 倍行距；带"[ ]"的文本为占位符；最后两行为右对齐。主文档设置完成后以文件名"会议通知.docx"进行保存。

③ 利用"邮件合并"功能实现主文档与数据源的关联，生成会议通知单，其操作步骤如下：

a. 打开已创建的主文档"会议通知.docx"，单击"邮件"选项卡"开始邮件合并"组中的"选择接收人"按钮，在下拉列表中选择"使用现有列表"命令，将弹出"选择数据源"对话框，如图 7-45（a）所示。

b. 在对话框中选择已创建好的数据源文件"成员信息表.xlsx"，单击"打开"按钮。

c. 弹出"选择表格"对话框，选择数据所在的工作表，默认为表 Sheet1，如图 7-45（b）图所示。单击"确定"按钮将自动返回。

d. 在主文档中选中第 1 个占位符"[姓名]"，单击"邮件"选项卡"编写和插入域"组中的"插入合并域"按钮，选择要插入的域"姓名"。

（a） （b）

图 7-45 "选择数据源"对话框和"选择表格"对话框

e. 在主文档中选中第 2 个占位符 "[职称]"，按上一步的操作插入域 "职称"。同理，插入域 "职责"。

f. 文档中的占位符被插入域后，其效果如图 7-46 所示。单击 "邮件"选项卡 "预览效果"组中的 "预览结果"按钮，将显示主文档和数据源关联后的第 1 条数据结果，单击查看记录按钮，可逐条显示各记录对应数据源的数据。

g. 单击 "邮件"选项卡 "完成"组中的 "完成并合并"按钮，在下拉列表中选择 "编辑单个文档"，弹出 "合并到新文档"对话框，如图 7-47 所示。

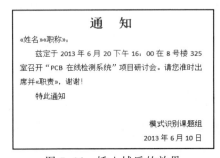

图 7-46 插入域后的效果

图 7-47 合并到新文档对话框

h. 在对话框中单击 "全部"单选按钮，然后单击 "确定"按钮，Word 将自动合并文档并将全部记录放到一个新文档中，然后对新文档进行保存操作，以文件名 "会议通知文档.docx"进行保存。生成的成员通知单如图 7-48 所示。由于篇幅关系，只浏览显示前两个成员的通知单信息。

图 7-48 邮件合并效果

2．制作学生成绩单

① 创建数据源。启动 Word 程序，录入学生成绩表信息，如图 7-43 所示。其中，第 1 行为标题行，各字段名之间用逗号分隔，按【Enter】键换行，其他行为数据行，数据之间用逗号分隔，按【Enter】键换行。然后设置表格格式，标题行加粗。制作完毕以文件名"学生成绩表.docx"进行保存。

② 创建主文档。启动 Word 程序，插入一个 5 行 4 列的表格，输入表格标题及表格中部分固定不变的信息，设置版面格式，并预留文档中有关信息的占位符，如图 7-44 所示。其中，标题为小四号宋体，加粗，居中显示；其余表格内容为 5 号宋体，居中显示。主文档设置完成后以 Word 文件名"成绩通知单.docx"进行保存。

③ 利用"邮件合并"功能，实现主文档与数据源的关联，生成学生成绩通知单，其操作步骤如下：

a．打开已创建的主文档"成绩通知单.docx"，单击"邮件"选项卡"开始邮件合并"组中的"选择接收人"按钮，在下拉列表中选择"使用现有列表"，弹出"选择数据源"对话框。

b．在对话框中选择已创建好的数据源文件"学生成绩表.docx"，单击"打开"按钮。

c．在主文档中选择第 1 个占位符，即将插入点移到学号字段右侧的单元格中，单击"邮件"选项卡"编写和插入域"组中的"插入合并域"按钮，选择要插入的域"学号"。

d．在主文档中选择第 2 个占位，即将插入点移到姓名字段右侧的单元格中，按上一步操作插入域"姓名"。同理，依次插入域"英语 1"、"计算机导论"、"高等数学"、"大学物理"及"体育"。

e．文档中的占位符被插入域后，其效果如图 7-49 所示。单击"邮件"选项卡"预览效果"组中的"预览结果"按钮，将显示主文档和数据源关联后的第 1 条数据结果，单击查看记录按钮，可逐条显示各记录对应数据源的数据。

f．单击"邮件"选项卡"完成"组中的"完成并合并"按钮，在下拉列表中选择"编辑单个文档"命令，将弹出"合并到新文档"对话框。

学生成绩通知单

学号	《学号》	姓名	《姓名》
科目	成绩	科目	成绩
英语 1	《英语 1》	计算机导论	《计算机导论》
高等数学	《高等数学》	大学物理	《大学物理》
体育	《体育》		

图 7-49　插入域后的效果

g．在对话框中单击"全部"单选按钮，然后单击"确定"按钮，Word 将自动合并文档并将全部记录放到一个新文档中，然后对新文档进行保存操作，如以"学生成绩通知单.docx"保存。生成的学生成绩通知单如图 7-50 所示。由于篇幅关系，只浏览显示前两个学生的成绩通知单信息。

图 7-50　邮件合并效果

7.4.4　练习提高

① 根据图 7-51 所示的人力 121 班各科成绩表，在 Excel 环境下建立文件"人力班成绩表.xlsx"作为邮件合并的数据源，然后在 Word 环境下建立形如图 7-44 所示的主文档。利用邮件合并功能自动生成人力 121 班每个学生的成绩单。

② 根据 Word 中"邮件"选项卡"创建"组中的"中文信封"功能，生成图 7-52 所示的信封主文档，可以先生成空白信封，然后再输入文字。根据学生基本信息表，如图 7-53，

图 7-51　人力 121 班各科成绩表

在 Excel 环境下建立邮件合并的数据源。利用 Word 邮件合并功能，自动生成人力 121 班每个学生的信封，用于邮寄人力 121 班每个学生的成绩单。自动生成的信封界面如图 7-54 所示。

图 7-52　信封主文档模板

图 7-53　人力 121 班学生信息表

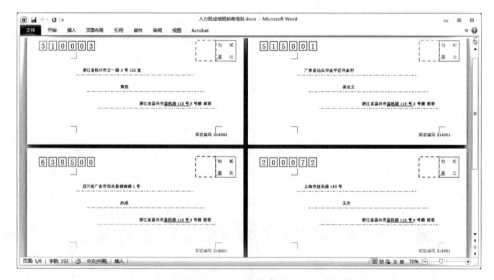

图 7-54　生成的信封界面

第 8 章　Excel 2010 高级应用案例精选

函数和数据分析管理是 Excel 2010 中最重要的功能，应用这些功能，可以从复杂的数据中获取用户所需的内容，并对不同数据进行计算、逻辑分析、分类、查询、转换和预测等操作。为将这些知识融入实际的数据计算、处理和分析中，本章精选了 4 个紧密结合实际的案例，通过对这些案例的讲解，可让读者进一步熟悉和掌握函数的实际应用，并能快速地解决工作中遇到的实际问题。

8.1　汽车销售统计计算

8.1.1　问题描述

王佳佳是一名刚毕业的学生，顺利应聘进了一家汽车销售公司担任会计工作。月底需要对本公司各销售部门和各销售人员的销售情况进行分类、统计、计算、汇总等工作，要求根据 2013 年 9 月汽车销售统计表列出的项目（见图 8-1），完成以下工作：

① 在 Sheet1 中，用 VLOOKUP 函数，将"汽车销售清单"中汽车型号所对应的"车系"、"售价"查找并填充到"2013 年 9 月汽车销售统计表"对应的"车系"和"售价"栏中。利用"条件格式"功能，将销售单价大于 50 万元的数据用红色标识。

② 使用数组公式，计算 Sheet1 "2013 年 9 月汽车销售统计表"中的"销售金额"，并将计算结果保存在"销售金额"列中。计算公式为"销售金额=售价*销售数量"。

图 8-1　汽车销售统计表

③ 利用求和函数和排位函数，根据 Sheet1 中"部门销售业绩统计表"计算各个销售部门的销售总额及销售排名，并将计算结果填入表 8-1 所示的表格中。

表 8-1 部门销售业绩统计表

部门销售业绩统计		
部门名称	销售总额	销售排名
市场 1 部		
市场 2 部		
市场 3 部		
总计		

④ 利用求和函数，根据 Sheet1 中"个人月销售业绩统计表"，计算每个销售人员的月销售总额及销售排名，并根据销售总额计算每个销售人员的销售提成，提成计算方法为，每人每月的销售定额为 200 万元，超过定额部分给予提成奖励，奖励规定：超过部分在 500 万元以内给予0.1%的奖励，超过 500 万元部分给予 0.12%的奖励。将计算结果填入表 8-2 所示的表格中。

表 8-2 个人月销售业绩统计表

个人月销售业绩统计			
姓 名	销售总额	销售排名	销售提成
陈诗荟			
杨 磊			
金伟伟			
陈斌霞			
苏光刚			
孙琳伟			
叶风华			
詹婷婷			
陈剑寒			
鲁迪庆			
总计			

⑤ 利用函数，根据 Sheet1 中"各种车系销售额统计表"，计算每种车系的销售数量和销售金额，将计算结果填入表 8-3 所示的表格中。

表 8-3 各种车型销售额统计表

各种车型销售额统计				
型号	车系	售价	销售数量	销售金额
WMT14	五菱宏光	6.5		
SRX50	凯迪拉克 SRX	58.6		
BAT14	北斗星	5.8		
A6L	奥迪 A6L	56.9		
BKAT20	君威	18.5		
CR200	本田 CR-V	25.4		
C280	奔驰 C 级	36.5		
X60	宝马 X6	184.5		

⑥ 根据 Sheet1 中 "2013 年 9 月汽车销售统计表" 的统计结果，创建一个数据透视表和一个数据透视图 Chart1。要求：

　　a. 显示每个销售人员所销售的不同车系的销售金额及总销售金额。

　　b. X 坐标设置为 "车系"。

　　c. Y 坐标设置为 "销售员"。

　　d. 数据区域为 "销售金额"。

　　e. 求和项设置为 "销售金额"。

　　f. 将对应的数据透视表保存在 Sheet4 中。

⑦ 小王最近购买了一辆 "奔驰 C 级" 型轿车，汽车总价为 36 万元，其中向银行贷款 25 万元，并以 10 年分期等额付款方式还贷，现行年息为 6.14%，求按年初和年末计算，每年的还款金额，月初和月末每月的还款金额。

⑧ 若上题的贷款金额、期限和年利率都不变，计算前 6 个月每月应付的利息各是多少？

⑨ 若该车使用 6 年后的残值为 15 万元，分别求每年、每月和每天的折旧率。

8.1.2　知识要点

1．填充车系和售价：用函数 VLOOKUP

格式：VLOOKUP(lookup_value,table_array,col_index_num,range_lookup)

功能：按列查找指定数据表 table_array 中满足指定条件 lookup_value 与第 col_index_num 列所匹配的数值。

参数说明：

lookup_value 为需要在数组或单元格引用的第一列中查找的数值。

table_array 为需要在其中查找数据的数据表，可以使用对单元格区域或单元格区域名称的引用。

col_index_num 为 table_array 中待返回的匹配值的列序号。

range_lookup 为一逻辑值，指明函数 VLOOKUP 返回时是精确匹配还是近似匹配。如果为 TRUE 或省略，则返回近似匹配值；FALSE 返回精确匹配值。

---注　意---

　数据表所在数据区域要使用绝对引用。

2．计算销售金额

销售金额=售价*销售数量

操作步骤：

① 输入公式之前，先选定需要填入计算结果的列。

② 在公式编辑栏中输入数组公式：需要参与计算的列要全部选定。

③ 输入完公式按【Ctrl+Shift+Enter】组合键便得到计算结果。

3．计算各部门销售总额及排名

各部门销售总额用条件求和函数：SUMIF(range,criteria,sum_range)；

各部门销售总额排名用排位函数：RANK(number,ref,order)。

4．个人销售业绩统计

① 个人销售总额用条件求和函数 SUMIF 计算，此处的条件区域和求和区域均要使用绝对引用。

② 个人销售总额排名用 RANK 函数计算，注意排位数据区域要用绝对引用。

③ 个人销售提成用 IF 函数分不同数据区间求出。

5．各车系销售统计

① 销售数量用函数 SUMIF 计算。

② 销售金额=售价*销售数量。

6．建立数据透视表和数据透视图

用"数据透视表和数据透视图"功能来完成。

7．此题是基于固定利率及等额分期付款方式返回贷款的每期付款额，利用财务函数 PMT 来计算

格式：PMT(rate,nper,pv,fv,type)

─ 说　明 ─

rate 表示的是贷款利率。

nper 表示的是该项贷款的总贷款期限或者总投资期。

pv 表示从该项贷款（或投资）开始计算时已经入账的款项，或一系列未来付款当前值的累积和。

fv 表示的是未来值，或在最后一次付款后希望得到的现金余额，如果忽略该值，将自动默认为 0。

type 是一个逻辑值，用以指定付款时间是在期初还是在期末，1 表示期初，0 表示期末，其默认值为 0。

8．这是求贷款每月应付的利息

计算公式为=IPMT（rate,per,nper,pv,fv）

其中：rate 是贷款年利率，per 是计算利率的期数，nper 是应付款总期数，pv 为该项贷款开始计算时已入账的款项或一系列未来付款当前值的累积和，fv 为未来值或在最后再次付款后希望得到的现金余额。

9．这是资产折旧问题，用资产折旧函数 SLN 来计算

格式：SLN(cost,salvage,life)

功能：计算某资产在一个使用期间中的线性折旧值。

参数说明：

cost 表示资产的原值。

salvage 表示资产在折旧期末的价值，即称残值。

life 表示资产折旧期限。

8.1.3　操作步骤

1．计算车系和售价，并将特定值标红

（1）填充车系和售价

在单元格 F3 中输入公式=VLOOKUP(E3,$A$3:$B$10,2,FALSE)，拖动填充柄完成填充。

在单元格 G3 中输入公式：=VLOOKUP(F3,$B$3:$C$10,2,FALSE)，拖动填充柄完成其他单价的填充。

> **注 意**
> $B$3:$C$10 在公式中使用绝对引用，是因为拖动填充柄时要求单元格的地址保持不变。

（2）将售价大于等于 50 万元的用红色标识

① 选定 G3:G44 数据区域，单击"开始"选项卡下"样式"组中的"条件格式"按钮，在展开的下拉列表中选择"新建规则"，弹出"新建格式规则"对话框。

② 在"新建格式规则"对话框中选择"只为包含以下内容的单元格设置格式"，并在"编辑规则说明"中输入条件，如图 8-2 所示。

③ 单击"格式"按钮，弹出"格式"对话框，按要求设置格式。

④ 单击"确定"按钮完成设置。

2．用数组公式计算销售金额

先选定 K3:K44 数据区域，在公式编辑栏中输入公式：=G3:G44*H3:H44。

按【Ctrl+Shift+Enter】组合键便得到计算结果。

> **注 意**
> 此时编辑栏中的公式变为{=G3:G44*H3:H44}说明该公式是一个数组公式。

3．计算各部门销售总额及排名

各部门的销售总额是一个条件求和问题，用 SUMIF 函数计算，分别在 N3、N4 和 N5 单元格 O3 中输入公式：

=SUMIF(J3:J44,"销售 1 部",K3:K44)

=SUMIF(J3:J44,"销售 2 部",K3:K44)

=SUMIF(J3:J44,"销售 3 部",K3:K44)

各部门的销售总额排名用排位函数 RANK 计算，在单元格中输入公式：=RANK(N3,$N$3:$N$5)，拖动填充柄完成计算。计算结果如图 8-3 所示。

图 8-2 "新建格式规则"对话框

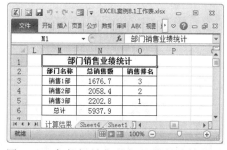

图 8-3 各部门销售总额及排名计算结果

计算各部门的销售总额，也可以在 N3 单元格中输入公式：=SUMIF($J$3:$J$44,M3,$K$3:$K$44)，拖动填充柄后也能得到相同结果，操作会更简单。

总计直接用求和函数 SUM 就能求得。

4．个人销售业绩统计

① 个人销售业绩统计及排名同样用 SUMIF 和 RANK 函数计算，在 N10 单元格中输入公

式：=SUMIF($I$3:$I$44,M10,$K$3:$K$44)，拖动填充柄便能得到每个销售人员的销售总额。

② 销售总额排名的计算，只要在 O10 单元格中输入公式：=RANK(N10,$N$10:$N$19)，拖动填充柄便能得到每个销售人员销售总额的排名。

③ 计算每个销售人员的销售提成。提成计算方法为：每人每月的销售定额为 200 万元，超过定额部分给予提成奖励，奖励规定为：超过部分在 500 万元以内给予 0.1%的奖励，超过 500 万元部分给予 0.12%的奖励。在单元格 P10 中输入公式：=IF((N10-200)>500,(500*0.1%+(N10-700)*0.12%)*10000,(N10-200)*0.1%*10000)，拖动填充柄便能得到每个销售人员的销售提成。

公式说明：先判断是否超过 500，若超过，则分两个区间段计算提成，500 以内的按 0.1%计算，超过 500 的部分，即 N10-700，则按 0.12%计算。若不超过 500，则直接按 10%计算提成，即（N10-200）*0.1%。由于销售金额的单位是万元，提成计算结果的单位为元，所以，每个计算项后都乘以 10000。计算结果如图 8-4 所示。

5．各车系销售统计

各车系的销售数量的计算方法同样用条件求和函数 SUMIF 计算，在 P25 单元格输入公式：=SUMIF($F$3:$F$44,N25,$H$3:$H$44)，拖动填充柄完成计算。

各车系的销售金额只要在 Q25 单元格中输入公式：=O25*P25，拖动填充柄便能完成计算。总的销售数量和总销售金额直接用求函数 SUM 求得。计算结果如图 8-5 所示。

个人月销售业绩统计			
姓名	销售总额	销售排名	销售提成
陈诗苦	442.3	6	2423
杨磊	380.4	8	1804
金伟伟	305	10	1050
陈斌霞	1049.7	2	9196.4
苏光刚	934.2	3	7810.4
孙拼伟	318.4	9	1184
叶风华	1153.1	1	10437.2
詹娜娜	471.8	5	2718
陈剑寒	382.2	7	1822
鲁迪庆	500.8	4	3008
总计	5937.9		41453

图 8-4　个人月销售业绩统计结果

各种车系销售额统计				
型号	车系	售价	销售数量	销售金额
WMT14	五菱宏光	6.5	30	195
SRX50	凯迪拉克SRX	58.6	26	1523.6
BAT14	北斗星	5.8	49	284.2
A6L	奥迪A6L	56.9	19	1081.1
BKAT20	君威	18.5	27	499.5
CR200	本田CR-V	25.4	10	254
C280	奔驰C级	36.5	7	255.5
X60	宝马X6	184.5	10	1845
合计			178	5937.9

图 8-5　各车系销售数量和销售金额计算结果

6．建立数据透视表和数据透视图（略）

7．按固定利率及等额分期付款方式，求贷款每年、每月付款额

若年利率、贷款期限和贷款金额已输入图 8-6 所示的单元格中，则每年（按期初、期末）、每月（按期初、期末）计算还款金额可分别在 W1～W4 单元格中输入公式：

=PMT($S$1,$S$2,$S$3,0,1)

=PMT($S$1,$S$2,$S$3,0,0)

=PMT($S$1/12,$S$2*12,$S$3,0,1)

=PMT($S$1/12,$S$2*12,$S$3,0,0)

便能得到结果。

图 8-6　每年或每月应还贷金额

8．求贷款每月应付的利息

若年利率、贷款期限和贷款金额仍以图 8-6 中 R1:S3 为准，计算前 6 个月每月的利息，分别在单元格 T5～T10 单元格中输入公式：

=IPMT($S$1/12,1,$S$2*12,$S$3,0)

=IPMT($S$1/12,2,$S$2*12,$S$3,0)

=IPMT($S$1/12,3,$S$2*12,$S$3,0)

=IPMT($S$1/12,4,$S$2*12,$S$3,0)

=IPMT($S$1/12,5,$S$2*12,$S$3,0)

=IPMT($S$1/12,6,$S$2*12,$S$3,0)

操作结果如图 8-7 所示。

9．资产折旧

用资产折旧函数 SLN 来计算，如图 8-8 所示，分别在单元格 X9、X10、X11 中输入公式：

=SLN(V7,W7,X7*365)

=SLN(V7,W7,X7*12)

=SLN(V7,W7,X7)

便得到按天、按月和按年的折旧值分别为 95.89、2916.67 和 35000.00。

根据一年有 12 个月，有 365 天，所按天、按月计算时，需要将公式中的使用年限分别乘以 365 和 12，如图 8-8 所示。

图 8-7　前 6 个月应付利息计算结果

图 8-8　汽车按天、月和年折旧结果

8.1.4　练习提高

① 请在"汽车销售统计表"中的售价列之后插入一列，列标题为"新价格"，按图 8-9 所示的各车系降价标准，将降价后的售价填入"新价格"列中。

② 请在"销售金额"列之后增加一列，列标题为"降价金额"，计算每行的降价金额，并填入"降价金额"列中。

③ 分别按销售部门、销售人员和车系求对应的降价总额及降价排名，并分别填入图 8-10～图 8-12 所示的表格空白单元格中。

图 8-9　汽车降价标准　　　　　　图 8-10　按销售统计降价总额

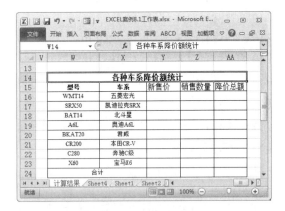

图 8-11　销售员月降价统计　　　　　　图 8-12　各车系降价统计

④ 将每个汽车型号从右往左数第 2 位之后插入两个字母"XJ"。

⑤ 汽车销售公司一辆价值 57 万元的奥迪 A6L，已经使用 8 年，现值为 15 万元，求该车每天、每月和每年的折旧率是多少？

⑥ 小王准备购买一辆总价为 25 万元的本田 CR-V 汽车，其中向银行贷款 12 万元，并以 10 年分期等额付款方式还贷，现行贷款年息为 6.14%，求按年初和月末计算，每年和每月的还款金额。并求第 3 年第 6 个月的贷款利息是多少？

8.2　新生基本信息管理

8.2.1　问题描述

学校教务部门每个新学年都要对新生基本情况进行统计，给定图 8-13 所示的"学生基本信息统计表"，根据表内现有信息按要求完成以下操作：

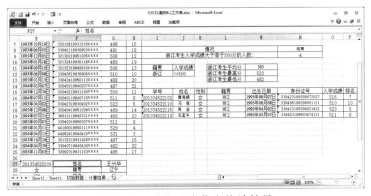

图 8-13　学生基本信息统计表

① 用 ROW()函数通过填充柄自动填充每个学生的 12 位学号（第一个学号为 201334522101）。

② 统计浙江考生入学成绩大于等于 500 分的人数，并填入相应的单元格中。

③ 根据"入学成绩"填充每个学生的名次。

④ 利用数据库函数计算"浙江"考生的平均分、最高分和最低分。

⑤ 根据"身份证号"填充每个学生的性别和出生日期。

⑥ 利用公式统计入学成绩分别在 500 分以下、500～550 分和 550 分以上的人数。

⑦ 利用查找函数，在指定单元格中输入学生的学号，查找该学生的姓名、性别、籍贯和入学成绩。

⑧ 利用高级筛选功能，将籍贯为"浙江"、性别为"女"且入学成绩大于等于 500 分的学生记录复制到从 J2 单元格开始的区域内。

操作结果如图 8-14 所示。

图 8-14　学生基本信息统计结果

8.2.2　知识要点

本案例涉及的知识如下：

1．工作表行号函数

格式：ROW(Reference)

功能：求出参数所在单元格的行号。例如，=ROW(B5)的结果为 5。

2．条件统计函数

格式：DCOUNT(database,field,criteria)

功能：统计指定数据区域内满足条件区域中指定列的记录个数。

3．数据排位函数

格式：RANK(number,ref,order)

功能：求 number 在指定数据区域 ref 中的名次。

4．数据库函数

DAVERAGE(database,field,criteria)：求指定区域中，指定列满足条件的平均值；

DMAX(database,field,criteria)：求指定区域中，指定列满足条件的最大值；

DMIN(database,field,criteria)：求指定区域中，指定列满足条件的最小值。

5．本题涉及以下函数

MOD(number，divisor)：求 number 除以 divisor 的余数。

IF(Logical_test,value_if_true,value_if_false)：判断函数。当 Logical_test 为真时，取值 value_if_true，反之则取值 value_if_false。

LEN(Text)：求文本 text 的长度（即 text 包含的字符个数）。

MID(text,start_num,num_chars)：截取子字符串函数。

CONCATENATE(text1,text2,...)：文本合成函数。

6．FREQUENCY(data_array,bins_array)

这是一个频率分布计算函数。

7．VLOOKUP(lookup_value,table_array,col_index_num,range_lookup)

按列查找指定数据表 Table_array 中满足指定条件 Lookup_value 与第 Col_index_num 列所匹配的数值。

8.2.3 操作步骤

1．自动填充 12 位文本型学号

① 在 A3 单元格中输入公式="20133452"&"2100"+ROW()-2。

② 向下拖动 A3 单元格的填充柄，完成学号的自动填充，如图 8-15 所示。

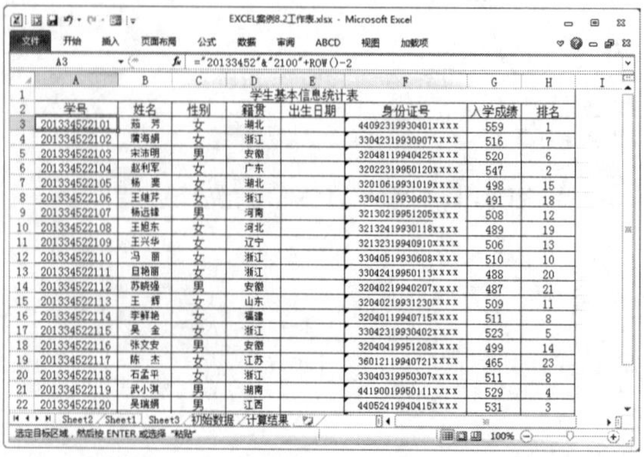

学号	姓名	性别	籍贯	出生日期	身份证号	入学成绩	排名
201334522101	茹 芳	女	湖北		44092319930401xxxx	559	1
201334522102	蒲海娟	女	浙江		33042319930907xxxx	516	7
201334522103	宋沛明	男	安徽		32048119940425xxxx	520	6
201334522104	赵利军	女	广东		32022319950120xxxx	547	2
201334522105	杨 粟	女	湖北		32010619931019xxxx	498	15
201334522106	王继芹	女	浙江		33040119930603xxxx	491	18
201334522107	杨远锋	男	河南		32130219951205xxxx	508	12
201334522108	王旭东	女	河北		32132419930118xxxx	489	19
201334522109	王兴华	女	辽宁		32132319940910xxxx	506	13
201334522110	冯 丽	女	浙江		33040519930608xxxx	510	10
201334522111	吕艳丽	女	浙江		33042419950113xxxx	488	20
201334522112	苏晓强	男	安徽		32040219940207xxxx	487	21
201334522113	王 辉	女	山东		32040219931230xxxx	509	11
201334522114	李鲜艳	女	福建		32040119940715xxxx	511	8
201334522115	吴 金	女	浙江		33042319930402xxxx	523	5
201334522116	张文安	男	安徽		32040419951208xxxx	499	14
201334522117	陈 杰	女	江苏		36012119940721xxxx	465	23
201334522118	石孟平	女	浙江		33040319950307xxxx	511	8
201334522119	武小淇	男	湖南		44190019950111xxxx	529	4
201334522120	吴瑞娟	男	江西		44052419940415xxxx	531	3

图 8-15　自动填充 12 位学号效果

2. 统计浙江考生入学成绩大于等于 500 分的记录

① 在 I11:J12 中建立条件区域：

籍贯	入学成绩
浙江	>=500

② 在单元格 N9 中输入公式：=DCOUNT(A2:G25,7,I11:J12)，便得到统计结果：4。

3. 按入学成绩排位

在 H3 单元格中输入公式：=RANK(G3,G$3:G$25)，拖动填充柄便完成按入学成绩排位，如图 8-15 所示。

4. 求“浙江”考生的平均分、最高分和最低分

① 在 N11 单元格中输入公式：=DAVERAGE(A2:H25,7,I11:I12)，得到结果：503。

② 在 N12 单元格中输入公式：=DMAX(A2:H25,7, I11:I12)，得到结果：523。

③ 在 N13 单元格中输入公式：=DMIN(A2:H25,7,I11:I12)，得到结果：482；如图 8-16 所示。

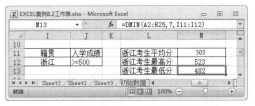

图 8-16　数据库函数计算结果

5. 根据“身份证号”算出性别和出生日期

（1）根据“身份证号”填充每学生的性别

分析：根据现行的居民身份证号码编码规定，正在使用的 18 位的身份证编码，它的第 17 位为性别（奇数为男，偶数为女），第 18 位为校验位。取出身份证号码的第 17 位用函数 MID()来实现，判断奇偶用求余函数 MOD()来实现，判断用 IF()函数来完成。操作步骤如下：

在 C3 单元格中输入函数：=IF(MOD(MID(F3,17,1),2)=1,"男","女")拖动填充柄后，便得到结果，如图 8-17 所示。

	B	C	D	E	F	G	H
1	学生基本信息统计表						
2	姓名	性别	籍贯	出生日期	身份证号	入学成绩	排名
3	茹　芳	女	湖北	1993年04月01日	44092319930401xxxx	559	1
4	蒲海娟	女	浙江	1993年09月07日	33042319930907xxxx	516	7
5	宋沛明	男	安徽	1994年04月25日	32048119940425xxxx	520	6
6	赵利军	女	广东	1995年01月20日	32022319950120xxxx	547	2
7	杨　斐	女	湖北	1993年10月19日	32010619931019xxxx	498	15
8	王继芹	女	浙江	1993年06月03日	33040119930603xxxx	491	18
9	杨远锋	男	河南	1995年12月05日	32130219951205xxxx	508	12
10	王旭东	女	河北	1993年01月18日	32132419930118xxxx	489	19
11	王兴华	女	辽宁	1994年09月10日	32132319940910xxxx	506	13
12	冯　丽	女	浙江	1993年06月08日	33040519930608xxxx	510	10
13	旦艳丽	女	浙江	1995年01月13日	33042419950113xxxx	488	20
14	苏晓强	男	安徽	1994年02月07日	32040219940207xxxx	487	21

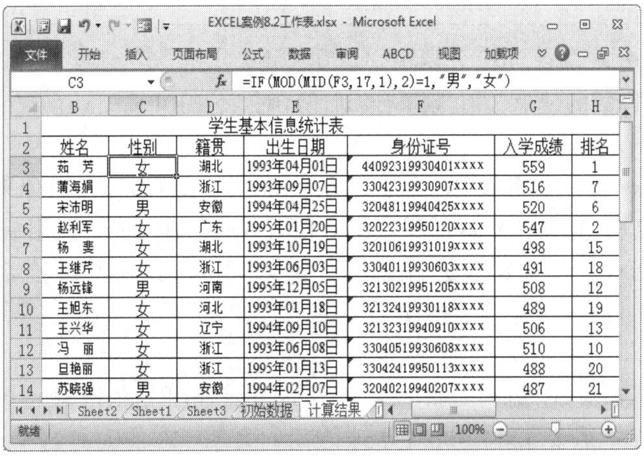

图 8-17　用身份证号码填充性别的结果

函数原理分析如下：

函数"IF(MOD(MID(F3,17,1),2)=1,"男","女")"是将身份证号码从第 17 位取出一位来判断奇偶，而 MOD 函数将取出的数字与 2 相除，获取两者相除的余数。如果结果为 1，表示不能被 2 整除，说明末位是奇数，即性别为"男"；反之，则性别为"女"。

（2）根据身份证号码填充学生的出生日期

分析：

① 根据现行的 18 位居民身份证号码编码规定，它的第 7～10 位为四位年，第 11～12 位为两位月，第 13～14 位为两位日。

② 由身份证号码求出生日期，就是要从身份证号码的不同位置取出它们的年、月、日，并通过文本连接函数而得到对应的出生日期。

文本连接函数为 CONCATENATE(text1,text2,…)。

在 E3 单元格中输入公式：=CONCATENATE(MID(F3,7,4),"年",MID(F3,11,2),"月",MID(F3,13,2),"日")，拖动填充柄后便能得到结果，如图 8-18 所示。

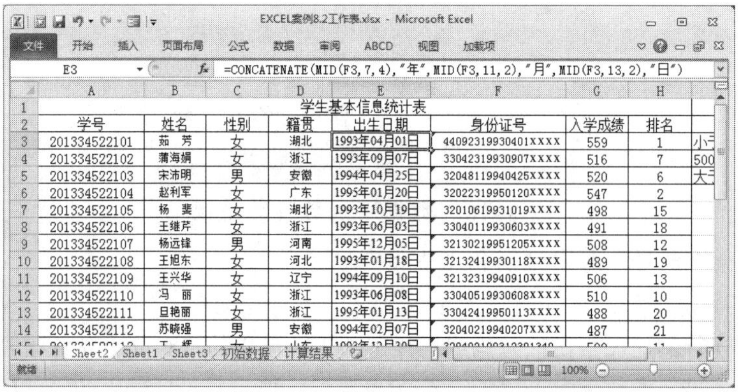

图 8-18　用身份证号码填充出生日期的结果

提示

CONCATENATE 函数和 MID 函数的操作对象均为文本，所以存放身份证号码的单元格必须事先设为文本格式，然后再输入身份证号。

6. 按入学成绩分别统计 500 分以下、500～550 分和 550 分以上的人数

统计不同数据区间段的记录，用到频率分布计算函数：FREQUENCY，函数格式为：FREQUENCY(data_array,bins_array)。

其中，Data_array 为一数组或对一组数值的引用，用来计算频率。如果 data_array 中不包含任何数值，函数 FREQUENCY 返回零数组；Bins_array 为间隔的数组或对间隔的引用，该间隔用于对 data_array 中的数值进行分组。如果 bins_array 中不包含任何数值，函数 FREQUENCY 返回 data_array 中元素的个数。

操作步骤：

① 在工作表中选择一空白列（如 J 列），自 I2 单元格开始依次输入 0、500、550、1000，分别表示统计入学成绩小于 500、500 至 550 之间、大于 550 的人数的区间段。

② 选择区域 K2:K5，并在 K2 单元格中输入公式：=FREQUENCY(G3:G25,J2:J5)。

③　按【Ctrl+Shift+Enter】组合键完成操作，结果如图 8-19 所示。

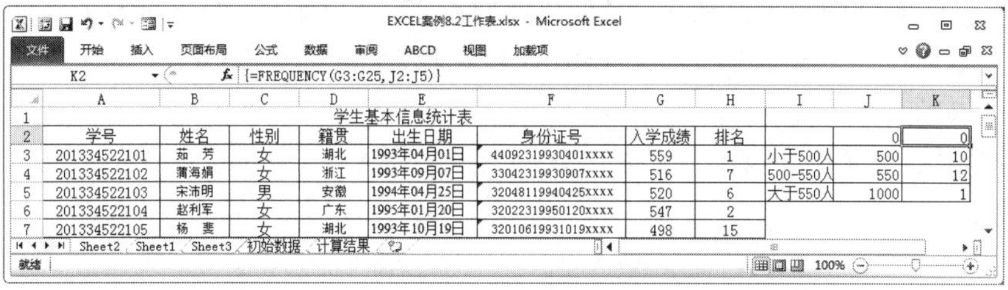

图 8-19　各分数段统计结果

提　示
　　①　该题目用到了数组公式进行计算，输入数组公式之前，应先选定结果存放区域，如图 8-19 中的 K2:K5。
　　②　输入数组公式后，必须按【Ctrl+Shift+Enter】组合键才能得到正确计算结果。

7. 按学号查找该学生的姓名、性别、籍贯和入学成绩

利用 Excel 2010 所提供的 VLOOKUP 函数，可以方便地根据输入的内容查找与该内容相匹配的其他信息。

VLOOKUP 函数的格式为 VLOOKUP(lookup_value,table_array,col_index_num,range_lookup)。

功能：按列查找指定数据表 Table_array 中满足指定条件 Lookup_value 与第 Col_index_num 列所匹配的数值。

分析：由于要根据输入的学号来查找并显示对应的姓名、性别、籍贯和入学成绩，故先在空白单元格区域中建立一个查找和显示区域，如图 8-20 所示。

现在的问题是，在学号栏中任意输入一个学号，则显示该学号所对应的姓名、性别、籍贯、入学成绩和排名，如图 8-21 所示。

图 8-20　查找和显示区域 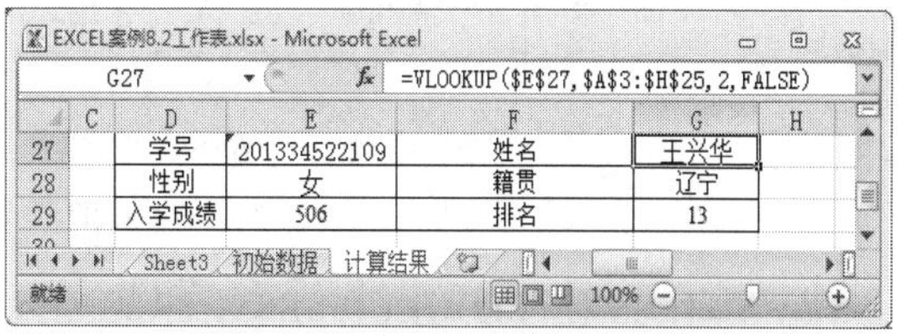　　　　　图 8-21　输入学号后的显示结果

提　示
　　输入学号时，一定要在学号前加上英文单引号。

操作步骤：

①　如图 8-21 所示，在单元格 G27 中输入公式：=VLOOKUP($E$27,$A$3:$H$25, 2,FALSE)，按学号"201354123118"查找到的姓名为"石孟平"，如图 8-22 所示。

②　在单元格 E28 中输入公式：=VLOOKUP($E$27,$A$3:$H$25,3,FALSE)。

图 8-22　VLOOKUP 函数使用示例

③ 在单元格 G28 中输入公式：=VLOOKUP($E$27,$A$3:$H$25,4,FALSE)。

④ 在单元格 E29 中输入公式：=VLOOKUP($E$27,$A$3:$H$25,7,FALSE)。

⑤ 在单元格 G29 中输入公式：=VLOOKUP($E$27,$A$3:$H$25,8,FALSE)。

操作结果如图 8-23 所示。

当输入的学号不存在或输入有误时，显示结果如图 8-24 所示。

图 8-23　VLOOKUP 函数操作结果

图 8-24　输入的学号不存在时的显示

可将以上已经输入的函数依次修改为：

=IF(ISNA(VLOOKUP($E$31,$A$3:$H$25,2,FALSE)),"找不到",VLOOKUP($E$31,$A$3:$H$25,2,FALSE))

=IF(ISNA(VLOOKUP($E$31,$A$3:$H$25,3,FALSE)),"找不到",VLOOKUP($E$31,$A$3:$H$25,3,FALSE))

=IF(ISNA(VLOOKUP($E$31,$A$3:$H$25,4,FALSE)),"找不到",VLOOKUP($E$31,$A$3:$H$25,4,FALSE))

=IF(ISNA(VLOOKUP($E$31,$A$3:$H$25,7,FALSE)),"找不到",VLOOKUP($E$31,$A$3:$H$25,7,FALSE))

=IF(ISNA(VLOOKUP($E$31,$A$3:$H$25,8,FALSE)),"找不到",VLOOKUP($E$31,$A$3:$H$25,8,FALSE))

其中，ISNA 是一个类函数，格式为 ISNA(Value)，功能是检查参数 Value 是否为错误值 #N/A，如果是则函数值为 TRUE，否则为 FALSE。

这样，当输入的学号正确且存在，则显示该学号所对应的信息，若学号不存在，则该学号所对应的信息都显示"找不到"，如图 8-25 所示。

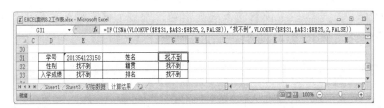
图 8-25　输入的学号不存在时正确显示

函数 =IF(ISNA(VLOOKUP($E$31,$A$3:$H$25,2,FALSE)),"找不到",VLOOKUP($E$31,$A$3:$H$25,2,FALSE)) 的意义如下：

① 外层 IF 函数用于判断所输入的学号是否存在，若不存在则显示"找不到"，若存在则显示该学号相对应的信息。

② ISNA(VLOOKUP($E$31,$A$3:$H$25,2,FALSE)) 为 IF 函数的判断条件。它本身又是一个判断函数，就是判断 VLOOKUP($E$31,$A$3:$H$25,2,FALSE) 的值是否为 #N/A（提示：以上 VLOOPUP 函数中，当要查找的内容 $E$31 不存在时，则查找结果为 #N/A）；

③ 当 ISNA 函数中的参数值为 #N/A 时，其结果为 TEUE；而当 IF 函数的条件为 TRUE 时，其值就为"找不到"。

④ 当要查找的学号存在，则 ISNA 函数中的参数值不为 #N/A 时，其函数值即为 FALSE，此时 IF 函数的值就是 VLOOKUP($E$31,$A$3:$H$25,2,FALSE)，即输入的学号相对应的姓名、性别、籍贯、入学成绩及排名。

由于在公式移动时，公式中的单元格地址会发生变化，故在公式中使用了单元格的绝对引用。

8. 用高级筛选功能，将籍贯为"浙江"、性别为"女"且入学成绩大于等于 500 分的学生记录复制到从 I15 单元格开始的区域中

操作步骤：

① 先在数据清单下方的空白区域内建立筛选条件，如图 8-26 所示的 D35:F36。

② 选择数据清单中任意单元格，单击"数据"选项卡"排序和筛选"组中的"高级"按钮，弹出"高级筛选"对话框，如图 8-27 所示。

图 8-26　高级筛选条件区域

图 8-27　高级筛选对话框

③ 选择"将筛选结果复制到其他位置"单选按钮。

④ 筛选区域默认为全部数据清单，单击"条件区域选择"按钮，选择已建立好的条件区域，即 D35:F36。

⑤ 单击"复制到选择" 按钮，并选择 I15 单元格，单击"确定"按钮完成操作，筛选结果如图 8-28 所示。

图 8-28　高级筛选结果

8.2.4　练习提高

利用图 8-28 已计算好的数据，完成以下操作：

① 在"排名"之后增加一列，列标题为"班级"，将所有学生按入学成绩进行分班，分班原则是：入学大于等于 500 分的分为一班，其余学生分为二班。

② 在学号后插入一列，列标题为"新学号"，并根据班级名称修改学号，修改原则为：一班学号不变，二班将学号第 10 位改为"2"。

③ 在"出生日期"列之后插入一列，列标为"年龄"，用数组公式计算每个学生的年龄。

④ 用数据库函数计算"山东"籍"一班"学生的平均年龄。结果存放在数据清单下方的空白单元格中。

⑤ 用数据库函数统计“浙江”籍学生年龄小于 21 岁入学成绩大于 520 分的人数。

⑥ 用高级筛选功能将“浙江”籍年龄小于 21 岁的“男”同学的记录复制到从 M1 单元格开始的区域中。

8.3 等级考试成绩管理

8.3.1 问题描述

省高校计算机等级考试每年要举行两次，考试级别有一级、二级和三级，考试课程有计算机基础、C 语言程序设计、VFP 程序设计、Java 语言程序设计等多种。每次都有数万学生参加不同级别、不同课程的考试。考试结束要按考试级别、考试课程等进行分类，并对不同级别不同课程的考试成绩进行累加汇总，最后再将校对正确的考试成绩档次在网上发布。下面给出某一次计算机等级考试的部分成绩，如图 8-29 所示。

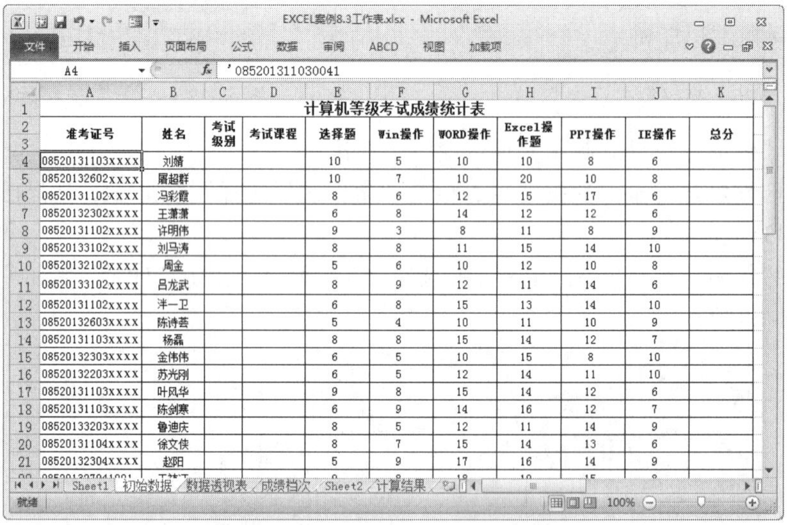

计算机等级考试成绩统计表

准考证号	姓名	考试级别	考试课程	选择题	Win操作	WORD操作	Excel操作题	PPT操作	IE操作	总分
08520131103xxxx	刘婧			10	5	10	10	8	6	
08520132602xxxx	屠超群			10	7	10	20	10	8	
08520131102xxxx	冯彩霞			8	6	12	15	17	6	
08520132302xxxx	王潇潇			6	8	14	12	12	6	
08520131102xxxx	许明伟			9	3	8	11	8	9	
08520133102xxxx	刘马涛			8	8	11	15	14	10	
08520132102xxxx	周金			5	6	10	12	10	8	
08520133102xxxx	吕龙武			8	9	12	11	14	6	
08520131102xxxx	泮一卫			6	8	15	13	14	10	
08520132603xxxx	陈诗芸			5	4	10	11	10	9	
08520131103xxxx	杨磊			8	8	15	14	12	7	
08520132303xxxx	金伟伟			6	5	10	15	8	10	
08520132203xxxx	苏光刚			6	5	12	14	11	10	
08520131103xxxx	叶风华			9	8	15	14	12	6	
08520131103xxxx	陈剑寒			6	9	14	16	12	7	
08520133203xxxx	鲁迪庆			8	5	12	11	14	9	
08520131104xxxx	徐文侠			8	7	15	14	13	6	
08520132304xxxx	赵阳			5	9	17	16	14	9	

图 8-29 计算机等级考试成绩表

为达到以上目的，需要完成以下操作：

① 用数组公式计算每个学生的总分。

总分=选择题+Win 操作+Word 操作+Excel 操作+PPT 操作+IE 操作

② 根据每个学生的准考证号确定该考生的考试级别，确定方法为：学号左起第 8 位为考试级别，1 为一级，2 为二级，依此类推。例如，“085200826023080”中的第 8 位是 2，说明该考生的考的是计算机二级。

③ 利用 VLOOKUP 函数，根据每个学生的准考证号确定该考生的考试课程，确定方法为：学号左起第 9 位为考试课程代码，一级考试仅为 1，即“计算机基础”；二级考试分为：1—“C 语言程序设计”、2—“VFP 程序设计”、3—“VB 程序设计”、4—“JAVA 程序设计”、5—“Web 程序设计”、6—“办公软件高级应用”，7—动漫设计；三级考试分为：1—“数据库技术及应用”、2—“网络技术应用”。例如，“085200826023080”中的第 8 位是 2，第 9 位是 6，

说明该考生考的是二级"办公软件高级应用"。

④ 在"总分"后增加一列，标题为"档次"，利用查找函数 LOOKUP，按总分确定每个学生的成绩档次。档次划分的原则是：90 分及以上为"优秀"；80 到 90 分以内为"良好"；60 到 80 分以内为"及格"；60 分以下为"不及格"。

⑤ 将考试课程为"JAVA 程序设计"，成绩档次为"优秀"的学生姓名填入 H60 单元格中。

⑥ 利用数据库函数等完成表 8-4 的计算和填充（所有数据全部由函数计算）。

表 8-4　等级考试成绩分析统计表

考试成绩分析统计表											
级别	一级	二级							三级		总计
课程	基础	C 语言	VFP	VB	Web	Java	办公软件	动漫设计	数据库	网络	
考试人数											
通过人数											
通过率											
平均分											
最高分											
最低分											

⑦ 在第 L 列后插入一列，列标题为："是否超过平均分"，并判断每个考生的考试成绩是否超过全体考生的平均分，若超过则结果为 TRUE，否则为 FALSE。

⑧ Sheet1 中的计算机等级考试统计表，在 Sheet5 中新建一张数据透视表，统计并显示每个考试级别中各门课程的考试人数，操作结果如图 8-30 所示。

计数项:考试课程	考试级别			
考试课程	一级	二级	三级	总计
计算机基础	21			21
C语言程序设计		1		1
JAVA程序设计		2		2
VB程序设计		7		7
VFP程序设计		3		3
Web程序设计		6		6
办公软件高级应用		5		5
动漫设计		1		1
数据库技术及应用			8	8
网络技术应用			1	1
总计	21	25	9	55

图 8-30　统计各考试级别每门课程人数的数据透视表

要求：

a. 行区域设置为考试课程。

b. 列区域设置为考试级别。

c. 数据区域设置为任意数值型列（此处为总分）。

d. 计数项为"总分"。

全部操作结果如图 8-31 所示。

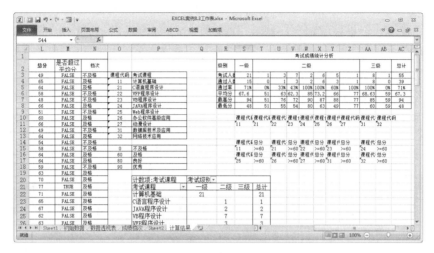

图 8-31　最终操作结果

8.3.2　知识要点

1．计算总分

利用数组公式时，应先选定需要填入计算结果的数组，再在公式编辑栏中输入数组公式，公式输入后按【Ctrl+Shift+Enter】组合键完成计算。

2．确定考试级别

先用 MID 函数从准考证号中取出左数第 8 位数，再由 IF 函数判断其值为"1"、"2"、"3"时分别对应考试级别"一级"、"二级"和"三级"。

3．确定每个级别的考试课程

这个题有点难度，因为考试级别有 3 种，每种考试又有多门考试课程，用 IF 函数完全不能实现，可以考虑先创建一个条件区域，再利用查找函数 VLOOKUP 来实现查找并填充。

4．按成绩确定档次

本题与第 3 题类似，先创建一个数据分段区间，以该区间为查找的条件区域，用查找函数 LOOKUP 来实现查找并填充。

5．查找满足条件的单个值

用数据库函数 DGET 来实现。

格式：DGET(database,field,criteria)

功能：从数据库列中提取符合指定条件的单个值。

其中，database 为要提取单值的数据区域，field 为要提取的单个值所在的列序号，criteria 为提取的条件。

6．统计不同课程的考试人数、平均分等

本题涉及的数据库函数有：DCOUNT、DAVERAGE、DMAX、DMIN 等。

7．判断考试成绩是否超过全体考生的平均分

用 IF 函数进行判断，条件是：考试成绩>=AVERAGE(L4:L58)。

8．按"创建数据透视表向导"提示步骤建立数据透视表

在布局中，将"考试课程"拖入"行"，将"考试级别"拖入列，将"总分"拖入数据区，并将"汇总方式"选择"计数"即可。

8.3.3　操作步骤

1．计算每个学生的总分

选择 L4:L58，在公式编辑栏中输入公式：=E4:E58+F4:F58+G4:G58+H4:H58+I4:I58+J4:J58，按【Ctrl+Shift+Enter】组合键完成总分的计算。

2．根据学生的准考证号确定考试级别

在单元格 C4 中输入公式：=IF(MID(A4,8,1)="1","一级",IF(MID(A4,8,1)="2","二级","三级")），拖动填充完成考试级别的填充。

3．根据学生的准考证号确定考试课程

① 在"考试课程"列之前插入一列，列标题为"课程代码"，并在 D4 单元格中输入公式：=MID(A4,8,2)，拖动填充柄完成"课程代码"的填充。

② 在工作表右边的空白区域创建表 8-5 所示的条件区域（工作表中为 O4:P14）。

表 8-5　VLOOKUP 函数查找的条件区域

类别代码	考试课程	类别代码	考试课程
11	计算机基础	25	Web 程序设计
21	C 语言程序设计	26	办公软件高级应用
22	VFP 程序设计	27	动漫设计
23	VB 程序设计	31	数据库技术及应用
24	JAVA 程序设计	32	网络技术应用

③ 在 E4 单元格中输入公式：=VLOOKUP($D$4:$D$58,$O$4:$P$14,2,FALSE)，拖动填充柄完成"课程名称"的填充；操作后工作表部分数据如图 8-32 所示。

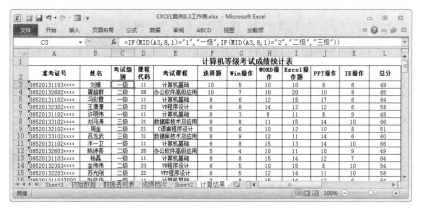

图 8-32　考试级别和考试课程填充结果

4．在"总分后"增加一列"档次"，按总分确定学生的成绩档次

① 在工作表右边的空白区域创建表 8-6 所示的数据分段区间（工作表中为 O16:P19）。

表 8-6 数据分段区间

成　　绩	档　　次	成　　绩	档　　次
0	不及格	80	良好
60	及格	90	优秀

其中：

0 表示考试成绩小于 60 分，为不及格。

60 表示考试成绩大于等于 60 且小于 80 分，为及格。

80 表示考试成绩大于等于 80 且小于 90 分，为良好。

90 表示考试成绩大于等于 90 分，为优秀。

② 在 M4 单元格中输入公式：=LOOKUP(L4,$O$16:$O$19,$P$16:$P$19)，拖动填充柄完成"成绩档次"的填充。操作结果如图 8-33 所示。

图 8-33　按成绩确定档次操作结果

5. 将"Java 程序设计"成绩档次为优秀的学生姓名填入 H60 单元格

① 在工作表下方的空白区域创建表 8-7 所示的数据分段区间（工作表中为 B62:C63）。

表 8-7　DGET 函数条件区域

考试课程	档　　次
JAVA 程序设计	优秀

② 在 H60 单元格中输入公式：=DGET(A2:M58,2,B62:C63)，计算结果为（工作表中为 B60:H60），如图 8-34 所示。

考试课程为"JAVA程序设计"，成绩档次为"优秀"的学生姓名：	斯翰泉

图 8-34　DGET 函数计算结果

6. 利用数据库函数完成表 8-4 的计算和填充

① 按表 8-4 所示的结构在工作表空白处建立"考试成绩分析统计表"（工作表中为 R1:AC9）。

② 分别创建图 8-35 和图 8-36 所示的条件区域(工作表分别为 S11:AB12 和 S15:AB18)。

课程代码	课程代码	课程代码	课程代码	课程代码	课程代码	课程代码	课程代码	课程代码	课程代码
11	21	22	23	24	25	26	27	31	32

图 8-35 函数 DCOUNT、DAVERAGE、DMAX、DMIN 的条件区域

课程代码	总分	课程代码	总分	课程代码	总分	课程代码	总分	课程代码	总分
11	>=60	21	>=60	22	>=60	23	>=60	24	>=60
课程代码	总分	课程代码	总分	课程代码	总分	课程代码	总分	课程代码	总分
25	>=60	26	>=60	27	>=60	31	>=60	32	>=60

图 8-36 统计通过人数的条件区域

③ 在单元格 S4 中输入公式：=DCOUNT($A$2:$M$58,6,S11:S12)，拖动填充柄完成"考试人数"的填充。

─ 说 明 ─
由于统计每门考试课程的条件区域与表 8-4 中的考试课程完全对应，所以拖动填充能实现每门考试课程的人数的填充。

④ 依次在 S5、T5、U5、…、AB5 中输入公式：

=DCOUNT($A$2:$M$58,6,S15:T16)

=DCOUNT($A$2:$M$58,6,U15:V16)

=DCOUNT($A$2:$M$58,6,W15:X16)

=DCOUNT($A$2:$M$58,6,Y15:Z16)

=DCOUNT($A$2:$M$58,6,AA15:AB16)

=DCOUNT($A$2:$M$58,6,S17:T18)

=DCOUNT($A$2:$M$58,6,U17:V18)

=DCOUNT($A$2:$M$58,6,W17:X18)

=DCOUNT($A$2:$M$58,6,Y17:Z18)

=DCOUNT($A$2:$M$58,6,AA17:AB18)

按【Ctrl+Shift+Enter】组合键便得到每门考试课程的通过人数。

─ 提 示 ─
由于条件区域与考试课程不对应，故不能用拖动填充柄来计算。

⑤ 在 S6 单元格中输入公式：=DAVERAGE(A2:M58,12,S15:S16)，拖动填充柄完成每门考试课程的"平均分"的填充。

⑥ 在 S7 单元格中输入公式：=DMAX($A$2:$M$58,12,S11:S12)，拖动填充柄完成每门考试课程的"最高分"的填充。

⑦ 在 S8 单元格中输入公式：=DMIN($A$2:$M$58,12,S11:S12)，拖动填充柄完成每门考试课程的"最低分"的填充。操作结果如图 8-37 所示。

其他数据的计算由于比较简单，由读者自行完成。

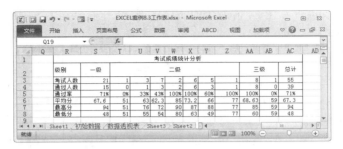

图 8-37　考试成绩统计分析操作结果

7．插入"是否超过平均分"列，统计学生成绩是否超过平均分

在 M4 单元格中输入以下公式：=IF(L4>=AVERAGE(L4:L58),TRUE,FALSE)，拖动填充柄完成计算。

8．建立"数据透视表"，统计不同考试级别中各考试课程的报考人数

① 单击数据记录单中的任一单元格。

② 单击"插入"选项卡"表格"组中的"数据透视表"按钮，在下拉列表中单击"数据透视表"按钮，弹出图 8-38 所示的"创建数据透视表"对话框。

③ 选择创建数据透视表的数据区域（见图 8-38 中的 A2:N58）。

④ 若要将数据透视表放置在新工作表中，并以单元格 A1 为起始位置，则选择"新工作表"单选按钮，并选择 A1 单元格。若要将数据透视表放在现有工作表中的特定位置，则选择"现有工作表"单选按钮，然后在"位置"文本框中指定放置数据透视表的单元格区域的第一个单元格（见图 8-38 中的 P21）。

⑤ 单击"确定"按钮，Excel 会将空的数据透视表添加至指定位置并显示数据透视表字段列表，以便添加字段、创建布局以及自定义数据透视表，如图 8-39 所示。

图 8-38　所示的"创建数据透视表"对话框

图 8-39　数据透视表布局窗口

⑥ 按要求将"选择要添加到报表的字段"列表框中的字段分别拖动到对应的"列标签"、"行标签"和"数值"框中。（例如本题将"考试级别"、"课程"和"课程"分别拖到对应的"列标签"、"行标签"和"数值"框中，便能得到每门课程不同考试级别的考试人数，如图 8-40 所示（即为所创建的数据透视表）。

图 8-40　按要求创建的数据透视表

8.3.4　练习提高

① 由于系统升级，要在准考证号码的第 9 位之后增加一位"1"，用于标识是上半年的考试。

② 根据不同的考试等级，学校规定只要考试通过，都能获得相应的学分，具体规定如表 8-8 所示。

请在"计算机等级考试成绩表"的后面添加一列，列标题为"学分"，对考试分数在 60 分及以上成绩的，按表 8-8 所对应的学分数填入对应的"学分"列中。

表 8-8　不同考试等级学分数

考　　级	学　　分
一级	3
二级	4
三级	5

③ 为鼓励学生能考出好成绩，学校对不同分数段的成绩设置了一个加权系数，如表 8-9 所示。根据学分数和学分加权系数求得该课程的学习绩点。

绩点=学分数 × 加权系数别

请在"学分"列之后添加两列："加权系数"和"绩点"。

按表 8-9 所示的加权系数，根据每个考生的成绩，填入相对应的学分加权系数。再根据"绩点"计算公式，计算每个学生该门考试所获得的绩点数。

表 8-9　学分加权系数

分　　数	加 权 系 数	分　　数	加 权 系 数
0-59	0	80-89	2.5
60-68	1	90 以上	4
69-79	1.5		

④ 插入一张工作表，将"计算机等级考试成绩表"全部内容复制到该空白工作表中，将表标签改名为"计算机等级考试学分统计表"。在该工作表中，利用高级筛选功能，将考试课程为"办公软件高级应用"、并获得学分的记录复制到该工作表右边的空白区域内。

⑤ 建立"数据透视表"，统计不同考试级别中各考试课程获得学分的人数。

8.4 职工人事工资统计计算

8.4.1 问题描述

小刘毕业后应聘到某学校财务部门当会计，每天要面对繁杂的数据运算和处理，单位职工的工资计算名目繁多，且与职称、工龄、级别等因素有关，还要按不同工资数额扣除个人所得税。每月还要按不同类别进行统计和汇总，工作量较大，且不能有丝毫的差错。幸好小刘在校学习期间，对 Excel 知识掌握得比较扎实，操作也十分熟练，在会计工作中有机地应用了 Excel 中有关数据计算和处理的功能，方便、快捷、准确地对本单位的人事工资进行了统计计算。在图 8-41 所示的人事工资的统计表中，要完成以下操作：

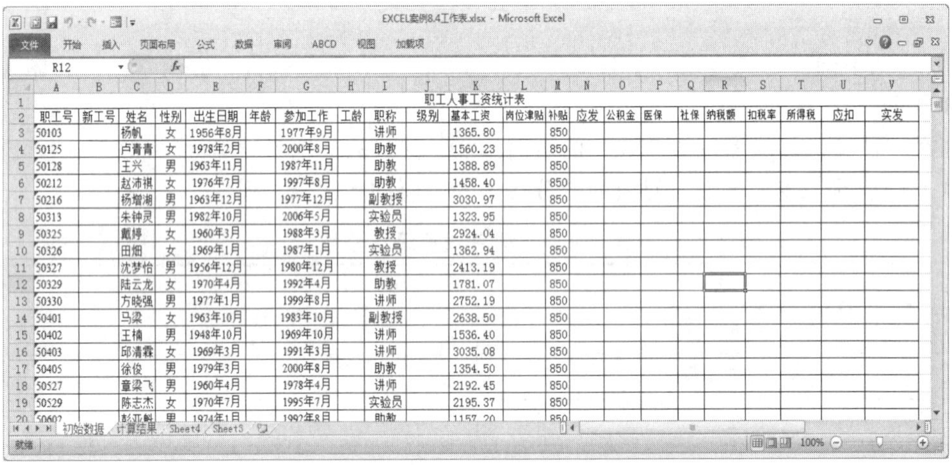

图 8-41 职工人事工资统计表

1. 使用 REPLACE 函数，对 Sheet1 中的员工号进行升级

具体要求：在原来员工号之前添加一个大写字母"A"；并将升级后的员工号填入表中的"新工号"列中。

2. 使用时间函数，对 Sheet1 中员工的"年龄"和"工龄"进行计算

将结果填入到表中的"年龄"列和"工龄"列中。

3. 确定级别

根据每个教师的职称和工龄来确定级别，确定条件如表 8-10 所示，并将计算结果填入工作表"级别"列中。

4. 进行统计计算

使用统计函数和数据库函数，对 Sheet1 中的数据根据以下条件进行统计计算：

① 统计职称为"教授"的男性教师的人数，结果填入 E71 单元格中。

② 统计 1959 年 12 月 31 日以前出生的人数，结果填入 E72 单元格中。

③ 统计工龄大于等于 10 年的讲师的人数，结果填入 E73 单元格中。

④ 求 "教授" 的基本工资总和，结果填入 E74 单元格中。

⑤ 求 "级别" 为 6 级，职称为 "讲师" 的女教师的基本工资总额。

表 8-10　级别与职称、工龄对应表

级别	1 级	2 级	3 级	4 级	5 级	6 级	7 级	8 级
职称	教授	教授	教授	副教授	副教授	讲师	讲师	其他
工龄	>=25	>=20	<20	>=20	<20	>=15	<15	

5. 确定岗位津贴

根据每个教师的级别来确定岗位津贴，确定条件如表8-11所示，并将计算结果填入工作表 "岗位津贴" 列中。

表 8-11　级别与津贴对照表

级别	1 级	2 级	3 级	4 级	5 级	6 级	7 级	8 级
津贴	10000	8400	7200	6000	5000	4000	3000	2400

6. 计算应纳税工资额、扣税率和各税金额

根据月工资总收入，用数组公式计算每个教师的应纳税工资额、扣税率和扣税金额。

① 应纳税工资额=当月工资合计-3500-（三险一金）

② 扣税率按国家个人所得税法规定计算，如表 8-12 所示。

表 8-12　税率表（工资、薪金所得适用）

级数	应纳税额范围下限	应纳税额范围上限	税率	速算扣除数
1	0	1 500	3%	0
2	1 500	4 500	10%	105
3	4 500	9 000	25%	555
4	9 000	35 000	30%	1 005
5	35 000	55 000	35%	2 755
6	55 000	80 000	40%	5 505
7	80 000 以上		45%	13 505

③ 将计算结果填入工作表对应的 "扣除数"、"纳税额"、"扣税率" 和 "所得税" 列中。所得税计算公式为所得税=纳税额×扣税率-扣除数。

7. 计算 "应发"、"应扣" 和 "实发"

利用数组公式计算 "应发"、"应扣" 和 "实发"，并将计算结果填入相对应的 "应发"、"应扣" 和 "实发" 列中。

8. 分别计算工作表中教授、副教授、讲师和其他职称的所得税纳税金额

填入表 8-13 中对应工作表中的 K70:K73 数据区域。

表 8-13 不同职称纳税总额表

职 称	纳税金额
教授	
副教授	
讲师	
其他	

提 示

职称为"教授"、"副教授"和"讲师"的纳税总金额可用 SUMIF 函数计算，其他职称（有实验员、助教）的纳税总金额可用数据库函数 DSUM 来计算，条件区域可设为如表 8-14 所示。

表 8-14 DSUM 的条件区域

职 称	职 称
助教	
	实验员

9. 进行高级筛选

将 Sheet1 中的数据记录单复制到 Sheet3 中，并对 Sheet3 进行高级筛选，筛选条件为：性别为男性、职称为副教授、基本工资大于等于 2 500 元和工龄大于等于 20 年的记录，筛选结果复制到从 X2 开始的区域中。

10. 新建数据透视表

根据 Sheet3 中"学校教师人事工资信息表"的数据，在 Sheet3 中的从 X12 开始的单元格新建一张数据透视表。要求：

① 显示不同职称的不同级别人数。

② 行标签设置为"职称"。

③ 列标签设置为"级别"。

④ 数值设置为"级别"。

⑤ 计数项为"级别"。

本案例的操作结果如图 8-42 所示。

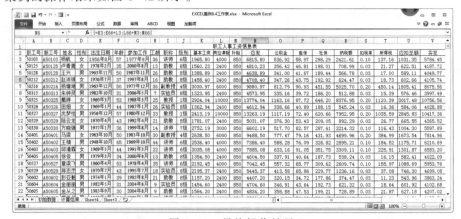

图 8-42 最终操作结果

8.4.2　知识要点

1．文本替换函数 REPLACE

格式：REPLACE(old_text,start_num,num_chars,new_text)

功能：从文本 old_text 中第 start_num 个字符开始的 num_chars 个字符，用新文本 new_text 进行替换。

> 说　明　① 当 num_chars 为 0 时，则从第 start_num 个字符开始插入新文本 new_text。
>
> ② 当新文本 new_text 为空时，则从第 start_num 个字符开始删除 num_chars 个字符。

2．当前系统日期函数 TODAY 和年函数 YEAR

格式：

TODAY()：求当前系统日期（日期格式为 yyyy-mm-dd）。

YEAR(D)：求日期 D 中四位的年（结果为一数值型数据）。

若在单元格 D2 中存有出生日期，则求年龄的公式为：

$$年龄=YEAR(TODAY())-YEAR(D2)$$

如果计算结果为一日期，则将其数据格式转换为数值型数据即可。

3．多重嵌套的 IF 函数

此题需要用多重嵌套的 IF 函数来实现（前面已作过介绍）。

4．涉及条件统计、条件求和及数据库函数

（1）条件统计函数 COUNTIF(range,criteria)

功能：统计指定数据区域 range 中，满足条件 criteria 的数值型数据的个数。

（2）条件求和函数 SUMIF(range,criteria,sum_range)

功能：在指定条件区域 range 中，对数据区域 sum_range 中满足条件 criteria 的数据求和。

（3）数据库统计函数 DCOUNT(database,field,criteria)

功能：统计指定数据区域中满足条件区域中条件的指定数值列中的数据个数。

（4）数据库求和函数 DCOUNT(database,field,criteria)

功能：对指定数据区域中满足条件区域中条件的指定数值列中的数据求和。

> 提　示
>
> 条件函数只能用于对一个条件的问题进行操作；数据库函数可用于对多个条件的问题进行操作，且在应用时须先建立条件区域。

5．VLOOKUP 函数

前面已介绍过此函数，不再介绍。

6．所得税扣税率用公式 LOOKUP 计算

格式：LOOKUP(lookup_value,lookup_vector,result_vector)

> 说　明
>
> ① Lookup_value 为函数 LOOKUP 在第一个向量中所要查找的数值，它可以是数字、文本、逻辑值或包含数值的名称或单元格引用。
>
> ② Lookup_vector 为只包含一行或一列的区域。其值可以为文本、数字或逻辑值。
>
> ③ Result_vector 只包含一行或一列的区域，其大小必须与 lookup_vector 相同。

> **提 示**
> Lookup_vector 的数值必须按升序排序，否则，函数 LOOKUP 不能返回正确的结果。

功能：查找 Lookup_value 位于 lookup_vector 中的区间段，并填充该区间段所对应的数值 result_vector。

7. 此题用简单的数组公式便能计算出结果

数组公式输入结束后必须按【Ctrl+Shift+Enter】组合键才能得到正确结果。

8. 求和函数 SUMIF

此题用条件求和函数 SUMIF 便能求得结果（格式与第 3 题相同）。

9. "高级筛选"功能

此题利用"数据"选项卡"排序和筛选"组中的"高级筛选"功能来实现。

> **提 示**
> 筛选之前要先建立条件区域。

10. 数据透视表和数据透视图

此题利用"插入"选项卡 "表格"组中的"数据透视表"功能来完成。

8.4.3 操作步骤

1. 在工号前添加一个大写字母"A"

在单元格 B3 中输入公式：=REPLACE(A3:A66,1,0,"A")，确认后拖动填充柄便完成字符的添加。

2. 求年龄和工龄

分别在 F3 单元格和 H3 单元格中输入公式：

=YEAR(TODAY())−YEAR(E3)

=YEAR(TODAY())−YEAR(G3)

确认后拖动填充柄便完成年龄和工龄的计算。

3. 按职称求岗位等级

按表 8-10 的要求，在 J3 单元格中输入公式：=IF(I3="教授",IF(H3>=25,"1 级",IF(H3>=20, "2 级","3 级")),IF(I3="副教授",IF(H3>=20,"4 级","5 级"),IF(I3="讲师",IF(H3>=15,"6 级","7 级"),"8 级")))，确认后拖动填充柄便得到结果。

> **提 示**
> 这是一个 IF 函数的多级嵌套，要注意每个嵌套的结构，各个层次的括号要配对。

4. 按不同条件统计人数及按不同条件求和

① 在 G70 单元格中输入公式：=DCOUNT(A2:I66,6,A76:B77)。

② 在 G71 单元格中输入公式：=COUNTIF(E3:E66,"<1959−12−31")。

③ 在 G72 单元格中输入公式：=DCOUNT(A2:I66,6,C76:D77)。

④ 在 G73 单元格中输入公式：=SUMIF(I3:I66,"教授", K3:K66)。

⑤ 在 G74 单元格中输入公式：=DSUM(A2:K66,11,D76:F77)。

确认后便能得到计算结果，如图 8-43 所示。

5．按岗位等级求岗位津贴

按图 8-41 的要求，在单元格 L3 中输入公式：=VLOOKUP(J3,$Z$2:$AA$9,2,FALSE)，确认后拖动填充柄便得到结果。

图 8-43　第 3 题计算结果

提　示

公式中的条件区域 Z2:AA9 在公式的位置改变时要求保持不变，所以在公式中要使用绝对引用，即将其写为 $Z$2:$AA$9。"2"表示要填充的是条件区域中的第 2 列数据。计算的部分结果如图 8-44 所示。

图 8-44　岗位等级和岗位津贴计算结果

6．计算所得税需要完成以下计算

（1）计算纳税工资数额

根据个人所得税法规定，所得税纳税额是由工资总额扣除医保、住房公积金、养老保险等应扣金额以外，再减去 3 500 元以后的部分。

选定 R3：R66，在公式编辑栏中输入公式：=IF((N3:N66-3500-O3:O66-P3:P66-Q3:Q66)>0, N3:N66-3500-O3:O66-P3:P66-Q3:Q66,0)，按【Ctrl+Shift+Enter】组合键便能得到计算结果。

（2）计算税率

按表 8-12 所列出的目前所执行的扣税标准和方法，利用 LOOKUP 函数来求得。

在 S3 单元格中输入公式：=LOOKUP(R3,$AA$12:$AA$18,$AC$12:$AC$18)，确认后拖动填充柄便得到填充结果。

参数说明：

R3 是要比较的数据，拖动填充柄后随之改变。

$AA$12:$AA$18 是扣税的数据分段区间，拖动填充柄时不能变化，所以用绝对引用。

$AC$11:$AC$18 是 R3 所在区间段对应的扣税率，拖动填充柄时不能变化，所以用绝对引用。

（3）计算扣税金额

在 T3 单元格中输入公式：=R3*S3-LOOKUP(R3,$AA$12:$AA$18,$AD$12:$AD18)。

其中：函数 LOOKUP(R3,$AA$12:$AA$18,$AD$12:$AD18)表示每个区间段扣税后应扣减的数额，如表 8-12 中的扣除数额。

7. 计算“应发”、“应扣”和“实发”

在 N3、U3 和 V3 单元格中分别输入公式：

=K3:K66+L3:L66+M3:M66

=O3:O66+P3:P66+Q3:Q66+T3:T66

=N3:N66-U3:U66

按【Ctrl+Shift+Enter】组合键便能得到正确的计算结果。

部分计算结果如图 8-45 所示。

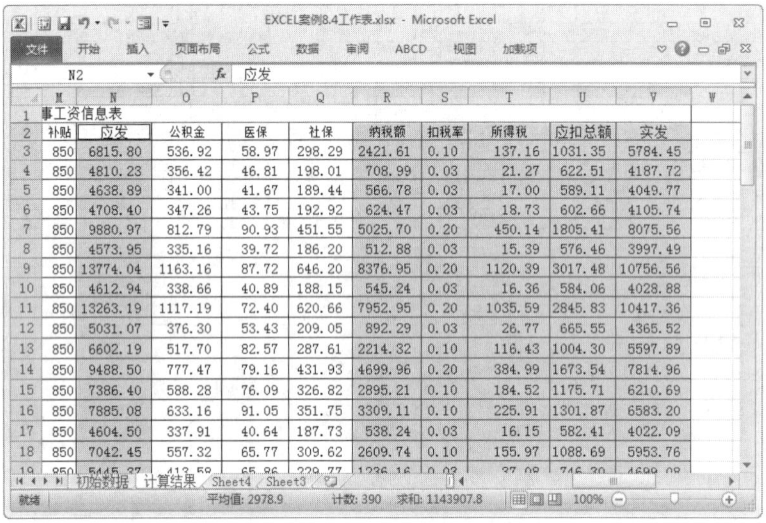

	M	N	O	P	Q	R	S	T	U	V
1	事工资信息表									
2	补贴	应发	公积金	医保	社保	纳税额	扣税率	所得税	应扣总额	实发
3	850	6815.80	536.92	58.97	298.29	2421.61	0.10	137.16	1031.35	5784.45
4	850	4810.23	356.42	46.81	198.01	708.99	0.03	21.27	622.51	4187.72
5	850	4638.89	341.00	41.67	189.44	566.78	0.03	17.00	589.11	4049.77
6	850	4708.40	347.26	43.75	192.92	624.47	0.03	18.73	602.66	4105.74
7	850	9880.97	812.79	90.93	451.55	5025.70	0.20	450.14	1805.41	8075.56
8	850	4573.95	335.16	39.72	186.20	512.88	0.03	15.39	576.46	3997.49
9	850	13774.04	1163.16	87.72	646.20	8376.95	0.20	1120.39	3017.48	10756.56
10	850	4612.94	338.66	40.89	188.15	545.24	0.03	16.36	584.06	4028.88
11	850	13263.19	1117.19	72.40	620.66	7952.95	0.20	1035.59	2845.83	10417.36
12	850	5031.07	376.30	53.43	209.05	892.29	0.03	26.77	665.55	4365.52
13	850	6602.19	517.70	82.57	287.61	2214.32	0.10	116.43	1004.30	5597.89
14	850	9488.50	777.47	79.16	431.93	4699.96	0.20	384.99	1673.54	7814.96
15	850	7386.40	588.28	76.09	326.82	2895.21	0.10	184.52	1175.71	6210.69
16	850	7885.08	633.16	91.05	351.75	3309.11	0.10	225.91	1301.87	6583.20
17	850	4604.50	337.91	40.64	187.73	538.24	0.03	16.15	582.41	4022.09
18	850	7042.45	557.32	65.77	309.62	2609.74	0.10	155.97	1088.69	5953.76

图 8-45　各统计项计算结果

8. 分别计算不同职称的应扣所得税总额

教授、副教授和讲师的纳税总额用 SUMIF 函数求得，其他职称还有“助教”和“实验员”，纳税总额只能用 DSUM 函数来计算。

（1）计算教授的纳税额

在 K70 单元格中输入公式：=SUMIF(I3:I66,"教授",T3:T66)。

（2）计算副教授的纳税额

在 K71 单元格中输入公式：=SUMIF(I3:I66,"副教授",T3:T66)。

（3）计算讲师的纳税额

在 K72 单元格中输入公式：=SUMIF(I3:I66,"讲师",T3:T66) 。

（4）计算其他职称的纳税额

如图 8-45 所示，先建立条件区域 I75:J77，再在 K73 单元格中输入公式：=DSUM(A2:V66, 20,I75:J77)。

计算结果如图 8-46 所示。

9．按条件进行高级筛选

"性别为男性、职称为副教授、基本工资大于等于 2 500 元、工龄大于等于 20 年的记录"进行高级筛选。

① 选定数据区域 A1:V66，右击，在弹出的快捷菜单中选择"复制"命令。

图 8-46　各类职称扣税额计算结果

② 在 Sheet3 中选择 A1 单元格，单击"开始"选项卡"剪贴板"组中的"粘贴"按钮，选择"粘贴数值"，把工作表的数据复制到 Sheet3 中。

③ 在工作表的下方空白区域处建立条件区域 B68:E70，如图 8-47 所示。

④ 选定工作表数据区，单击"数据"选项卡"排序和筛选"组中的"高级"按钮，弹出"高级筛选"对话框。

⑤ 在"高级筛选"对话框中，设置图 8-48 所示的"列表区域"、"条件区域"和"复制到"，单击"确定"按钮便能得到图 8-49 所示的筛选结果。

图 8-47　高级筛选的条件区域

图 8-48　高级筛选对话框

图 8-49　高级筛选结果

10．建立数据透视表

具体要求如下：

① 显示不同职称的级别人数。

② 行区域设置为"职称"。

③ 列区域设置为"级别"。

④ 数据区域设置为"级别"。

⑤ 计数项为"级别"。

操作步骤如下：

① 单击 Sheet3 数据记录单中的任意单元格，再单击"数据"选项卡"其他"组中的"数据透视表和数据透视图"按钮，弹出"数据透视表和数据透视图向导"对话框，如图 8-50 所示。

② 在"数据透视表和数据透视图向导"对话框中，分别选择创建"数据透视表"的类型和数据区域，单击"下一步"按钮，进入"向导步骤 2"，如图 8-51 所示。

图 8-50　"数据透视表和数据　　　　　　图 8-51　"数据透视表和数据
透视图向导"步骤之 1　　　　　　　　　透视图向导"步骤之 2

③ 在"向导步骤 2"中选定数据区域后，单击"下一步"按钮进入"向导步骤 3"，如图 8-52 所示。

④ 在"向导步骤 3"中单选择"现有工作表"单选按钮，并选择单元格"X12"，单击"完成"按钮，弹出"数据透视表字段列表"对话框，如图 8-53 所示。

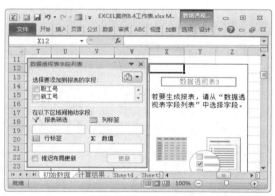

图 8-52　数据透视表向导步骤之 3　　　　图 8-53　"数据透视表字段列表"对话框

⑤ 在"数据透视表字段列表"对话框中，将"级别"字段拖入"列标签"，将"职称"字段拖入"行标签"，再把"级别"字段拖入"数值"框，便得到不同职称的各级别的人数，结果如图 8-54 所示。

图 8-54 按要求建立的数据透视表

8.4.4 练习提高

① 使用统计函数和数据库函数,对 Sheet1 中的数据,根据以下条件进行统计计算:

a. 求职称为"副教授"的女教师的基本工资总额,结果填入指定单元格中。

b. 统计年龄小于 40 岁的教授人数,结果填入指定单元格中。

c. 统计工龄大于等于 15 年的副教授的人数,结果填入指定单元格中。

d. 求"教授"或"副教授"的基本工资总和,结果填入指定的一个单元格中。

e. 求职称为"副教授"或"讲师"、"级别"为 3 级的女教师人数。

② 分别统计符合以下条件的人数、纳税总额和平均纳税额,填写如表 8-15 所示。

表 8-15 统计各级别的相关数据

级 别	职 称	人 数	纳 税 总 额	平均纳税额
1 级	教授			
2 级	教授			
3 级	副教授			
4 级	副教授			
5 级	副教授			
6 级	讲师			
7 级	讲师			
8 级	其他			

③ 求出生日期的四位年份中,哪些年份是闰年。

④ 根据 Sheet3 中"学校教师人事工资信息表"的数据,在 Sheet3 中的从 X30 开始的单元格新建一张数据透视表。要求:

a. 显示不同职称的不同级别的岗位津贴总额。

b. 行标签设置为"职称"。

c. 列标签设置为"级别"。

d. 数值设置为"岗位津贴"。

e. 求和项为"岗位津贴"。

第 **9** 章　PowerPoint 2010 高级应用案例精选

本章精选了两个在日常生活和工作中很常见的 PowerPoint 演示文稿制作案例,分别是《水浒传》赏析课件的优化和制作嘉兴南湖简介演示文稿。通过本章的学习,能够掌握很多常见的演示文稿制作技巧,包括多媒体、主题和母版、动态图表、动画和幻灯片切换效果、幻灯片的放映及发布等应用技巧。

9.1　《水浒传》赏析课件的优化

9.1.1　问题描述

小张老师要做一个关于"《水浒传》赏析"的课件,课件的大纲和内容已经准备好,还需要给课件做一些版面、配色、动画等方面的优化,最后发布输出。

通过本案例的学习,可以掌握多个主题和自定义主题颜色的应用、幻灯片母版的合理修改、动画和幻灯片切换效果的巧妙应用、幻灯片的放映与打包发布等知识。

具体要求如下:

1. 多个主题和自定义主题颜色的应用

① 将第 1 张页面的主题设为"角度",其余页面的主题设为"波形"。

② 新建一个自定义主题颜色,取名为"首页配色",其中的主题颜色如下:

- 文字/背景–深色 1(T):蓝色。
- 文字/背景–浅色 1(B):黄色。
- 强调文字颜色 3(3):红色(R)为 0,绿色(G)为 150,蓝色(B)为 200。
- 其他颜色采用"角度"主题的默认配色。

③ 再新建一个自定义主题颜色,取名为"正文配色",其中的主题颜色如下:

- 文字/背景–浅色 1(B):红色(R)为 255,绿色(G)为 255,蓝色(B)为 230。
- 文字/背景–深色 2(D):红色(R)为 0,绿色(G)为 0,蓝色(B)为 120。
- 超链接:红色。
- 其他颜色采用"波形"主题的默认配色。

④ 将自定义主题颜色"首页配色"应用到第一页,将自定义主题颜色"正文配色"应用到其余页面。

2. 幻灯片母版的修改与应用

① 对于首页所应用的母版,将其中的标题样式设为"隶书,54 号字";

② 对于其他页面所应用的母版，删除页脚区和日期区，在页码区中把幻灯片编号（即页码）的字体大小设为"32"。

3. 设置幻灯片的动画效果

在第 2 页幻灯片中，按以下顺序设置动画效果：

① 将标题内容"主要内容"的进入效果设置成"翻转式由远及近"。

② 将文本内容"作者简介"的进入效果设置成"旋转"，并且在标题内容出现 1 s 后自动开始，而不需要单击。

③ 按先后顺序依次将文本内容"小说取材"、"思想内容"、"艺术成就"、"业内评价"的进入效果设置成"上浮"。

④ 将文本内容"小说取材"的强调效果设置成"陀螺旋"。

⑤ 将文本内容"思想内容"的动作路径设置成"靠左"。

⑥ 将文本内容"艺术成就"的退出效果设置成"飞出到右侧"。

⑦ 在页面中添加"前进"与"后退"的动作按钮，当单击按钮时分别跳到当前页面的前一页与后一页，并设置这两个动作按钮的进入效果为同时"自底部飞入"。

4. 设置幻灯片的切换效果

① 将第 1 页幻灯片的切换效果设置为"自左侧立方体"，其余幻灯片之间的切换效果设置为"居中涟漪"。

② 实现每隔 5 s 自动切换，也可以单击进行手动切换。

5. 设置幻灯片的放映方式

① 隐藏第 2 张幻灯片，使得播放时直接跳过隐藏页。

② 选择从第 4 页到第 7 页幻灯片进行循环放映。

6. 对演示文稿进行发布

① 把演示文稿打包成 CD，将 CD 命名为"《水浒传》赏析"。

② 将其保存到指定路径（D:\）下，文件夹名与 CD 命名相同。

9.1.2 知识要点

① 多个主题和自定义主题颜色的应用。

② 幻灯片母版的应用。

③ 设置幻灯片的动画效果的方法。

④ 动作按钮和超链接的使用。

⑤ 幻灯片切换方法的设置。

⑥ 幻灯片的放映方法。

⑦ 幻灯片的打包发布。

9.1.3 操作步骤

1. 多个主题和自定义主题颜色的应用

（1）应用多个主题

① 打开初始 PPT 文档，选中第 1 张幻灯片，在"设计"选项卡中选择"角度"主题，如图 9-1 所示。

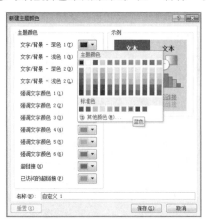

图 9-1　"设计"选项卡

② 选中第 2～8 张幻灯片，在"设计"选项卡的"波形"主题上右击，在弹出的快捷菜单中选择"应用于选定幻灯片"命令。

（2）新建主题颜色"首页配色"

① 选中第 1 张幻灯片，单击"设计"选项卡中的"颜色"按钮，在"颜色"下拉列表中选择"新建主题颜色"。

② 弹出"新建主题颜色"对话框，单击"文字/背景－深色 1(T)"按钮，在弹出的颜色设置列表框中选择"蓝色"，如图 9-2 所示。用同样的方法把"文字/背景－浅色 1(B)"设为"黄色"。

③ 在"新建主题颜色"对话框中，单击"强调文字颜色 3（3）"按钮，在弹出的对话框中单击"其他颜色"按钮，弹出"颜色"对话框，在"自定义"选项卡中设置"红色(R)为 0，绿色(G)为 150，蓝色(B)为 200"，如图 9-3 所示。

④ 其他颜色采用默认，在"名称"文本框中输入"首页配色"，单击"保存"按钮。

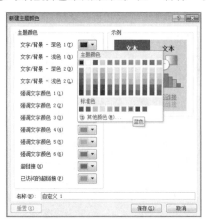

图 9-2　"新建主题颜色"对话框

图 9-3　"颜色"对话框

（3）新建主题颜色"正文配色"

与上一小题的做法类似，为了使其他颜色采用"波形"主题的默认配色，关键是要先选中应用了"波形"主题的幻灯片，在此可以选中第 2 张幻灯片，再进行与上一小题类似的操作。

（4）应用自定义主题颜色

① 选中第 1 张幻灯片，单击"设计"选项卡"主题"组中的"颜色"按钮，在弹出的下拉列表中选择"自定义"组下的"首页配色"。

② 选中其余幻灯片，在"颜色"下拉列表单中选择"自定义"组下的"正文配色"。

2．幻灯片母版的修改与应用

（1）修改首页母版

① 选中第 1 张幻灯片，单击"视图"选项卡"母版视图"组中的"幻灯片母版"按钮，会自动选中首页所应用的"标题幻灯片"版式母版，如图 9-4 所示。

② 在"标题幻灯片"版式母版中选择"标题",将字体设为"隶书"、字号设为"54"。

③ 单击"关闭母版视图"按钮。

（2）修改其他页面母版

① 选中第 2 张幻灯片,单击"视图"选项卡"母版视图"组中的"幻灯片母版"按钮,会自动选中第 2 张幻灯片所应用的"标题和内容"版式母版,如图 9-5 所示。

 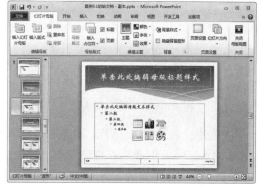

图 9-4 "角度"主题的"标题 图 9-5 "波形"主题的"标题和
幻灯片"版式母版 内容"版式母版

② 删除左下角的"页脚区"和右下角的"日期区",在"页码区"中把页码的字体大小设为"32"。

③ 单击"关闭母版视图"按钮。

3．设置幻灯片的动画效果

选中第 2 张幻灯片,单击"动画"选项卡。

① 选中标题"主要内容",进入动画效果选择"翻转式由远及近"。

② 选中文本内容"作者简介",进入动画效果选择"旋转",在"开始"下拉列表中选择"上一动画之后","延迟"时间设为"1 秒",如图 9-6 所示。

图 9-6 设置了动画效果的"动画"选项卡

③ 选中文本内容"小说取材",进入动画效果选择"浮入",效果选项选择"上浮"。按先后顺序依次对文本内容"思想内容"、"艺术成就"、"业内评价"进行同样的设置。

④ 选中文本内容"小说取材",强调动画效果设置成"陀螺旋"。

⑤ 选中文本内容"思想内容",动作路径动画效果选择"直线",效果选项选择"靠左"。

⑥ 选中文本内容"艺术成就",退出动画效果选择"飞出",效果选项选择"到右侧"。

⑦ 单击"插入"选项卡"插图"组中的"形状"按钮,在"形状"列表框中的"动作按钮"组单击"后退"按钮,如图 9-7 所示。在幻灯片上拖出合适的大小,在弹出的"动作设置"对话框中设置超链接为"上一张幻灯片",如图 9-8 所示。用同样的方法添加"前进"按钮,设置超链接为"下一张幻灯片"。

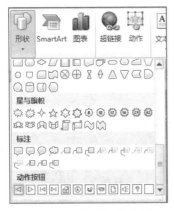

图 9-7 "形状"列表框

图 9-8 "动作设置"对话框

⑧ 选中"前进"和"后退"按钮，在"动画"选项卡"动画"组中选择"飞入"，在"效果选项"下拉列表中选择"自底部"。

至此，所有动画效果设置完成，动画界面如图 9-9 所示。

4. 设置幻灯片的切换效果

① 选中第 1 张幻灯片，在"切换"选项卡"切换到此幻灯片"组中选择切换效果为"立方体"，在"效果选项"列表框中选择"自左侧"，换片方式选择"单击鼠标时"和"设置自动换片时间"复选框，自动换片时间为"5 秒"，如图 9-10 所示。

图 9-9 设置动画效果

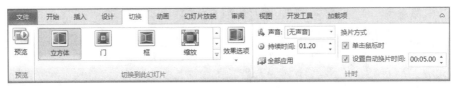

图 9-10 设置了切换效果的"切换"选项卡

② 选中第 2～8 张幻灯片，在"切换"选项卡中，选择切换效果为"涟漪"，"效果选项"选择"居中"，换片方式选择"单击鼠标时"和"设置自动换片时间"复选框，自动换片时间为"5 秒"。

5. 设置幻灯片的放映方式

① 选中第 2 张幻灯片，单击"幻灯片放映"选项卡"设置"组中的"隐藏幻灯片"按钮。

② 单击"幻灯片放映"选项卡"设置"组中的"设置幻灯片放映"按钮，弹出"设置放映方式"对话框，在"放映选项"区域中选择"循环放映，按 ESC 终止"复选框；在"放映幻灯片"区域中，设置从 4 到 7，如图 9-11 所示。单击"确定"按钮，完成放映方式的设置。

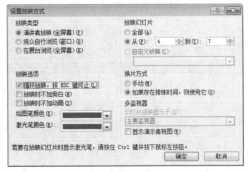

图 9-11 "设置放映方式"对话框

6．对演示文稿进行发布

把演示文稿打包成 CD，将 CD 命名为"《水浒传》赏析"，并将其复制到指定路径（D:\）下，文件夹名与 CD 命名相同。操作步骤如下：

① 选择"文件"按钮下的"保存并发送"按钮，再单击"将演示文稿打包成 CD"下的"打包成 CD"按钮，在弹出的"打包成 CD"对话框中，将 CD 命名为"《水浒传》赏析"，如图 9-12 所示。

② 单击"复制到文件夹"按钮，弹出"复制到文件夹"对话框，在"文件夹名称"中输入"《水浒传》赏析"，位置为"D:\"，如图 9-13 所示，单击"确定"按钮。

图 9-12　"打包成 CD"对话框

图 9-13　"复制到文件夹"对话框

9.1.4　练习提高

对上述制作好的演示文稿文件，完成以下操作：

① 修改首页的母版，在右下角插入一张校标图片。

② 修改其他页面的母版，在右下角添加一个文本框，输入"嘉兴学院"，并在文字上建立超链接，链接到"http://www.zjxu.edu.cn"。

③ 给最后一页幻灯片中的艺术字添加进入动画效果"弹跳"和强调动画效果"波浪形"。

9.2　制作嘉兴南湖简介演示文稿

9.2.1　问题描述

小杨要制作一个关于介绍嘉兴南湖的演示文稿，已收集了相关的素材并制作了一个简单的 PPT，相关素材与演示文稿文件放在同一个文件夹中，如图 9-14 所示。现在需要对该 PPT 进行进一步完善。

图 9-14　PPT 的素材

通过本案例的学习，可以掌握以下技巧：母版的应用、多媒体的应用、滚动条文本框的应用、动态图表的应用、动画的应用、幻灯片的放映及发布等。

具体要求如下：

① 修改母版，在母版的合适位置使用合适的图片，使幻灯片更加协调、美观。

② 给幻灯片添加背景音乐，并要求在整个幻灯片播放期间一直播放。

③ 在幻灯片首页底部添加从右到左循环滚动的字幕"嘉兴南湖欢迎您"。

④ 在第 3 页幻灯片中使用带滚动条的文本框插入关于南湖的文字简介。

⑤ 在第 4 页幻灯片中插入关于南湖的图片，要求能够实现单击小图即可看到该图片的放大图。

⑥ 在第 5 页幻灯片中，以动态折线图的方式呈现游客人次的变化。

⑦ 在第 6 页幻灯片中，插入视频并对其进行剪辑。

⑧ 在第 7 页幻灯片中，用动画呈现嘉兴南湖的地理位置。

⑨ 给第 2 页目录页中的各个目录项建立相关的超链接。

⑩ 将演示文稿发布为较小容量的视频，保存在"D:\"下。

9.2.2 知识要点

① 母版的修改及使用。

② 声音、视频等多媒体素材的使用。

③ 滚动字幕的制作。

④ 带滚动条文本框的使用。

⑤ 动画、触发器的应用。

⑥ 动态图表的使用。

⑦ 超链接的使用。

⑧ 演示文稿发布成视频。

9.2.3 操作步骤

1. 修改母版

在"标题幻灯片"版式母版中，将 4 个椭圆对象的填充效果设置为相应的 4 幅图片，在幻灯片母版中，将 3 个椭圆对象的填充效果设置为相应的 3 幅图片，效果分别如图 9-15 和图 9-16 所示。

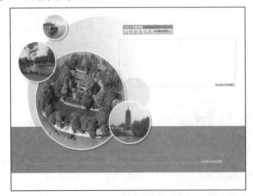

图 9-15 "标题幻灯片"版式母版

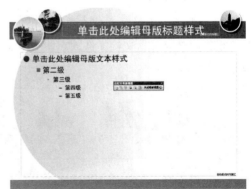

图 9-16 幻灯片母版

操作步骤如下：

① 单击"视图"选项卡"母版视图"中的"幻灯片母版"按钮。

② 在"标题幻灯片"版式母版中，选中一个"椭圆"对象并右击，在弹出的快捷菜单中选择"设置形状格式"命令。

③ 在图 9-17 所示的"设置形状格式"对话框中选择"图片或纹理填充"，再选择相应的图片填充，单击"关闭"按钮即完成一个"椭圆"对象的填充效果设置，效果如图 9-18 所示。

图 9-17 "设置形状格式"对话框　　　　图 9-18 图片填充后的效果

④ 用同样的方法，依次完成"标题幻灯片"版式母版中的其他 3 个椭圆对象的填充效果设置。

⑤ 选中幻灯片母版，也采用上述方法，依次完成幻灯片母版中的 3 个椭圆对象的填充效果设置。

⑥ 单击"关闭母版视图"按钮退出。至此幻灯片的母版修改完成。

2．背景音乐

在默认情况下，给幻灯片添加的音乐在单击时或者幻灯片切换页面时就会自动停止播放。如果要给幻灯片添加背景音乐，则要求在整个幻灯片播放期间一直连续播放。操作步骤如下：

① 选中第 1 张幻灯片，单击"插入"选项卡"媒体"组中的"音频"按钮，在下拉列表中选择"文件中的音频"，在弹出的对话框中选择"采菱.mp3"。

② 在"播放"选项卡"音频选项"组中选择"放映时隐藏"、"循环播放，直到停止"和"播完返回开头"复选框，在"开始"下拉列表中选择"跨幻灯片播放"，如图 9-19 所示。

图 9-19 "播放"选项卡

3．滚动字幕

在幻灯片首页的底部添加从右到左循环滚动的字幕"嘉兴南湖欢迎您"，操作步骤如下：

① 在幻灯片首页的底部添加一个文本框，在文本框中输入"嘉兴南湖欢迎您"，文字大小设为 18 号，颜色设为红色。把文本框拖到幻灯片的最左边，并使最后一个字刚好拖出。

② 选中文本框对象，在"动画"选项卡"动画"组中，选择"飞入"，在"效果选项"下拉列表中选择"自右侧"，在"开始"下拉列表中选择"与上一动画同时"，持续时间设为"8 秒"。

③ 单击"高级动画"组中的"动画窗格"按钮，在图 9-20 所示的"动画窗格"任务窗格中双击该文本框动画，弹出"飞入"对话框，在"计时"选项卡中把"重复"设为"直到下一次单击"，如图 9-21 所示。单击"确定"按钮，滚动字幕制作完成。

图 9-20 "动画窗格"任务窗格

图 9-21 "计时"选项卡

4. 带滚动条的文本框

在第 3 页幻灯片中，要插入关于南湖的文字简介，具体内容在"南湖简介.txt"中。由于内容比较多，如果直接插入文字的话，文字会比较小或者页面上放不下，因此，这里可以插入一个带滚动条的文本框，效果如图 9-22 所示。

操作步骤如下：

① 选中第 3 张幻灯片，单击"开发工具"选项卡"控件"组中的"文本框（ActiveX 控件）"按钮，在幻灯片上拉出一个控件文本框，并调整大小和位置。

② 右击该文本框，选择"属性"命令，弹出"属性"面板。把"南湖简介.txt"的内容复制到"Text"属性，设置"ScrollBars"为"fmScrollBarsVertical"，设置"MultiLine"属性为"True"，如图 9-23 所示。

至此，带滚动条的文本框制作完成。

图 9-22 带滚动条的文本框

图 9-23 文本框的属性设置

5. 点小图看大图

在第 4 页幻灯片中插入关于南湖的图片，要求能够实现单击小图即可看到该图片的放大图，效果如图 9-24 所示。

图 9-24　点小图看大图

操作步骤如下：

① 选中第 4 张幻灯片，单击"插入"选项卡"文本"组中的"对象"按钮，弹出"插入对象"对话框，在"对象类型"列表框中选择"Microsoft PowerPoint 演示文稿"，如图 9-25 所示，单击"确定"按钮。此时就会在当前幻灯片中插入一个"PowerPoint 演示文稿"的编辑区域，如图 9-26 所示。

图 9-25　"插入对象"对话框

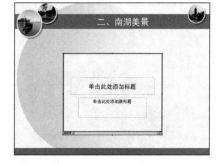

图 9-26　插入"PowerPoint 演示文稿"对象

② 单击"插入"选项卡"图像"组中的"图片"按钮，选择图片"南湖 1.jpg"，插入后单击幻灯片空白处退出演示文稿对象编辑状态。

③ 用同样的方法继续插入 3 个演示文稿对象，插入的图片分别是"南湖 2.jpg"、"南湖 3.jpg"、"南湖 4.jpg"，调整演示文稿对象的大小与位置，操作完成。

6．动态图表

在第 5 页幻灯片中，要把表 9-1 所示的 2011—2012 年各月份游客人次表的数据以动态折线图的方式呈现。

表 9-1　2011—2012 年各月份游客人次表

月　份	1	2	3	4	5	6	7	8	9	10	11	12
2011 年	12	15	13	18	25	17	20	24	18	28	18	16
2012 年	16	26	18	22	24	19	26	30	25	35	20	19

操作步骤如下：

① 选中第 5 张幻灯片，单击"插入"选项卡"插图"组中的"图表"按钮，弹出"插入图表"对话框，选择"折线图"，单击"确定"按钮。

② 把以上数据输入相应的数据表中，生成图 9-27 所示的折线图。

③ 选中该图表，在"动画"选项卡"动画"组中选择"擦除"，在"效果选项"下拉列表中选择"自左侧"和"按系列"，持续时间设为"2 秒"，"开始"设为"上一动画之后"。动态图表设置完成。

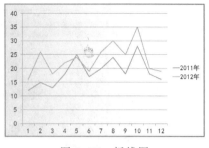

图 9-27 折线图

7．视频剪辑

在第 6 页幻灯片中，插入视频"烟雨南湖.wmv"，设置视频效果并删除其前 7 s。操作步骤如下：

① 选中第 6 张幻灯片，通过"插入"选项卡"媒体"组中的"视频"按钮插入"烟雨南湖.wmv"。

② 选中视频，调整大小与位置，在"格式"选项卡中把视频样式设为"柔滑边缘椭圆"，如图 9-28 所示。

③ 单击"播放"选项卡中的"裁剪视频"按钮，在图 9-29 所示的对话框中将开始时间设为"7 s"。

图 9-28 "柔滑边缘椭圆"视频样式

图 9-29 "裁剪视频"对话框

8．动画的应用

在第 7 页幻灯片中，用动画呈现嘉兴南湖的地理位置，如图 9-30 所示。实现以下效果：单击"到上海"按钮时，显示一条 5 磅粗的红色路线从嘉兴到上海行进，到了以后加深 3 次，然后消失。单击"到杭州"等按钮时，也实现同样的效果。

其操作步骤如下：

① 在第 7 张幻灯片中，单击"插入"选项卡中的"形状"按钮，在"形状"下拉列表中选择"曲线"，然后在图上绘制从嘉兴到上海的曲线，把线条设置为 5 磅粗的红色实线。

图 9-30 嘉兴南湖的地理位置

② 行进效果的设置。选中绘制的曲线对象，在"动画"选项卡中选择"擦除"动画效果，"效果选项"选择"自底部"，"开始"选择"单击时"，"持续时间"设为"3 秒"，"触发"设置为单击"到上海"按钮。

③ 闪烁效果的设置。选中绘制的曲线对象，在"动画"选项卡中单击"添加动画"按钮，强调动画效果选择"加深"。单击"动画窗格"按钮，在打开的"动画窗格"任务窗格中双击该曲线动画效果。在"效果"选项卡中设置"播放动画后隐藏"，如图 9-31 所示。在"计时"选项卡中，设置"开始"为"上一动画之后"，"重复"为"3"。单击"触发器"按钮，在"单击下列对象时启动效果"下拉列表中选择"到上海"按钮对象，如图 9-32 所示。

图 9-31　"加深"对话框　　　　图 9-32　加深效果的"计时"选项卡

④ 其他"到杭州"、"到苏州"、"到宁波"等 3 条路线的设置操作类似。

9．超链接

要给第 2 页目录页中的各个目录项建立相关的超链接，可以在文字上建立超链接，也可以在文本框上建立超链接。在此选择在文本框上建立超链接，具体操作如下：

① 在第 2 张幻灯片中选中相应的文本框，右击，在弹出的快捷菜单中选择"超链接"命令。

② 在"插入超链接"对话框中单击"本文档中的位置"，选择相应的文档中的位置，如图 9-33 所示。单击"确定"按钮建立一个目录项的超链接。

图 9-33　"插入超链接"对话框

③ 依次在其他文本框上用同样的方法建立合适的超链接。

10．将演示文稿发布成视频

把演示文稿发布成较小容量的视频的操作步骤如下：

① 单击"文件"按钮下的"保存并发送"按钮，再单击"创建视频"按钮。

② 在"计算机和 HD 显示"下拉列表中选择"便携式设备"。

③ 在"不要使用录制的计时和旁白"下拉列表中选择"不要使用录制的计时和旁白"。

④ 每张幻灯片的放映时间默认设置为 5 s。

⑤ 单击"创建视频"按钮，弹出"另存为"对话框，设置好文件名和保存位置，然后单击"保存"按钮。

9.2.4　练习提高

对上述制作好的演示文稿文件完成以下操作：

① 给幻灯片母版右下角添加文字"嘉兴旅游"。

② 把所有幻灯片之间的切换效果设为"自左侧棋盘"，每隔 5 s 自动切换，也可以单击鼠标切换。

③ 设置放映方式，对第 3 页和第 4 页进行循环放映。

④ 把视频"烟雨南湖.wmv"中的"船游嘉兴"画面设为视频的封面。

⑤ 对背景音乐重新进行设置，要求连续播放到第 5 页以后停止播放。

第 **10** 章 ┃ **Outlook 2010 高级应用案例精选**

10.1 问 题 描 述

大学四年级阶段，学生要完成毕业设计，老师经常将同学们分成若干个组进行联系、管理。组内成员之间、与老师之间，常常用到电子邮件进行交流通信。如商定时间召开会议，讨论某个议题，老师也会布置任务给同学们，要求在规定的时间里完成，等等。这些事情都可以通过 Outlook 2010 来实现。

通过本案例的学习，用户对 Outlook 2010 的功能会有全面的了解。在此基础上，通过实际操作练习掌握软件提供的邮件、联系人、日历、任务等管理方法，并运用到实际生活中。

① 参考表 10-1，在网易 www.163.com 中申请 5 个电子邮件账户，组成一个课题小组。

表 10-1 邮 件 账 户

姓 名	邮 件 账 户
张小华	zhangxiaohua_2013@163.com
李小梅	lixiaomei_2013@163.com
王晓菁	wangxiaojin_2013@163.com
李鸣桦	liminghua_2013@163.com
乌维茗	wuweiming_2013@163.com

账户名要求自定义，一般可申请为"姓名_2013@163.com"，"姓名"用拼音表示。

例如，姓名为"张小华"的邮件账户名为 zhangxiaohua_2013@163.com。

> ── 说 明 ─
> 新账户须根据各站点邮件服务器的实际情况申请账户名，表 10-1 仅作参考。

② 通过自动和手动方法将上题中新建的 5 个邮件账户添加到 Outlook 2010 中，观察数据文件状态。

③ 创建 5 个联系人信息。

④ 新建邮件，附有签名发给联系人，观察邮件状态。

具体要求：

发件人：laoshi_2013@163.com，可以自定义。

收件人：课题小组成员。

主题：论文选题与开题报告。

新建"王老师"签名附在邮件正文最后。

⑤ 创建日历。

创建两个日历（"毕业设计时间表"、"私人日历"），并以日、周、月不同视图形式观察日历。要求将"私人活动"日历发给某个小组成员（如"李小梅"），该成员将接收到的日历添加到自己的日历列表中。

⑥ 组织召开学生活动会议。创建会议发给与会联系人（各小组成员），请求答复。要求：

组织者：张小华；被邀请者：李小梅及其他组成员。

⑦ 创建自己即将要做的任务列表，为任务设置颜色类别和后续标志。

10.2 知 识 要 点

① 邮件账户的建立和修改。

② 邮件的创建、修改、发送、转发。

③ 邮件中插入附件、日历、签名、电子快照等。

④ 创建会议、约会、联系人、任务等项目。

10.3 操 作 步 骤

1. 建立网易账号

① 运行 IE 浏览器，输入网址：www.163.com。

② 登录"免费邮箱"申请账户。输入"账户名"、密码、验证码等，如图 10-1 所示。

③ 申请成功，界面如图 10-2 所示。

④ 重复申请多个，注意账户名符合要求。

⑤ 为了操作的需要，建立 5 个账号，账户信息表 10-1 所示，仅作参考。

2. 将网易账号注册到 Outlook 2010 中

（1）自动配置账户

首次启动 Outlook 2010 会出现配置账户向导，每一个账号对应一个邮箱，用户必须注册邮件账号才能发送、接收邮件。配置账号的内容是用户注册的网站电子邮箱服务器及本人的账户名和密码等信息。现将账户 zhangxiaohua_2013@163com 注册到 Outlook 2010 中，具体操作如下：

图 10-1 邮件账户申请视图

① 启动 Outlook 2010，在"添加新账户"对话框中选择"电子邮件账户"单选按钮，单击"下一步"按钮，进入"自动账户设置"界面，如图 10-3 所示。

② 在"电子邮件账户"区域中，输入"您的姓名"、"电子邮件地址"、"密码"、"重复键入密码"等选项，单击"下一步"按钮，如图 10-4 所示。

图 10-2　邮件账户申请成功

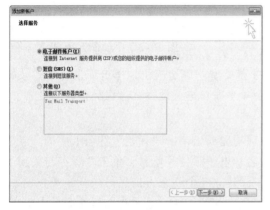

图 10-3　"添加新账户"对话框

图 10-4　"自动账户配置"界面

③ 自动配置账户时，系统将显示进程状态指示器，配置过程需要一定的时间。成功后出现的界面如图 10-5 所示。

④ 选择"文件"→"信息"→"账户设置"命令，弹出对话框，显示所有账号的数据文件信息，如图 10-6 所示。

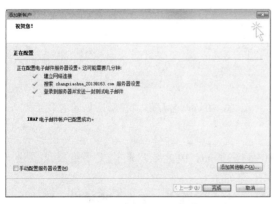

图 10-5　账户配置完成

图 10-6　"账户设置"对话框

⑤ 选择新建的账号，打开数据文件所在的文件夹，观察数据文件的名字、容量，如图 10-7 所示。

（2）手动配置账户

① 选择"文件"→"信息"→"账户设置"→"添加新账户"命令，弹出"添加新账户"对话框，选择添加"Internet 邮件账户"，单击"下一步"按钮，弹出图 10-8 所示的界面。

图 10-7 数据文件夹视图

图 10-8 手动配置账户

② 选择"手动配置服务器设置或其他服务器类型"单选按钮，单击"下一步"按钮，进入手动设置页面，根据表 10-1 中要求对其余 4 个账户进行设置，过程类似自动设置。

3．创建联系人信息

在 Outlook 主窗格的左下方，有联系人管理功能项。单击"开始"选项卡中的"新建联系人"按钮，弹出"联系人"选项卡，填写姓名、电子邮件等信息，单击"保存与关闭"按钮即可建立一个新联系人。根据表 10-1 按照步骤建立 5 个联系人信息。

如图 10-9 所示，建立联系人"张小华"信息，如图 10-10 显示当前所有联系人信息。

图 10-9 创建联系人"张小华"

图 10-10 以名片形式显示已创建的联系人

4．新建邮件

创建一个教师账号，例如账户名 laoshi_2013@163.com，由此账户向论文小组成员发送电子邮件，主题为"论文选题与开题报告"，操作步骤如下：

① 单击"开始"选项卡中的"新建电子邮件"按钮，弹出"邮件"选项卡。输入发件人（laoshi_2013@163.com）、收件人（全体小组成员，可以从联系人地址簿选取）、主题（论文选题与开题报告）、正文等内容，如图 10-11 所示。

② 单击"邮件"选项卡"添加"下拉列表中的"签名",弹出"签名和信纸"对话框。新建签名"王老师",字体设置"华文行楷",大小为"四号",粗体,右对齐,单击"确定"按钮,如图 10-12 所示。

③ 重新回到图 10-11,在正文最后插入老师签名,单击"发送"按钮完成。

5．创建两个日历

如图 10-13 所示,在默认账户"日历"中创建"毕业设计时间表"、"私人日历",并以日、周、月不同视图形式观察日历。将"私人日历"发给"李小梅","李小梅"将接收到的日历添加到自己的日历列表中。

图 10-11　"邮件"选项卡

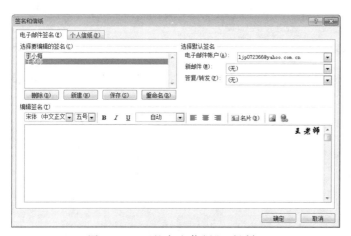

图 10-12　"签名和信纸"对话框

图 10-13　日历视图

① 如图 10-14 所示,在"日历"视图中,右击"日历",选择"新建日历"命令,弹出"新建文件夹"对话框,创建"毕业设计时间表"、"私人日历",如图 10-15 所示。

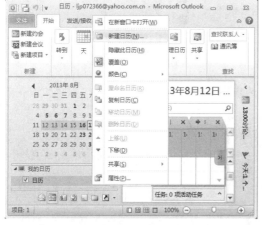

图 10-14　右击日历

图 10-15　"新建文件夹"对话框

② 在"毕业设计时间表"中，选择合适日期，双击指定时间（如 8:00）创建约会。

③ 单击"日历"选项卡"视图"组中的"覆盖"按钮，Outlook 将其中的两个日历进行重叠，另一组中的日历并列排列，如图 10-16 所示。

④ 单击"开始"选项卡"共享"下拉列表中的"电子邮件日历"，弹出"通过电子邮件发送日历"对话框，如图 10-17 所示，指定"私人日历"、"开始时间"、"结束时间"，单击"确定"按钮。将"私人日历"发给"李小梅"，如图 10-18 所示。

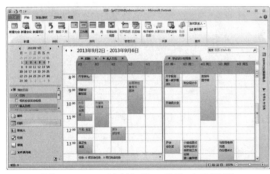
图 10-16 日历并列、重叠显示视图

图 10-17 发送日历对话框

⑤ 选择账户 lixiaomei_2013@163.com，打开接收到的日历邮件，日历信息显示在邮件的正文区，如图 10-19 所示。

图 10-18 发送日历

图 10-19 接收的日历

6. 建立学生活动会议发给与会联系人，请求答复

要求如下：

组织者：张小华；被邀请者：李小梅等其他小组成员。

① 新建一个"其他日历"组，并创建"张小华"文件夹。选择"张小华"，在"开始"选项卡上的"新建"组中，单击"新建会议"按钮。

② 在"会议"选项卡中，输入会议"主题"、"地点"、"开始时间"、"结束时间"，如图 10-20 所示，单击"发送"按钮。

③ 其他小组成员打开接收到的邮件，可以选择对会议"接受"、"暂定"、"拒绝"、"建

议新时间"中的任一按钮，对会议邀请做出答复，如图 10-21 所示。

图 10-20　新建会议

图 10-21　对会议邀请做出答复

7．创建自己即将要做的任务列表，为任务设置颜色类别和后续标志

① 选择"开始"选项卡中的"新建任务"按钮，弹出"任务"选项卡，如图 10-22 所示。

② 输入"主题"、"开始时间"、"截止时间"、"优先级"、"提醒"等内容。

③ 单击"标记"下拉列表中的"分类"，选择颜色，对优先级"普通"设置为"黄色"，"高"为"红色"，单击"保存并关闭"按钮。

④ 重复操作步骤①～③，创建任务：收集资料、完成开题报告、采集实验数据、论文初稿、论文终稿、论文答辩，如图 10-23 所示。

图 10-22　"任务"选项卡

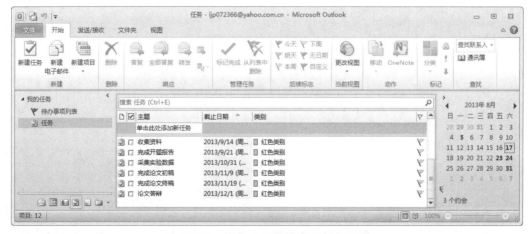

图 10-23　按截止日期排序的任务列表

10.4 练 习 提 高

① 创建几个便于记录只言片语的便签。

② 给邮件创建 2 个快速步骤，每个快速步骤至少包含 5 个操作，并命名和指定图标，执行并观察效果。

③ 在一个账户文件夹创建自定义搜索文件夹，并查找搜索满足条件的邮件。

④ 创建至少 3 个不同的规则来管理邮件并执行观察效果。

⑤ 将联系人信息导出到 Excel 中。

第**11**章 宏与**VBA**高级应用案例精选

本章是 Office 2010 的 VBA 实践应用介绍及相关的理论讲解，精心组织了三个典型案例，分别是统计文档中单词匹配率、互换 Excel 表格中行和列的数据以及复制 Word 文档中的文字到 PowerPoint 演示文稿中。3 个案例包含了 VBA 中常用对象及其方法和属性的使用。

11.1 统计文档中单词匹配率（Word VBA）

11.1.1 问题描述

求 dictionary.docm 文档（启用宏的文档格式.docm）中的单词对 Test.docx 文档的覆盖率。

文档 dictionary.docm 是一个单词文档，包含一些常用的单词词汇的 Word 文档。Test.docx 文档则是任意的一份 Word 文档。现在要统计 Test.docx 文档中的单词有多少出现在 dictionary.docm 中，即求 dictionary.docm 文档中的单词对 Test.docx 文档的覆盖率。

11.1.2 知识要点

1．Word 文档的打开

Doocument 代表一篇文档，是 Documents 集合中的一个元素。Documents 集合包含 Word 当前打开的所有 Document 对象。Documents 对象使用的方法有 Document（index）可以返回单个的 Document 对象，其中 index 是文档的名称或索引序号。如 Documents("Report.docx").Close SaveChanges:=wdDoNotSaveChanges 表示关闭名为 Report.docx 的文档，并且不保存所做的修改。索引序号代表文档在 Documents 集合中的位置。如 Documents(1).Activate 激活表示 Documents 集合中的第一篇文档。

Documents 集合对象由 Word 当前打开的所有 Document 对象所组成的集合。用 Documents 属性可返回 Documents 集合。用 Open 方法可打开文档。以下示例表示打开名为 Sales.docx 的文档：

```
Documents.Open
FileName:="C:\My Documents\Sales.docx"
```

Windows 集合对象由所有代表有效窗口的 Window 对象组成的集合。Application 对象的 Windows 集合包含了应用程序中的所有窗口，而 Document 对象的 Windows 集合只包含显示指定文档的窗口。可用 Windows(index)返回一个 Windows 对象，其中 index 为窗口名或索引序号。下列示例最大化 Document1 窗口：

```
Windows("Document1").WindowState=dWindowStateMaximize
```

索引序号指"窗口"菜单中窗口名左侧的数字。下列示例显示 Windows 集合中第一个窗口的标题：

```
MsgBox Windows(1).Caption
```

2. Selection 对象和 MsgBox()函数的使用

Selection 对象代表窗口或窗格中的当前所选内容。所选内容代表文档中被选定（或突出显示的）的区域，若文档中没有所选内容，则代表插入点。每个文档窗格只能有一个活动的 Selection 对象，并且整个应用程序中只能有一个活动的 Selection 对象。使用 Selection 属性可返回 Selection 对象。如果没有使用 Selection 属性的对象识别符，Word 将返回活动文档窗口的活动窗格中的所选内容。

下列示例表示从活动文档复制当前所选内容：

```
Selection.Copy
```

下列示例表示剪切 Documents 集合中第 3 个文档的所选内容。访问文档的当前所选内容时，文档无须处于活动状态：

```
Documents(3).ActiveWindow.Selection.Cut
```

下列示例表示复制活动文档的第 1 个窗格的所选内容，并将其粘贴到第 2 个窗格中：

```
ActiveDocument.ActiveWindow.Panes(1).Selection.Copy
ActiveDocument.ActiveWindow.Panes(2).Selection.Paste
```

Selection 对象有多种方法和属性，可用于折叠、扩展或以其他方式更改当前所选的内容。下列示例表示将插入点移动到文档末尾并选择最后三行内容：

```
Selection.EndOf Unit:=wdStory,Extend:=wdMove
Selection.HomeKey Unit:=wdLine,Extend:=wdExtend
Selection.MoveUp Unit:=wdLine,Count:=2, Extend:=wdExtend
```

下列示例选择活动文档中的第一句，并用新的段落替换该句：

```
Options.ReplaceSelection=True
ActiveDocument.Sentences(1).Select
Selection.TypeText "Material below is confidential."
Selection.TypeParagraph
```

下列示例表示剪切 Documents 集合中第 1 篇文档的最后一段，并将其粘贴到第 2 篇文档的开头：

```
With Documents(1)
    .Paragraphs.Last.Range.Select
    .ActiveWindow.Selection.Cut
End With
With Documents(2).ActiveWindow.Selection
    .StartOf Unit:=wdStory,Extend:=wdMove
    .Paste
End With
```

Selection 对象具有 MoveRight 方法，表示将所选内容向右移动，并返回移动距离的单位数。语法为 expression.MoveRight(Unit, Count, Extend)，其中：

① expression 为必须，该表达式返回一个 Selection 对象。

② Unit WdUnits 为可选，表示所选内容的移动单位，可以是下列 WdUnits 常量：wdCell、wdCharacter、wdWord、wdSentence，默认值为 wdCharacter。

③ Count 为 Variant 类型，可选。所选内容移动距离的单位数，默认值是 1。

④ Extend 为 Variant 类型，可选。可以是 wdMove 或 wdExtend。如果为 wdMove，则所选内容折叠到结束位置，并向右移动。如果为 wdExtend，则所选内容向右扩展。默认值是 wdMove。注意，如果 Unit 为 wCell，则 Extend 参数只能是 wdMove。

以下示例表示将所选内容移至前一个域之前，然后选定该域：

```
With Selection
    Set MyRange=.GoTo(wdGoToField,wdGoToPrevious)
    .MoveRight Unit:=wdWord,Count:=1,Extend:=wdExtend
    If Selection.Fields.Count=1 Then Selection.Fields(1).Update
End With
```

以下示例表示将所选内容向右移动一个字符。如果移动成功，则 MoveRight 方法返回 −1：

```
If Selection.MoveRight = 1 Then MsgBox "Move was successful"
```

MsgBox()函数的语法为

```
MsgBox(prompt[,buttons][,title][,helpfile,context])
```

其中：

① Prompt 必须的。字符串表达式，作为显示在对话框中的消息。prompt 的最大长度大约为 1 024 个字符，由所用字符的宽度决定。如果 prompt 的内容超过一行，则可以在每一行之间用回车符(Chr(13))、换行符(Chr(10))或是回车与换行符的组合(Chr(13)&Chr(10))将各行分隔开来。

② Buttons 可选的。数值表达式是值的总和，指定显示按钮的数目及形式、使用的图标样式、默认按钮是什么以及消息框的强制回应等。如果省略，则 buttons 的默认值为 0。

③ Title 可选的。在对话框标题栏中显示的字符串表达式。如果省略 title，则将应用程序名放在标题栏中。

④ Helpfile 可选的。字符串表达式，识别用来向对话框提供上下文相关帮助的帮助文件。如果提供了 helpfile，也必须提供 context。

⑤ Context 可选的。数值表达式，由帮助文件的作者指定给适当的帮助主题的帮助上下文编号。如果提供了 context，也必须提供 helpfile。

⑥ buttons 常用参数如表 11-1 所示，注意这些常数都是 Visual Basic for Applications (VBA)指定的。结果可以在程序代码中到处使用这些常数名称，而不必使用实际数值。MsgBox()函数的返回值主要如表 11-2 所示。

表 11-1 button 参数

常　数	值	描　述
vbOKOnly	0	只显示 OK 按钮
VbOKCancel	1	显示 OK 及 Cancel 按钮
VbAbortRetryIgnore	2	显示 Abort、Retry 及 Ignore 按钮
VbYesNoCancel	3	显示 Yes、No 及 Cancel 按钮
VbYesNo	4	显示 Yes 及 No 按钮
VbRetryCancel	5	显示 Retry 及 Cancel 按钮
VbCritical	16	显示 CriticalMessage 图标
VbQuestion	32	显示 WarningQuery 图标
VbExclamation	48	显示 WarningMessage 图标
VbInformation	64	显示 InformationMessage 图标

表 11-2　MsgBox 函数返回值

常　数	值	描　述
vbOK	1	OK
vbCancel	2	Cancel
vbAbort	3	Abort
vbRetry	4	Retry
vbIgnore	5	Ignore
vbYes	6	Yes
vbNo	7	No

3. 循环语句与 With 语句的使用

VBA 中的循环结构有多种形式，因此双循环结构也有多种形式。这里，主要讲解运用 For…Next 结构的双循环结构。语法形式如下：

```
For 循环变量=初值 To 终值[Step 步长]
        For 循环变量=初值 To 终值[Step 步长]
            语句块
        [Exit For]
            语句块
        Next 循环变量
[Exit For]
            Next 循环变量
```

在 VBA 中，当针对某个对象进行集中操作时，一般运用 With…EndWith 语句，具体结构如下：

```
Withobject
    [statements]
EndWith
```

其中：

① object 为必要参数。一个对象或用户自定义类型的名称。

② statements 为可选参数，要执行在 object 上的一条或多条语句。

说　明

With 语句可以对某个对象执行一系列的语句，而不用重复指出对象的名称。例如，要改变一个对象的多个属性，可以在 With 控制结构中加上属性的赋值语句，这时只是引用对象一次而不是在每个属性赋值时都要引用它。下面的例子显示了如何使用 With 语句来给同一个对象的几个属性赋值：

```
With  MyLabel
    .Height=2000
    .Width=2000
    .Caption="This is MyLabel"
End With
```

提　示

当程序一旦进入 With 块，object 就不能改变。因此不能用一个 With 语句来设置多个不同的对象。

可以将一个 With 块放在另一个 With 块中，从而产生嵌套的 With 语句。但是，由于外层 With 块成员会在内层的 With 块中被屏蔽住，所以必须在内层的 With 块中，使用完整的对象引用来指出在外层的 With 块中的对象成员。

11.1.3　操作步骤与代码分析

求 dictionary.docm 中的单词在 Text.docx 文件中出现的比例就是求 dictionary.docm 文档中的单词对 Test.docx 文档的覆盖率，具体步骤如下：

① 建立两个 Word 文档，分别保存为 Test.docx 和 dictionary.docm 文档。

② 在 dictionary.docm 文档中输入一些常用的词汇，然后在 Test.docx 中输入一些内容或者复制一些内容到文档中（并且以 "!!!!!" 5 个英文惊叹号结尾）。

③ 打开 dictionary.docm 文档，按【Alt+F11】组合键，打开 Visual Basic 编辑器窗口。在 dictionary.docm 工程中插入一个模块，在模块中输入代码清单 11-1。

程序清单 11-1

```
1. Sub Count_Words()
2. Dim count1,count2 As Integer
3. Dim T_word As String
4. Documents.Open FileName:=ThisDocument.Path+"\Test.docx"
5. Windows("Test.docx").Activate
6. Selection.HomeKey unit:=wdStory
7. Selection.MoveRight unit:=wdWord,Count:=1,Extend:=wdExtend
8. T_word=UCase(Selection.Text)
9. Do While T_word <> "!!!!!"
10.    If Asc(T_word)>=65 And Asc(T_word)<=90 Then
11.        count1=count1+1
12.        Windows("dictionary.docm").Activate
13.        Selection.HomeKey unit:=wdStory
14.        With Selection.Find
15.         .Text=T_word
16.            .MatchCase=False
17.            .Execute
18.        End With
19.    If Selection.Find.Found() Then
20.         count2=count2+1
21.     End If
22.    End If
23. Windows("Test.docx").Activate
24. Selection.MoveRight unit:=wdCharacter,Count:=1
25. Selection.MoveRight unit:=wdWord,Count:=1,Extend:=wdExtend
26. T_word=UCase(Selection.Text)
27. Loop
28. F_count=Round(100*count2/count1,2)
29. MsgBox "Test.docx文档中有" & count1 & "个单词,其中" & count2 & "个单词出现在" & _
30. "dictionary.docm文档中，占" & F_count & "%"
31. End Sub
```

说明：

a. 在这个子程序中，定义了两个变量：count1 和 count2。其中 count1 表示统计 Test.docx 文档中的单词个数，count2 表示统计 Test.docx 中的单词在 dictionary.docm 文档中出现的次数。

b. 行 3 中定义了一个 T_Word 变量，类型为 String 型，用这个变量来存放当前选中的单词，行 8 就表示将选中的字符串复制给 T_Word 变量。

c. 行 4 表示打开 Test.docx 文档，行 5 表示 Test.docx 文档窗口的激活，行 6 和行 7 表示选中一个单词。行 9 到行 27 是一个循环结构，表示不断地从 Test.docx 文档中读取单词（行 23 到行 26），并将这个单词与 dictionary.docm 文档中的单词进行比较（行 10 到行 22）。其中，行 11 表示在 Test.docx 中出现一个英文单词就让 count1 变量统计增加 1；行 19 和行 20 表示一旦这个单词出现在 dictionary.docm 文档中就用 count2 进行统计增加 1。

d. 行 28 表示覆盖率的计算，行 29 和行 30 条用 msgbox 函数，将统计结果用对话框的形式显示给用户。

④ 将两个文档都复制到 D:\AOA book 文件夹内，为了方便使用，可以在 dictionary.docm 内自定义工具栏，将 Count_Words()宏指定到工具栏上，具体内容可以参考本章前面"录制宏"的内容。

⑤ 运行 Count_Words()宏之后，可以看到统计的结果，如图 11-1 所示。

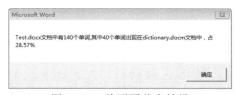

图 11-1　单词覆盖率结果

11.1.4　练习提高

① 用 VBA 实现将 Word 中的第一段文字移动到文章最后（提示：InsertAfter 命令）。

② 创建一张表格，插入一些文字，并设置表格边框，文字和颜色等。

③ 创建一种样式：首行缩进 2 字符，字体为华文中宋，小四，行间距为 15 磅，并应用该样式对相关正文进行格式设置。

11.2　互换 Excel 表格中行和列的数据（Excel VBA）

11.2.1　问题描述

在制作 Excel 电子表格时，难免有工作需要将表格中的行和列进行转换，一般来说，直接手动转换是一件烦琐的重复性劳动。因此，在本案例中，利用 VBA 编写简单的程序来实现这个功能，原始数据如图 11-2 所示，经过程序转换后的结果如图 11-3 所示。

图 11-2　原始数据　　　　　　　　　图 11-3　经过转换后的数据

11.2.2　知识要点

1．Cells 属性的使用

应用于 WorkSheet 对象的 Cells 属性，返回一个 Range 对象，该对象代表工作表（不仅仅是当前使用的单元格）中的所有单元格，只读。表达式为 expression.Cells，其中 expression 为必须的，该表达式返回一个 WorkSheet 对象。使用本属性时，如果不指定对象识别符，则本属性将返回代表活动工作表中所有单元格的 Range 对象。因为 Item 属性是 Range 对象的默认属性，所以可在 Cells 关键字后直接指定行号和列标。

示例 1：将 Sheet1 中单元格 C5 的字体大小设置为 14 磅。

```
Worksheets("Sheet1").Cells(5,3).Font.Size=1
```

示例 2：清除 Sheet 上第一个单元格的公式。

```
Worksheets("Sheet1").Cells(1).ClearContents
```

示例 3：将 Sheet 上所有单元格的字体设置为 8 磅的 Arial 字体。

```
With Worksheets("Sheet1").Cells.Font
    .Name="Arial"
    .Size=8
End With
```

示例 4：在 SheetSheet 上的单元格区域 A1:J4 中循环，将其中小于 0.001 的值替换为 0。

```
For rwIndex=1 to 4
    For colIndex=1 to 10
        With Worksheets("Sheet1").Cells(rwIndex,colIndex)
            If.Value<.001 Then.Value=0
        End With
    Next colIndex
Next rwIndex
```

示例 5：搜索列 myRange 中的数据。如果发现某单元格的值与上面一个单元格的值相等，则本示例将显示这个包含重复数据的单元格的地址。

```
Set r=Range("myRange")
For n=1 To r.Rows.Count
    If r.Cells(n,1)=r.Cells(n+1,1) Then
        MsgBox "Duplicate data in" & r.Cells(n+1,1).Address
    End If
Next n
```

2．CurrentRegion 属性的使用

CurrentRegion 属性返回 Range 对象，该对象代表当前的区域。当前区域是一个边缘是任意空行和空列组合成的范围，只读。该属性对于很多操作是很有用的。例如，自动将选定区扩展到包含整个当前区域，如 AutoFormat 方法。该属性不能用于被保护的工作表。

示例 1：选定工作表 Sheet 上的当前区域。

```
Worksheets("Sheet1").Activate
ActiveCell.CurrentRegion.Select
```

示例 2：假定在工作表 Sheet 中有一个包含标题行的表。本示例选定该表，但不选定标题行。运行本示例之前，活动单元格必须处于该表中。

```
Set tbl=ActiveCell.CurrentRegion
tbl.Offset(1,0).Resize(tbl.Rows.Count-1,tbl.Columns.Count).Select
```

3. Offset 属性的使用

Offset 属性的表达式为 expression.Offset(RowOffset, ColumnOffset)，其中 expression 为必须的，该表达式返回一个 Range 对象。RowOffset 为 Variant 类型，可选。该变量表示区域偏移的行数（正值、负值或 0（零））。正值表示向下偏移，负值表示向上偏移，默认值为 0。ColumnOffset 为 Variant 类型，可选。该变量表示区域偏移的列数（正值、负值或 0（零））。正值表示向右偏移，负值表示向左，默认值为 0。具体示例如下示例和 CurrentRegion 属性中的示例 2。

示例：选定位于当前选定区域左上角单元格的向下三行且向右一列处的单元格。由于必须选定位于活动工作表上的单元格，因此必须先激活工作表。

```
Worksheets("Sheet1").Activate
Selection.Offset(3,1).Range("A1").Select
```

4. 控件的使用（CommandButton 对象）

CommandButton 对象为控件工具箱内的一个元素，该对象具有许多属性如 Caption 等，同时具有相应事件的操作，例如 Click 事件等。例如以下示例，当用户单击按钮时，都将改变一次命令按钮的 Caption 属性。

```
Private Sub UserForm_Initialize()
    CommandButton1.Caption="OK"
End Sub
Private Sub CommandButton1_Click()
    If CommandButton1.Caption="OK" Then
        CommandButton1.Caption="Clicked"
    Else
        CommandButton1.Caption="OK"
    End If
End Sub
```

5. ActiveSheet 属性的使用

Worksheet 对象代表一张工作表。Worksheet 对象是 Worksheets 集合的成员。Worksheets 集合包含工作簿中所有的 Worksheet 对象。该对象具有 Worksheets 属性和 ActiveSheet 属性。当工作表处于活动状态时，可用 ActiveSheet 属性来引用它。下例使用 Activate 方法激活工作表 Sheet1，将页方向设置为横向，然后打印该工作表。

```
Worksheets("Sheet1").Activate
ActiveSheet.PageSetup.Orientation=xlLandscape
ActiveSheet.PrintOut
```

11.2.3　操作步骤与代码分析

① 打开或者新建一份 Excel 电子文档 Excel_Exam.xlsm，在表格内输入图 11-2 所示的数据。

② 在电子表格的适当位置，利用"开发工具"选项卡内的"插入"按钮，插入"ActiveX 控件区"内的命令按钮。

③ 在"工程窗口"中，右击 Excel_Exam 工程名，选择"插入"→"模块"命令。

④ 双击插入的模块，进入模块代码编辑窗口，在这个窗口中，需要编写行和列转换的代码。设计思路：考虑到数据区域并非只有一行或者一列，因此，需要获得数据区域的第一个单元格（最左上角的那个单元格）；然后，要获得这个数据区域的行和列的个数。之后，要将每个单元格的内容进行剪切和复制操作（行 4 到行 10 的双重循环），由于需要保持第一个单元格的位置不变（这里假定是 A1 单元格），因此在剪切和复制的过程中，不能覆盖一些数据，所以，可以先把这些数据复制到一个空白区域，然后将这些数据重新剪切到以原来第一个单元格（这里假定是 A1）为首的数据区域内（行 11 到行 17 的双重循环），具体见程序清单 11–2。

程序清单 11–2

```
1.Sub Row_To_Col(x_begin As Integer,y_begin As Integer)
2.Row_total=Cells(x_begin,y_begin).CurrentRegion.Rows.Count
3.Col_total=Cells(x_begin,y_begin).CurrentRegion.Columns.Count
4.  For i=1 To Row_total
5.   For j=1 To Col_total
6.     Cells(x_begin,y_begin).Offset(i-1,j-1).Cut
7.     Cells(x_begin,y_begin).Offset(j+Row_total,i-1).Select
8.     ActiveSheet.Paste
9.    Next j
10.  Next i
11.  For i=1 To Col_total
12.   For j=1 To Row_total
13.     Cells(i,j).Offset(Row_total+1,0).Cut
14.     Cells(i,j).Select
15.     ActiveSheet.Paste
16.    Next j
17  Next i
18.End Sub
```

说明：

a. 行 1 是宏名称 Row_To_Col，以及带有两个参数 x_begin、y_begin。其中 x_begin 表示数据区域最左上角单元格的行号，y_begin 表示该单元格为第几列，用这两个变量表示数据区域最左上角的单元格。

b. 行 2 表示获得该数据区域内行的总数并赋值给 Row_Total 变量，行 3 表示获得该数据区域内列的总数并赋值给 Col_Total 变量。

c. 行 4 到行 10 为一个双重循环，其中行 6 表示将数据区域中的每个单元格"剪切"，行 7 表示选中要将剪切的数据粘贴到的单元格（此处是一个临时数据区域），行 8 表示数据粘贴到目标单元格。

d. 行 11 到行 17 也是一个双重循环结构，其中行 13 表示对临时数据区域中的单元格进行剪切。行 14 表示目标单元格的选择，行 15 表示将数据进行粘贴操作。行 16 和行 17 表示循环变量增加 1。

⑤ 双击 CommandButton1 按钮，出现命令单击事件代码窗口，输入响应"单击事件"的代码，见程序清单 11–3。

程序清单 11-3

```
1. Private Sub CommandButton1_Click()
2. If CommandButton1.Caption="行 转 列" Then
3.     CommandButton1.Caption="列 转 行"
4. Else
5.     CommandButton1.Caption="行 转 列"
6. End If
7. Row_To_Col 1,1  '调用自定义宏
8. End Sub
```

说明：

a. 在代码清单 13-2 中，IF…Else 结构表示，如果当前按钮的标题（Caption 属性）是"行转列"，那么在点击之后改为"列转行"，否则还是为"行转列"。

b. 在行 7 中，调用前面编写的行列转换的过程 Row_To_Col，两个参数都是 1，表示当前数据区域的第一个单元格为 A1。运行该按钮的"单击"事件，看到图 11-2 和图 11-3 的效果，并且会不断地转换。

11.2.4 练习提高

① 在 Excel 中的 A1:C11 区间输入一系列整型数据（不大于 100），编写一个 VBA 程序实现如下功能：将区域中小于 60 的数据显示为红色的字体。

② 编程实现：将第 1 题中的数据进行复制，并运用选择性粘贴中的粘贴数值功能，将这些数据粘贴到 Sheet2 中。

③ 假定 Sheet1 表中有 10 个学生，3 门课的成绩，编写程序：将 3 门课都不及格的学生记录复制粘贴在空白区域。

11.3 复制 Word 文档中的文字到 PowerPoint 演示文稿中（PowerPoint VBA）

11.3.1 问题描述

将 Word 文档中的某段文本传送到 PowerPoint 演示文稿的幻灯片中。

因为涉及不同应用程序直接的信息交换，因此这里将会用到 PowerPoint 14.0 Object Libarary 对象库，同时这里假设将"Word 测试文档.docm"中的第 2 段文字加入到 PowerPoint 演示文稿中。

11.3.2 知识要点

1. 建立和释放 PowerPoint 应用程序对象

PowerPoint 应用程序即对象 Application 对象。代表整个 Microsoft PowerPoint 应用程序。Application 对象包括：应用程序范围内的设置和选项和用于返回顶层对象的属性，例如，ActivePresentation、Windows 等。

使用 Application 属性。返回 Application 对象。以下示例返回应用程序文件的路径：

```
Dim MyPath As String
MyPath=Application.Path
```

以下示例在其他应用程序中创建一个 PowerPoint Application 对象，并启动 PowerPoint（如果还未运行的话），然后打开一个名为 Ex_a2a.pptx 的现有演示文稿。

```
Set ppt=New Powerpoint.Application
ppt.Visible=True
ppt.Presentations.Open "c:\My Documents\ex_a2a.pptx"
```

编写要在 PowerPoint 中运行的代码时，以下 Application 对象的属性可以在没有对象限定符的情况下使用：ActivePresentation、ActiveWindow、AddIns、Assistant、CommandBars、Presentations、SlideShowWindows 和 Windows。例如，可以用 ActiveWindow.Height=200 来代替 Application.ActiveWindow.Height = 200。

2．Slide 属性、Shapes 属性以及 TextFrame、TextRange 对象的应用

Slide 属性代表一个幻灯片。Slides 集合包含演示文稿中的所有 Slide 对象。

单张的幻灯片既可以由 Slide 对象返回也可以由只包含一个对象的 SlideRange 集合返回，这取决于返回该幻灯片引用的方式。例如，使用 Add 方法创建并返回对幻灯片的引用，幻灯片由 Slide 对象表示。然而，如果使用 Duplicate 方法创建并返回对幻灯片的引用，则幻灯片由包含单张幻灯片的 SlideRange 集合表示。因为应用于 Slide 对象的所有属性和方法也可应用于包含单张幻灯片的 SlideRange 集合，所以可对返回的幻灯片进行相同的操作，而不管它是由 Slide 对象还是 SlideRange 集合表示。

使用 Slides(index)（其中 index 为幻灯片名称或索引号）或 Slides.FindBySlideID(index)（其中 index 为幻灯片标识符）返回单个 Slide 对象。以下示例为设置当前演示文稿中第 1 张幻灯片的版式：

```
ActivePresentation.Slides.Range(1).Layout=ppLayoutTitle
```

Shapes 属性指定幻灯片中所有 Shape 对象的集合。每个 Shape 对象代表绘图层中的一个对象，例如自选图形、任意多边形、OLE 对象或图片。

如果要使用文档中的部分形状（例如，只对文档中的自选图形或选定的形状进行操作），则必须构造一个包含要使用的形状的 ShapeRange 集合。关于一次使用单个形状或多个形状的概述，请参阅使用形状（绘图对象）。

使用 Shapes 属性返回 Shapes 集合。以下示例为选择当前演示文稿中的所有形状：

```
ActivePresentation.Slides.Range(1).Shapes.SelectAll
```

如果要同时对文档中的所有形状进行某种操作（例如删除或设置一个属性），可使用 Range 方法不带参数来创建一个 ShapeRange 对象（该对象包含 Shapes 集合中的所有形状），然后对 ShapeRange 对象应用适当的属性或方法。

TextFrame 对象代表 Shape 对象中的文字框。包含文本框中的文本，还包含控制文本框对齐方式和缩进方式的属性和方法。

使用 TextFrame 属性返回 TextFrame 对象。以下示例向 myDocument 中添加一个矩形，向矩形中添加文本，然后设置文本框的边距：

```
Set myDocument=ActivePresentation.Slides.Range(1)
With myDocument.Shapes
  .AddShape(msoShapeRectangle,0,0,250,140).TextFrame
```

```
    .TextRange.Text="Here is some test text"
    .MarginBottom=10
    .MarginLeft=10
    .MarginRight=10
    .MarginTop=10
End With
```

TextRange 对象包含附加到形状上的文本，以及用于操作文本的属性和方法。

使用 TextFrame 对象的 TextRange 属性返回任意指定形状的 TextRange 对象。使用 Text 属性返回 TextRange 对象中的文本字符串。以下示例向 myDocument 中添加一个矩形并设置其包含的文本：

```
Set myDocument=ActivePresentation.Slides.Range(1)
myDocument.Shapes.AddShape(msoShapeRectangle,0,0,250,140)_
    .TextFrame.TextRange.Text="Here is some test text"
```

3．ActiveDocument 对象的使用

在 Word 中 Document 对象代表一篇文档。Document 对象是 Documents 集合中的一个元素。Documents 集合包含 Word 当前打开的所有 Document 对象。

用 Add 方法可创建一篇新的空文档，并将其添加到 Documents 集合中。下列示例创建一篇基于 Normal 模板的新文档：

```
Documents.Add
```

用 Open 方法可打开文档。下列示例打开名为 Sales.docx 的文档：

```
Documents.Open FileName:="C:\My Documents\Sales.docx"
```

用 Documents(index)可返回单个的 Document 对象，其中 index 是文档的名称或索引序号。下列示例关闭名为 Report.docx 的文档，并且不保存所做的修改：

```
Documents("Report.doc").Close SaveChanges:=wdDoNotSaveChanges
```

索引序号代表文档在 Documents 集合中的位置。下列示例激活 Documents 集合中的第一篇文档：

```
Documents(1).Activate
```

可用 ActiveDocument 属性引用处于活动状态的文档。下列示例用 Activate 方法激活名为 Document 1 的文档，然后将页面方向设置为横向，并打印该文档：

```
Documents("Document1").Activate
ActiveDocument.PageSetup.Orientation=wdOrientLandscape
ActiveDocument.PrintOut
```

11.3.3　操作步骤与代码分析

① 建立或者打开一份 Word 文档，这里假设为建立一份 Word 文档，名称为"Word 测试文档.docm"。在这份文档中输入或者复制相关的文字，如图 11-4 所示。

② 按【Alt+F11】组合键，打开 Word 的 VBA 编辑器，在编辑器中选择"工具"→"引用"命令，弹出"引用"对话框，选择"Microsoft PowerPoint14.0 Object Libarary"项。

③ 右击该文档，选择"插入"命令，在右边的代码窗口中输入代码清单 11-4 的内容。

程序清单 11-4

```
1. Public Sub Export_PPTX()
```

```
2.  Dim PPTX_Object As PowerPoint.Application
3.  If Tasks.Exists("Microsoft PowerPoint")Then
4.    Set PPTX_Object=GetObject(,"Powerpoint.Application")
5.  Else
6.    Set PPTX_Object=CreateObject("PowerPoint.Application")
7.  End If
8.  PPTX_Object.Visible=True
9.  Set myPresentation=PPTX_Object.Presentations.Add
10. Set mySlide=myPresentation.Slides.Add(Index:=1,Layout:=ppLayoutText)
11. mySlide.Shapes(1).TextFrame.TextRange.Text=ActiveDocument.Name
12. mySlide.Shapes(2).TextFrame.TextRange.Text=_ActiveDocument.Paragraphs
13. (2).Range.Text
14. Set PPTX_Object=Nothing
15. End Sub
```

说明：

- 行 3 到行 7 表示如果已经打开了 PowerPoint 文档，则将 PPTX_Object 变量与 PowerPoint 应用程序建立联系，如果没有打开 PowerPoint 程序，那么有行 6 创建一个 PowerPoint 程序。
- 行 9 添加一个演示文稿和 myPresentation 变量建立联系，行 10 添加一张幻灯片，版式为 ppLayoutText 类型。行 11 让幻灯片上的一个 shape 对象（主标题文本框）的文本设置为 Word 文档的名称，行 12 和行 13 将"Word 测试文档"中的第 2 段文字赋值给幻灯片上的第 2 个 shape 对象的 text 属性。行 14 表示释放 PPTX_Object 对象。

④ 选定 Export_PPTX()代码，单击"运行子程序/用户窗体"按钮，即可看到图 11-5 所示的效果。

图 11-4　Word 测试文档.doc

图 11-5　文本复制 PPT 中的效果

11.3.4　练习提高

① 将 PowerPoint 中选中的文本框内的文字进行颜色、字形和字号设置或项目编号设置。

② 编写程序：设计一个计时器，在放映幻灯片时，自动开始计时功能并显示在左上角。

第12章 ❙ Visio 高级应用案例精选

本章是 Visio 2010 理论知识的实践应用介绍，精心组织了 2 个典型的实际案例，他们分别是家居规划图和地铁示意图。通过本章的学习，使用户能够掌握更多的 Visio 绘图技术和使用技巧。

12.1　创建两室两厅一卫家居规划图

12.1.1　问题描述

假设你刚购买了一套 70 m^2 的两室两厅一卫的新房，用 Visio 2010 为自己的新家做一个家居规划图。要求：规划图包含房间及房间的配套设施等相关信息，以便能够直观地看到整体的布局。

12.1.2　知识要点

① 家居规划模板。
② 页面设置。
③ 墙壁、外壳和结构模具。
④ 家具模具。
⑤ 家电模具。
⑥ 卫生间和厨房平面图模具。
⑦ 尺寸度量模具。
⑧ 形状的连接、旋转、翻转等操作。

12.1.3　操作步骤

1. 新建文件。

启动 Visio 2010，单击"文件"按钮，在弹出的列表中单击"新建"选项，在"模板类别"中选择地图和平面布置图模板中的家居规划模板。

2. 页面设置

单击"设计"选项卡"页面设置"组中的对话框启动器按钮，弹出"页面设置"对话框，选择"绘图缩放比例"选项卡，将绘图比例从 1:50 修改为 1:20，以保证绘制的图形与页面尺寸大小合适。

3. 加入空间形状。

从"墙壁、外壳和结构模具"中将一个"空间"形状拖动到绘图页上，并调整面积大小为 70 m^2，即根据左右标尺将空间的长调整为 10 m，宽调整为 7 m，然后在图上右击，在弹出的快捷菜单中选择"转换为墙壁"命令，弹出"转换为墙壁"对话框，选择"外墙"形状，同时选择"添加尺寸"复选框，然后单击"确定"按钮，结果如图 12-1 所示。

4. 加入内墙分割房间

从"墙壁、外壳和结构模具"中将"墙"形状拖到绘图页上，放在外墙结构里，通过旋转手柄调整"墙"的方向及拖动端点调整墙壁的大小。将一堵墙的端点拖到另一堵墙上，墙壁相粘后，端点变为红色，两墙相交部分自动清除。采用上述方法根据开发商给的房型设计图来增加内墙分割房间，再在阳台处增加几个外墙形状，并单击"更多形状"以选择"其他 Visio 方案"中的"尺寸度量"模具，并从"尺寸度量"模具中选择"垂直"形状，将新增的阳台标上尺寸后，结果如图 12-2 所示。

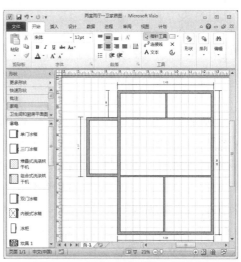

图 12-1　带尺寸标注的外墙空间　　　　图 12-2　添加内墙后的空间布局

5. 增加门窗

从"墙壁、外壳和结构模具"中将"门"形状拖到绘图页上，调整门形状的大小和方向，然后拖放到适当的位置。厨房和阳台的门选择"滑动玻璃门"形状，其余门选择"门"形状。从"墙壁、外壳和结构模具"中将"窗户"形状拖到绘图页上，放到适当的位置。设计结果如图 12-3 所示。

6. 添加家具、家电

从"家具"模具中将 1 张"床"、2 个"床头柜"、1 个"柜子"拖放到主卧房间里，并调整大小和方向放到适当的位置。从"家电"模具里将 1 个"电视机"形状拖放到主卧的柜子上，并调整大小和方向。单击"更多形状"并选择"地图和平面布置图"下的"建筑设计图"，选择"家电"模具，从"家具"模具中将 1 张"床"、2 个"床头柜"、1 张"书桌"、1 盆"室内植物"拖放到另一个卧室里，并调整大小和方向放到适当的位置。从"家具"模具中将 1 张"沙发"、1 张"茶几"、1 个"柜子"拖放到客厅里，1 张"长方型餐桌"拖放到餐厅里。然后从"家电"模具里将 1 个"电视机"拖放到客厅的柜子上，并调整大小和方向，设计结果如图 12-4 所示。

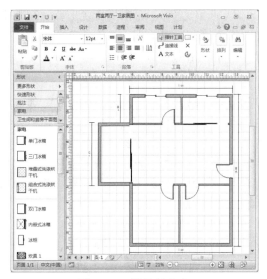

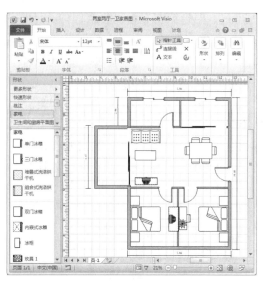

图 12-3　添加门和窗　　　　　　　　　　图 12-4　添加家具和家电

7．增加卫生间和厨房设施

从"卫生间和厨房平面图"模具中将 1 个"台面水池"、1 个"壁式抽水马桶"、1 个"淋浴间"拖到卫生间，并调整大小和方向放到适当的位置。从"柜子"模具中将 1 个"L型台面"拖到厨房，调整大小和方向放到适当的位置。然后，从"卫生间和厨房平面图"模具中将 1 个"水池 2"拖到厨房台面上，在从"家电"模具中将 1 个"炊具"、1 个"微波炉"、1 个"冰箱"拖到厨房，调整大小和方向放到适当的位置，其设计结果如图 12-5所示。

8．输入文本并保存文件

单击"文本块工具"按钮，在绘图区域的各个部分画出矩形框，输入各自的名称，字体设为"宋体"，字号为 30pt，最终效果如图 12-6 所示。

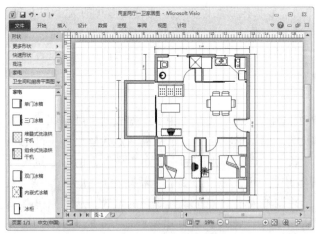

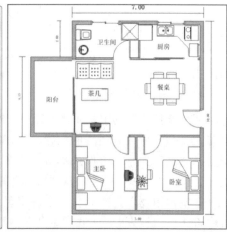

图 12-5　添加卫生设施　　　　　　图 12-6　两室两厅一卫家居规划图

12.1.4　练习提高

① 绘制图 12-7 所示的 120 m² 三室两厅两卫的家居规划图。

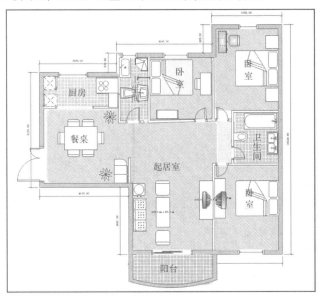

图 12-7　三室二厅二卫室内规划图

② 绘制图 12-8 所示的会议室布局图。

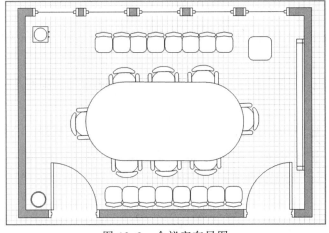

图 12-8　会议室布局图

12.2　创建地铁示意图

12.2.1　问题描述

假设你和你的朋友准备到中国香港自助旅游，在出发前肯定要做功课，其中之一就是当地交通工具的选择。地铁因行车速度稳定，又不与其他运输系统（如地面道路）重叠、交叉，能节省大量通勤时间，费用相对来说也不高，故决定选取地铁为在港的主要交通工具。在乘地铁时，需要通过浏览地铁示意图来查找乘车路线、换乘方式、行进方向等信息。那么，就利用 Visio 2010 的"地面和平面布置图"模板来绘制一份中国香港的地铁示意图，为你和你朋友的出行做好准备。

12.2.2　知识要点

① 地图模板。
② 页面设置。
③ 地铁模具。
④ 文本的输入与设置。
⑤ 背景的设置。
⑥ 形状的连接、旋转、叠加等操作。

12.2.3　操作步骤

1．新建文件

启动 Visio 2010，单击"文件"按钮，在弹出的列表中单击"新建"按钮，在"模板类别"中选择"地图和平面布置图"模板中的"方向图"模板。

2．页面设置

单击"设计"选项卡"页面设置"组中的对话框启动器按钮，弹出"页面设置"对话框，选择"打印设置"选项卡，将打印纸张选为 A4：210×297，打印方向为"横向"，如图 12-9 所示。

3．加入"地铁线路"形状

从"地铁形状"模具中将"地铁线路"形状拖动到绘图页上，如图 12-10 所示。

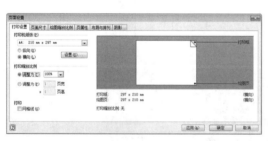

图 12-9　设置页面尺寸与方向

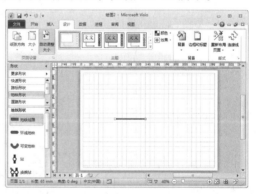

图 12-10　添加"地铁线路"形状

4．旋转和连接"地铁线路"形状及设置线路颜色

因实际地铁线路并不一定是直的，故从"地铁形状"模具中拖入的"地铁形状"必须利用旋转手柄旋转一定的角度和长度，接着再次拖入"地铁形状"，放在前一个地铁形状上，注意利用"地铁形状"头尾两端的连接点实现两形状完全连接，形状的长度和角度由用户自己根据实际需要调整。一条地铁线绘制好后，选中整条线路并右击，在弹出的快捷菜单中选择"格式"→"填充"命令，弹出图 12-11 所示的对话框，选择颜色（本例中选"紫色"），并单击"确定"按钮，绘制的地铁线路如图 12-12 所示。

图 12-11 地铁颜色设置

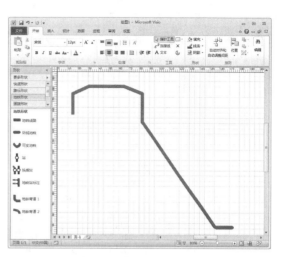

图 12-12 绘制地铁线路

5. 加入"站"形状和输入站名

从"地铁形状"模具中将一个"站"形状拖动到绘图页的地铁线路上,"站"形状将叠加到地铁形状上。用同样的方法将其他"站"形状叠加到地铁形状上,所有站都设置好后,在站点旁利用"开始"选项卡中的"文本"按钮实现站名的输入,并设置文字的大小(本例设为 18 磅)。加入"站"形状和输入站名后的效果如图 12-13 所示。

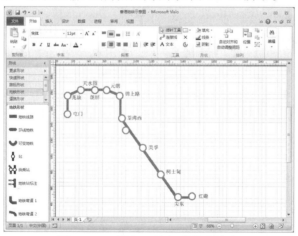

图 12-13 添加"站"形状和站名

6. 绘制其他地铁线路

利用上述方法,分别绘制其他地铁线路,并用不同颜色表示。绘制后的效果如图 12-14 所示。

7. 修饰地铁线路图,包括添加线路名、标题和背景

在每一条线路的下方,利用"开始"选项卡中的"文本"按钮添加文本标注线路,输完线路名后右击,在弹出的快捷菜单中选择"格式"→"文本"命令,弹出图 12-15 所示的对话框,设置字体大小与文本块的背景颜色,背景颜色与线路颜色一致。接着,在绘图页的左下角空白处输入标题,并设置文字格式。最后,单击"设计"选项卡中的"背景"按钮,在下拉列表中选择"中心渐变"样式,最终生成的效果如图 12-16 所示。

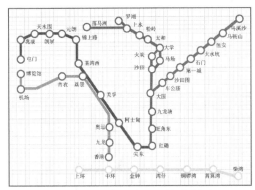

图 12-14　中国香港地铁线路图

图 12-15　线路名格式设置

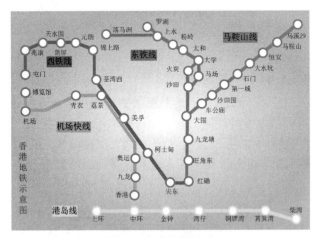

图 12-16　最终效果

12.2.4　练习提高

绘制图 12-17 所示的杭州地铁线路示意图。

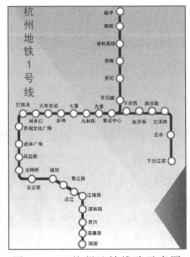

图 12-17　杭州地铁线路示意图

参 考 文 献

[1] 吴卿. 办公软件高级应用 Office 2010[M]. 杭州：浙江大学出版社，2010.

[2] 贾小军，骆红波，许巨定，等. 大学计算机（Windows 7+Office 2010 版）[M]. 长沙：湖南大学出版社，2013.

[3] 骆红波，贾小军，潘云燕，等. 大学计算机实验教程(Windows 7+Office 2010 版) [M]. 长沙：湖南大学出版社，2013.

[4] 陈宝明，骆红波，刘小军. 办公软件高级应用与案例精选[M]. 2 版. 北京：中国铁道出版社.

[5] 吴化，兰星，等. Office 2010 办公软件应用标准教程[M]. 北京：清华大学出版社，2012.

[6] 郭燕. PowerPoint 2010 演示文稿制作[M]. 北京：航空工业出版社，2012.

[7] 成昊. 新概念 Excel 2010 教程[M]. 6 版. 北京：科学出版社，2011.

[8] 黄桂林. Word 2010 文档处理案例教程[M]. 北京：航空工业出版社，2012.

[9] 杨继萍，吴华. Visio 2010 图形设计标准教程[M]. 北京：清华大学出版社，2011.

[10] 杨继萍. Visio 2010 图形设计从新手到高手[M]. 北京：清华大学出版社，2011.

[11] 黄海军. Office 高级技术应用与实践[M]. 北京：清华大学出版社，2012.

[12] 创锐文化. Excel 2010 VBA 编程从入门到精通[M]. 北京：中国铁道出版社，2011.

[13] Richard Mansfield. Mastering VBA for Microsoft Office2010[M]. Wiley Publishing，Inc，2010.

[14] 神龙工作室. Excel 高效办公：VBA 范例应用[M]. 北京：人民邮电出版社，2012.

[15] 李政，王月，郑月峰，等. VBA 应用基础与实例教程：上机指导实验书[M]. 2 版. 北京：国防工业出版社，2009.